U0182256

区块链：
构建数字经济新世界

张立　主编

中国科学技术出版社

·北　京·

图书在版编目（CIP）数据

区块链：构建数字经济新世界 / 张立主编 . —北京：中国科学技术出版社，2021.7

ISBN 978-7-5046-9070-8

Ⅰ.①区… Ⅱ.①张… Ⅲ.①区块链技术 Ⅳ.① TP311.135.9

中国版本图书馆 CIP 数据核字（2021）第 098773 号

策划编辑	申永刚	王雪娇
责任编辑	杜凡如	申永刚
封面设计	马筱琨	
版式设计	锋尚设计	
责任校对	张晓莉	
责任印制	李晓霖	

出　　版	中国科学技术出版社	
发　　行	中国科学技术出版社有限公司发行部	
地　　址	北京市海淀区中关村南大街 16 号	
邮　　编	100081	
发行电话	010-62173865	
传　　真	010-62173081	
网　　址	http://www.cspbooks.com.cn	

开　　本	710mm×1000mm 1/16
字　　数	317 千字
印　　张	21.5
版　　次	2021 年 7 月第 1 版
印　　次	2021 年 7 月第 1 次印刷
印　　刷	北京盛通印刷股份有限公司
书　　号	ISBN 978-7-5046-9070-8/TP · 428
定　　价	89.00 元

本书编委会

主　编　张　立

副主编　刘　权　黄忠义　孙小越

编　委　（排名不分先后）

　　　　　袁莉莉　胡家菁　王丹梦　张　晔　徐苗苗

　　　　　周千荷　李立雪　戈晓晨　明长孜

推荐序一

　　数字经济是以数据为关键生产要素，基于新一代数字技术，实现资源优化配置的高级经济形态。当前，我国数字经济蓬勃发展，已成为促进经济社会高质量发展的重要引擎。2019年，我国数字经济名义增长15.6%，全球领先，高于同期GDP名义增速约7.85个百分点，高于同期全球GDP名义增速3.1个百分点。但是数字经济在高速增长的同时，也存在信息不对称、数字信任危机和数字安全风险等问题。区块链具有去中心化、信息不可篡改、集体维护、可编程等特征，可以为解决数字经济发展过程中的问题提供解决方案，进而释放出数字经济所蕴含的巨大发展潜能。

　　数字经济在我国经济发展中具有重要地位。《中共中央关于制定国民经济和社会发展第十四个五年规划和二〇三五年远景目标的建议》提出加快数字化发展，发展数字经济，推进数字产业化和产业数字化。区块链也被纳入新型基础设施建设（以下简称"新基建"）的范围，上升到国家战略的高度。科学地把握区块链技术与数字经济发展两者之间的逻辑关系，对于促进后疫情时代我国经济社会高质量发展非常关键。基于此，张立博士主编的《区块链：构建数字经济新世界》一书全面而系统地对两者之间的关系进行了深入的探讨。本书主要在以下方面进行了仔细的研究。

　　第一，首先本书对数字经济的发展进行了解读，包括数字经济的起源与发展以及全球数字经济发展形势，然后对数字经济的概念、内涵和特征进行了概括，点明数字经济已成为驱动经济增长的关键力量，并对我国数字经济发展体系框架和重点方向进行了分析，包括"新基建"、数据要素流通、数字技术创新、数字化治理和数字资产等内容。

　　第二，本书对数字经济发展的基础"新基建"进行了探究，首先梳理出信息技术创新发展下新基础设施的发展进程，"新基建"的内涵和特征，并总结出"新基建"是加速数字经济发展的关键举措的主要表现。然后对我国新型基础设施建设现状进行总结，包括"新基建"取得的显著进展、关键技术的发展和发展趋势。最后对区块链技术与"新基建"之间的逻辑进行探讨，"新基建"为区块链的发展带来机遇，区块链与"新基建"融合发展。

第三，本书从理论和技术层面对支撑数字经济发展的区块链技术进行了深入的探讨。首先对区块链进行概述，涉及区块链的定义和特征、区块链的发展史和区块链的分类。然后介绍了密码技术、分布式存储、共识机制、智能合约、安全技术，这是区块链的核心技术。最后基于区块链是促进数字经济发展的重要技术进行探讨，包括区块链是"新基建"的核心技术、区块链推动数字技术创新发展、区块链加速产业数字化转型以及区块链技术改变现有的社会组织结构和秩序。

第四，本书对区块链具体应用到数字经济中，与数字经济融合发展进行了深入探讨，涉及区块链助力数据要素流通，包括明晰数据权属、提升数据质量、保障数据安全、促进数据开放共享、推进数据交易并助力数据跨境流动；区块链推动产业数字化，实现数字化转型，包括区块链与实体经济融合并作用于民生领域；区块链能提升数字化治理能力，包括提升政府治理能力、推进新型智慧城市建设和社会治理能力；区块链加快数字资产发展，包括降低中介成本、数字资产确权、提高数字票据真实性和可信度等。

《区块链：构建数字经济新世界》从理论、技术和应用等方面出发，聚焦于数字经济和区块链的相互联系，并对此进行了有意义的探讨，对我国在后疫情时代和复杂的国际背景下，抓住区块链技术发展带来的巨大机遇，在新一轮科技革命中抢占数字经济国际竞争战略制高点，具有很好的理论价值和现实意义。也对数字经济产业更好地基于区块链技术进行数字化转型起到了一定的借鉴作用。全书采用通俗易懂的语言，能够对想系统学习数字经济和区块链技术的非技术专业的读者提供很大的帮助。

数字经济在我国经济发展中的地位愈加显著，区块链技术是当前最受关注的新兴数字技术，将区块链技术应用到数字经济发展中，能更好地实现数字经济的高质量发展。让我们共同关注和期待区块链技术与数字经济的未来发展之路！

倪光南　中国工程院院士

推荐序二

　　数字经济是以数字化的知识和信息作为关键生产要素，以数字技术为核心驱动力，以现代信息网络为重要载体，以信息通信技术融合应用、全要素数字化转型为重要推动力，促进包容、创新、高效和可持续发展的新经济形态。当今世界，新一代网络信息技术不断创新突破，数字化、网络化、智能化深入发展，世界经济加快了向数字化转型的脚步。数字经济和实体经济深度融合、传统产业结构和形态全面变革，催生众多新产业、新业态、新模式，数字应用潜能迸发释放。在世界范围内，数字经济已经充分地渗透和应用到生产、生活的各个领域，人类历史已全面进入数字经济时代新篇章。

　　区块链是一种具有整合分布式存储、共识机制、点对点通信、加密算法等特点的互联网应用技术体系，可以实现数据记录、数据传播及数据存储管理方式的变革，推动信息互联网向价值互联网转变。

　　2019年10月24日，中共中央政治局就区块链技术发展现状和趋势进行第十八次集体学习，中共中央总书记习近平在主持学习时强调，区块链技术的集成应用在新的技术革新和产业变革中起着重要作用。我们要把区块链作为核心技术自主创新的重要突破口，明确主攻方向，加大投入力度，着力攻克一批关键核心技术，加快推动区块链技术和产业创新发展。

　　自"1024"讲话以来，区块链不仅受到了国家和地方政策等层面的支持，也受到了社会各个行业的持续关注，全面激发了区块链应用市场的活力。作为"新基建"的重要板块，区块链充分发挥其去中心化、可信协作、隐私保护等特性，赋能"新基建"发展，为其他领域基础设施建设保驾护航。

　　区块链技术的重要意义引发了世界各国政府、学界和产业界的广泛关注，各组织机构专家、企业家、学者等纷纷从理论和实践层面进行深入研究与探讨。

《区块链：构建数字经济新世界》是一本分析和探讨区块链技术如何构建数字经济新世界的图书。本书首先对数字经济发展进行了解读，并介绍了作为数字经济发展基础的"新基建"和支撑数字经济发展的区块链技术，让读者对当前经济形式和新一代信息技术，特别是区块链技术有初步的了解；然后，重点介绍了区块链在释放数据要素价值、推动产业数字化进程、提升国家治理能力、加快数字资产发展等方面对数字经济发展的作用，有助于读者更好地理解区块链如何构建数字经济新世界；最后，针对区块链在数字经济发展中面临的挑战，提出了区块链的发展建议，对产业界进一步研究和付诸实践起到了一定的借鉴作用。区块链作为下一代的互联网基础技术，不断聚集创新资源与要素，与场景深度融合，引发了诸多新业务形态、新商业模式，丰富了数字经济的内涵，加速了数字经济的发展。

区块链是数字经济的基石，为数字社会带来效率提升和成本降低的技术手段，为经济社会发展和治理提供新的思路，充分释放数字经济蕴含的巨大能量，带领我们进入零边际成本的数字经济新世界！

容淳铭　挪威工程院院士

前　言

　　数字经济已成为推动我国经济发展的关键引擎和新优势，《中华人民共和国国民经济和社会发展第十四个五年规划和2035年远景目标纲要》将建设数字中国作为独立篇章，意味着数字经济转型升级是我国未来10年经济发展的关键机会，数字经济将成为我国经济转型的核心组成部分。

　　中国数字经济蓬勃发展的同时，也存在着严重的网络信息不对称、数字信任危机以及数字应用安全风险等问题。区块链技术可为数字经济发展过程中存在的突出问题提供解决方案，进而充分释放数字经济所蕴藏的巨大潜能。科学把握区块链技术与数字经济发展之间的逻辑关系，对于促进后疫情时代中国经济社会高质量发展具有重要意义。

　　本书共分为8章，分别从数字经济的发展、"新基建"是数字经济发展的基础、区块链技术是数字经济发展的关键支撑、区块链助力数据要素价值释放、区块链推动产业数字化、区块链提升国家治理能力、区块链加快数字资产发展、区块链在数字经济发展中面临的挑战和建议这些方面对数字经济发展进行分析。

　　第1章分析了我国数字经济的发展，并提出了数字经济发展体系框架和重点方向。第2章分析了"新基建"与数字经济发展之间的关系，介绍了我国"新基建"目前处于稳步推进的情况，并对区块链与"新基建"之间的融合发展进行了研究。第3章从技术角度入手，介绍了区块链支撑数字经济发展的重要技术。第4章分析了区块链对数据要素价值释放的促进作用，包括明晰数据权属、提升数据质量、保障数据安全、促进数据开放共享、推进数据交易和助力数据跨境流动。第5章分析了区块链对产业数字化的推动作用，包括数字经济下的产业数字化发展、区块链赋能实体经济发展、区块链提升民生领域信息化。第6章分析了区块链与国家治理能力之间的关系，包括区块链提升政府治理能力、区块链助力新型智慧城市建设和区块链提升社会治理能力。第7章分析了区块链加快数字资产发展，并介绍了区块链在数字资产中的应用场景和现状。第8章介绍了区块链在数字经济发展中面临的挑战和建议。本书立足于"十四五"规划开局的时间背景，深入研究区块链技术驱动数字经济发展的理论逻辑，对推进数字经济高质量发展提供了借鉴，具有较高的参考价值。

本书由张立主编，刘权、黄忠义、孙小越副主编，袁莉莉、胡家菁、王丹梦、张晔、徐苗苗、周千荷、李立雪、戈晓晨、明长孜等参与编写。本书的编写得到了相关部门领导、行业专家的大力支持和耐心指导，编写团队在此一并表达诚挚的感谢。由于能力和水平有限，我们的研究内容和观点还存在不足之处，敬请广大读者和专家批评指正。

编者

2021年3月

目 录
CONTENTS

第一章

解读
数字经济发展

- 数字经济时代全面来临
- 数字经济成为经济发展新动能
- 我国数字经济发展体系框架及重点方向

数字经济时代全面来临

一、科技创新推动的工业革命

　　科学技术的创新，有力推动了人类文明的演进，技术领域不断出现新进展和新成果，对世界生产模式、生活模式产生了深刻的影响。迄今为止，人类社会已经经历了三次工业革命，从农业时代迈入蒸汽时代、电气时代、信息时代，每一次工业革命都为人类社会带来了生产力的巨大变革，极大地推动了整个世界的经济发展。

　　18世纪60年代，如人力、畜力、水力和风力等原有的动力逐渐无法满足动力的需要。蒸汽机的出现开创了以机器代替手工劳动的时代，克服了人力的局限性和自然力的难以控制性，从此人类的生产力真正得到了解放。英国率先完成工业革命，随后法国、德国、美国、俄国、日本等国也纷纷加入工业革命的行列，世界逐渐从农业时代进入工业时代。

　　19世纪60年代，科学技术的发展突飞猛进，以电灯、电话、汽车、火车等为主要标志，电力、内燃机被广泛应用，新交通工具、新通信技术等发明与创造层出不穷，世界由蒸汽时代进入电气时代。美国和德国是最先进入电气时代的国家。电气时代推动了产业结构的变革，发达资本主义国家的工业总产值逐渐超过了农业总产值，工业重心由轻纺工业转为重工业，出现了电气、化学、石油等新兴工业部门，生产社会化程度、生产专业化和协作水平有了很大提升。

20世纪70年代初,信息技术的发展推动经济体系进入第三次工业革命。1969年,美国国防部高级研究计划局的ARPAnet(即ARPA网)开发成功,标志着具有现代意义的计算机网络的诞生,而1991年万维网的发明使互联网真正走进人们的工作、生活。第三次工业革命是以原子能、电子计算机、空间技术、生物工程等的发明和应用为主要标志,包含信息技术、新能源技术、新材料技术、空间技术和海洋技术等诸多领域的信息技术革命,推动世界由电气时代迈入信息时代。这次科技革命不仅极大地推动了人类社会经济、政治、文化领域的变革,而且影响了人类的生活方式和思维方式,改变了人类社会原有的方方面面。

每一次新的工业革命,必然伴随着生产组织形式出现新的变化,都为产业发展注入新的活力。而首先产生变化的便是生产要素,正如劳动力和土地之于农业时代,资本之于工业时代,数据在数字经济时代中也充当了最重要的角色。进入21世纪后,以智能化、自动化、网络化等为特征的新工业革命,正在引发全球产业更深层次的变革。在新一轮科技革命的推动下,人类正在从物理世界向数字世界迁徙,数字化的生活方式和生产模式成为主流,如电子商务推动了商业模式的数字化,社交网络建立数字化的人际关系,虚拟现实构建了数字化的体验空间等。世界各国为了迎接新科技革命,纷纷把科技作为国家发展战略的核心,出台了一系列创新战略和行动计划,更加重视通过科技创新来优化产业结构,驱动可持续发展和提升国家竞争力,力图保持科技前沿领先地位,抢占未来发展制高点。

二、信息时代生产生活的数字化迁徙

1997年,中国首届全国信息化工作会议指出"信息化是指培育、发展以智能化工具为代表的新的生产力并使之造福于社会的历史过程"。随着信

息化发展，依托互联网技术和数字技术应用为基础的生活方式出现，即数字
生活。

（一）生产模式数字化

20世纪80年代以来，国际产业分工和生产格局不断调整、变革，制造
业服务化、专业化以及产业链分工精细化等特征凸显，服务业也加速向制造
业渗透。美国和欧洲经历了"去工业化"的过程，劳动力迅速从第一、第二
产业向第三产业转移，制造业占本国国内生产总值（GDP）的比重和世界
制造业总量的比重都持续走低；新技术革命改变了传统大批量制造和流水线
式生产模式，给大量处在追赶状态的中国企业带来换道超车、迈入前沿的重
大机遇，发展中国家尤其是中国的制造业快速崛起，发达国家汽车、钢铁、
消费类电子等以往具有优势的制造行业面临严峻挑战。

在今天全球经济正迈向第四次工业革命的背景下，网络经济与实体经济
的相互融合日趋加深，生产能力的复苏与增长必然是基于新的生产方式之上
发生的。原先的生产方式是大规模标准化、用机器生产机器的方式。新的生
产方式，是以数字技术为支撑的智能化、自动化的大规模生产方式，并催生
出更多新技术、新产品、新业态，创造优势竞争力。

数字技术正在改变各行各业的生产方式，不仅有生产制造型企业，还
有服务型企业、贸易型企业和高科技企业。传统生产制造型企业开始采用
智能设备代替人工，逐步实现无人工厂的智能生产。工厂可以基于物联网
和传感器采集数据，实时分析和自动控制操作；及时调整生产流程，进行
预测性维护；降低维护和运营的成本；提升生产的安全性等。服务型企业
也在通过数字化技术提高智能化水平，应用最广泛的是"新零售"。零售
行业能够根据终端门店的客户诉求，通过数字技术预测未来生产和配送
需求，从而做到随时调整配货和送货情况，确保最小库存下的最优资源
配置。

相比工业经济时代的生产模式，新的模式将有诸多优势：（1）节约资源，原材料使用仅为传统生产方式的1/10，能源消耗也远低于化石能源时代；（2）生产成本低，互联网信息的运用和自己动手生产，都降低了产品生产的成本；（3）交易费用低，通过网络平台直接定制交易，交易费用几乎为零；（4）流通费用低，分散生产、就地销售可以节约大量流通成本；（5）消费者的满意度提高。

（二）商业模式数字化

商业模式是企业创造价值的核心战略，涉及客户、员工、股东、政府、债权人等，以及企业业务活动的关键环节，是基于对各种资源（资本、原材料、人力资源等），运营方式，品牌，知识产权，创造力等的组织管理，通过提供有价值的产品和服务，形成独特的市场竞争优势。与大多数商业模式比较，数字化的商业模式包含了近几十年来的主流技术、社会经济的发展和进步，进一步促使消费者的消费模式、消费理念、消费习惯、消费行为发生变化。

零售业诞生初期，受生产能力限制，其初期形态多以"作坊+集市"和"前店后厂"模式为主，随着新兴信息技术的广泛应用与实践不断发展，零售业的发展形态与商业模式也随之改变。在完整的物流体系、丰富的产品信息、快捷的网络支付等因素的共同作用下，零售业的商业形式由传统的实体消费转变为电子商务和网络消费。数字时代的零售业具有商品供过于求，话语权由商家转移至消费者，消费者心理位置代替地理位置，消费者需求更加个性化、多元化、管理扁平化等特征。数字化的商业模式可以通过电子商务实现广告、洽谈、订购、支付、服务、管理等一系列商业行为。

电子商务的概念是国际商业机器公司（IBM）于1997年提出的，利用网络实现所有商务活动业务流程的电子化的革命性变革。电子商务可实现广告宣传功能，企业通过网站发布商业信息，促进客户对企业商品的了解，达到广告宣传的目的；电子商务可实现咨询洽谈功能，电子商务借助非实时的电子邮件洽谈、交易，也可通过微信、QQ、淘宝旺旺等即时聊天工具实现了解市场和商品信息的目的；电子商务可实现网上订购功能，可以在天猫、京东等各大商业平台通过平台系统实现订购，还可以借助社交软件，基于移动互联网的微商平台实现订购；电子商务可实现网上支付功能，各大银行提供网上银行、快捷支付等支付手段，淘宝提供支付宝的支付方式，还有信用卡、支付宝花呗、京东白条等信贷支付方式；电子商务可实现服务传递功能，将已付款的客户订购的货物送到；电子商务可实现交易管理功能，电子商务交易涉及企业内部人、财、物多个方面的协调和管理，还包括企业间、企业和客户间等方面的管理。

（三）生活方式数字化

数字化生活方式给人们衣食住行带来更好的体验和便利，体现在医疗、教育、交通等方面。在医疗方面，数字化生活下的人们可利用穿戴传感器，记录自己的实时心跳、体温、汗液等生理指标，通过大数据分析，提前预测可能出现的疾病，并可根据个人情况制订治疗方案、用药剂量，实现对疾病的精准个性化治疗。在教育方面，推动教学资源、人才培养管理数字化，支持教学网络化，通过对教师、学生在校园的学习、工作、生活与职业发展等数据的全面采集、处理、分析与运用，能实现精细化的教学过程管理，促进学生成长发展。在交通方面，无人驾驶技术实时获取车流、人流信息，并运用数据建模规划路线，行驶路线将更加科学合理，利于缓解交通拥堵；网约车将更加普遍，构建出多样化的交通服务体系。

社交网络的发展重新构建了数字化的人际关系。社交网络的实质是以虚拟化、数字化的方式联结不同网络终端的人脑思维，是通过网络技术实现人与人之间的精神文化层面的内在交往，是人际关系的网络化。社交网络提供了广泛的人际交流机会，提供了能拓宽社会关系的新的交互性空间，有助于人们建立数字化的新型社会关系。在多元价值观念的激荡中，人们通过学习、交往和借鉴，达到沟通、理解或达成共识的目的。目前有多种类型的社交网站，根据社交话题来分，主要包括：交友型社交网站，例如国外的脸书、推特，国内的人人网、QQ空间、微博等；消费型社交网站，如大众点评网，以餐饮、休闲、娱乐、生活服务等为主要话题；文化型社交网站，如豆瓣网涉及书籍、音乐、影视等方面文化；综合型社交网站，如天涯社区是以交友、交流为主的综合型社交网站，内容广泛涉猎各个领域，公共性较强。总之，数字化产品的应用领域越来越广泛，数字化生活方式逐步成为我们生活的一部分。

（四）生活空间数字化

虚拟现实技术（VR）是集多种技术于一体的交叉技术前沿学科，这些技术包括仿真技术、计算机图形学、人机接口技术、多媒体技术、传感技术、网络技术等。虚拟现实包括模拟环境、模拟感知、模拟自然技能以及传感设备等方面。其中，模拟环境是由计算机生成的动态三维立体图像；模拟感知是计算机图形技术生成的视觉、听觉、触觉、嗅觉、味觉等感知；模拟自然技能是通过计算机处理的用户输入信息，模仿人类肢体动作，如点头、微笑、握手、走路等；传感设备是指三维交互设备。虚拟现实应用广泛，逐步构建数字化的体验空间，如医疗体验空间、建筑体验空间、交通体验空间等。虚拟现实构建数字化的医疗体验空间、数字化的建筑体验空间、数字化的交通体验空间、数字化的地理体验空间等多种体验空间。

（1）虚拟现实构建数字化的医疗体验空间。例如，虚拟现实应用于医学手术，模拟现实可建立虚拟的人体模型，清楚地展现人体内部各器官结构，为医生提供在显示器上模拟手术的机会，提高手术熟练度。

（2）虚拟现实构建数字化的建筑体验空间。例如，虚拟现实既可以应用于房产开发展示，增加消费者对期房的了解，还可应用于室内设计，实现构思向可视化虚拟物体和环境转变。

（3）虚拟现实构建数字化的交通体验空间。例如，虚拟现实应用于轨道交通，运用虚拟设计、虚拟装配、虚拟运行等，促进相关从业人员熟悉各种操作。

（4）虚拟现实构建数字化的地理体验空间。例如，虚拟现实应用于电子地图，可展示城市、企业、旅游景点等区域的综合面貌。

三、各国政府高度重视数字经济发展

中国信息通信研究院的《全球数字经济新图景（2020年）》显示，目前，全球数字经济在国民经济中地位持续提升，德国、英国、美国数字经济规模占国内生产总值比重已超过60%，分别为63.4%、62.3%和61.0%。2019年，美国数字经济规模全球第一，达到13.1万亿美元，排名前五的国家数字经济规模占全球总规模的78.1%。各国重视数字经济发展、数字经济的战略升级，重点围绕大数据、人工智能、数字治理等领域展开研发布局，开发数字经济发展新优势。

与发展中国家相比，发达国家的通信业、软件业等产业，基础较强、实力雄厚，同时电子商务、先进制造等产业数字化起步较早，对数字经济发展的驱动作用较强。随着电子商务、在线教育、远程医疗、远程办公等新模式快速发展，传统产业加快数字化转型步伐，数字经济成为新型冠状病毒肺炎疫情（以下简称"新冠肺炎疫情"）之下支撑经济发展的重要力量。各国发展的重心，逐步从关注土地、人力、机器的数量、质量转移至数字技术的发展水平，从物理空间加速向数字空间转移，并将很快呈现出以数字空间为主导的格局，数字经济将成为各国实现经济复苏、推动转型发展的关键因素。

（一）美国数字经济蓬勃发展

自从20世纪90年代互联网商业化以来，全球主要的技术、商业创新，几乎都是从美国开始的。作为全球最发达的经济体之一，美国的产业发展成熟、基础设施配套完善，数字技术带领全社会进行着循序渐进的改良。美国政府于2012年发布《联邦云计算机计划》，推动传统信息基础设施向信息技术（IT）服务转化，2013年推出"先进制造业发展计划"，2016又进一步提出"国家人工智能研发与发展策略规划"，奠定了美国在算法、芯片、数据等产业的世界领先地位。

早期规划信息基础设施建设。20世纪90年代，美国克林顿政府高度重视并大力推动信息基础设施建设和数字技术发展，引领世界进入数字化时代，率先提出了著名的"信息高速公路"和"数字地球"的概念。1993年9月，美国政府发布"国家信息基础设施行动计划"，"信息高速公路"战略开始落地。不仅如此，美国还加大了农村宽带建设的力度，2009年，美国通过《复苏与再投资法案》，该法案是一项拨款7870亿美元的经济刺激计划，其中72亿美元用于农村宽带的扩展。美国的《2018年综合拨款法案》为农村宽带计划额外拨款6亿美元。

美国商务部构建完备的政策体系。美国商务部是信息高速公路建设的主要负责方和数字经济的主要推动者。近年，美国商务部把技术和互联网相关政策放在首要位置，发布多份重磅报告，出台《数字经济日程》，成立数字经济咨询委员会，投入多种资源应对数字经济的机遇和挑战。2010年，美国商务部提出"数字国家"（Digital Nation）概念。在接下来的5年时间内，美国国家电信和信息管理局（NTIA）联合经济和美国统计管理局（ESA）连续发布6份"数字国家"报告，主要围绕基础设施、互联网、移动互联网等方面进行统计和分析。2016年3月，美国商务部国际贸易局牵头实施启动了"数字专员"项目，向美国企业提供支持和援助，成功帮助美国企业降低其在外国市场遭受的数字政策和监管问题带来的不利影响，确保美国企业能够顺利参与全球数字经济，打开全球的数字经济市场。

大力支持数字贸易发展。特朗普就任总统期间，美国在传统商品和服务领域，与中国、欧盟、加拿大、墨西哥、土耳其等国家和地区的贸易摩擦不断。在传统领域，美国的贸易保护主义倾向明显，而在数字贸易领域，美国举起自由贸易的大旗，努力破除所谓的"数字贸易壁垒"。2016年7月，美国贸易代表办公室（USTR）成立数字贸易工作组（DTWG），以便快速打破数字贸易壁垒，制定相应政策规则。从2016年开始，美国贸易代表办公室把数字贸易的主要障碍作为《国家贸易评估报告》的重要内容。根据美国的《国家贸易评估报告》，2018年美国数字贸易的主要障碍来自欧盟、印度尼西亚、韩国、尼日利亚、泰国、土耳其、越南等国家和地区，共15项障碍。

重点发展先进制造业。2018年，在《美国先进制造业领导力战略》中，美国首次公开了特朗普政府确保未来美国占据先进制造业领导地位的战略规划，旨在通过制定发展规划，增加制造业就业机会、扶持制造业发展、确保强大的国防工业基础和可控的弹性供应链，实现跨领域先进制造业的全球领导力，以保障美国国家安全和经济繁荣。在"抓住智能制造系统的未来"战略目标下，美国提出了4个具体优先事项。一是智能与数字制造。利用大数据分析、先进的传感和控制技术促进制造业的数字化转型，利用实时建模、仿真和数据分析优化产品和工艺，制定智能制造的统一标准。二是先进工业机器人。促进新技术和标准的开发，以便更广泛运用机器人技术，促进安全和有效的人机交互。三是人工智能基础设施。制定人工智能新标准并确定最佳实践结果，确保实践可以以提供一致的可用性、可访问性和制造数据效用，保障数据安全并尊重知识产权，优先为美国制造商研发数据访问、加密和风险评估的新方法。四是制造业的网络安全。制定标准、工具和测试平台，传播在智能制造系统中实施网络安全的指南。

支持现代科学技术的研究和创新。一是加大机器学习、虚拟现实等新技术的研发力度，加强生物医学数据管理。2018年，美国发布《数据科学战略计划》，该战略借助机器学习、虚拟现实等新技术，管理国家生物医学研究的大量数据，为推动生物医学数据科学管理现代化制定路线图。提出支持高效安全的生物医学研究数据基础设施建设，促进数据生态系统的现代化建设，推动先进数据管理，分析和可视化工具的开发和使用，加强生物医学数据科学人才队伍建设等举措。二是投资人工智能技术的基础研究和应用研究以及支持试点项目。在2019年2月发布《维持美国人工智能领导力行政命令》之前，美国已于2016年发布了《国家人工智能研究与发展战略计划》，为联邦政府资助的研究设定了一系列优先事项，包括开发人工智能合作的方法，理解和解决人工智能的道德、法律和社会影响，并确保人工智能系统的安全性。美国国家科学基金会还制订了RI（Robust Intelligence）计划，其鼓励将不同研究传统之间的协同作用（包括人工智能、计算机视觉、人类语言研究、机器人学、机器学习、计算神经科学等）作为推进所有前沿领域研究的方式。美国在2018年发布的《美国机器智能国家战略报告》中，提出六大国家机器智能策略，旨在通过对产品研究与开发的长期资金支持，促进机器智能技术安全发展，并通过强化创新基地，巩固美国在世界上的领先地位。美国在2019年启动"美国人工智能计划"，发布了最新的《国家人工智能研究与发展战略计划》，加速人工智能发展，维持全球领先地位。

（二）其他发达国家及地区数字经济发展稳步推进

欧盟制定了一系列数字经济发展政策，加速推动数字化进程。欧盟在数字经济领域发布了《欧盟人工智能战略》《通用数据保护条例》《非个人数据在欧盟境内自由流动框架条例》《可信赖的人工智能道德准则草案》等一系列政策。一是对人工智能进行立法。2016年6月，欧盟率先提出了人工智能立法动议，要求欧盟委员会把正在不断增长的最先进的自动化机器"工人"的身份定位为"电子人"，并赋予这些机器人依法享有著作权、劳动权等特定的权利和义务。2018年4月，欧盟发布《欧盟人工智能战略》，提出增强欧盟的技术与产业能力，并推进人工智能应用，积极应对社会经济变革以及确定合适的伦理和法律框架。二是制定统一的数据保护政策。2018年5月，欧盟出台了《通用数据保护条例》，是目前最全面的数据保护措施。根据该条例，公司必须清楚地说明个人数据是如何被使用的，而且必须事先征得个人同意才能收集和使用这些数据。2018年10月，欧盟发布《非个人数据在欧盟境内自由流动框架条例》，旨在确保非个人数据在欧盟范围内的自由流通，消除数据保护主义，增强欧盟在全球市场的竞争力。2020年2月，欧盟发布了《欧盟数据战略》，旨在通过在单一市场中增加对数据和基于数据的产品和服务的使用和需求，实现经济的数字化。三是推动数字化和产业化发展。2018年5月，欧盟发布《地平线欧洲》，旨在提出2021—2027年的发展目标和行动路线，在"全球挑战与产业竞争力"部分提出数字化和产业化作为五大主题之一，将投入150亿欧元的预算。主要措施包括发展制造技术、关键数字技术、人工智能与机器人、下一代互联网、先进计算和大数据等。

英国充分发挥政府的引领作用，促进数字经济形成新的增长极。一是发布数字经济战略促进经济发展。英国政府启动了"数字英国"战略项目以应对2008年国际金融危机。2009年6月，英国商业创新和技能部与文化媒体和体育部联合发布《数字英国》白皮书，并于当年8月联合发布《数字英国实施计划》。英国政府于2015年出台了《2015—2018年数字经济战略》，倡导通过数字化创新来驱动经济社会发展，战略目标是把英国建设为未来的数字化强国。2017年3月，英国文化媒体和体育部发布《英国数字战略》，对打造世界领先的数字经济和全面推进数字化转型做出全面而周密的部署，提出把数字部门的经济贡献值从2015年的1180亿英镑提高到2025年的2000亿英镑。二是支持数字经济领域前沿技术发展。2018年，英国在数字经济领域主要发布了《数字宪章》《产业战略：人工智能领域行动》《国家计量战略实施计划》等系列行动计划。分别提出建立数字经济生态系统，明确网络平台对共享内容所承担的法律责任，确保数据使用安全，支持数据的可移植性，促进数据的共享，确保数字市场有序运行；打造世界最具创新能力的经济体，提升英国人工智能的基础设施建设水平，形成人工智能产业集聚区；投资建设全球领先的计量基础设施，提高英国所有行业的计量技能，加速新技术的应用并充分发挥高科技经济效益，建立开发与应用框架，高效、智能地使用基于可追溯性和不确定性分析的数据。三是提高数字化治理能力。2012年，英国颁布《政府数字化战略》。2014年，英国实施《政府数字包容战略》。2015年，英国启动"数字政府即平台"计划。2017年，英国出台《政府转型战略（2017—2020）》。该战略明确政府以民众需求为核心，不断解决公共服务中存在的问题，制定整合的数字化路线，提升用户体验，提高工作效率，这将使英国民众、企业和其他用户都能够享受到更优质、更可靠的在线服务。2019年，英国发布《数字服务标准》最新版。2020年，对大型互联网公司开征数字税，制定的数字税政策主要针对搜索引擎、社交媒体、在线视频、即时通信、线上电商等数字服务领域。

德国产业数字化程度发达，数字经济稳步发展。2019年，德国产业数字化高度发达，占比达到90.3%，位于全球第一。德国农业、工业、服务业数字经济渗透率分别为23.1%、45.3%和60.4%，三种产业数字化渗透水平均较高，属于产业数字化均衡发展国家。一是出台高科技战略，加大人工智能战略实施。2018年，德国推出《高技术战略2025》，提出推动人工智能的应用，利用国家人工智能战略系统提升德国在该领域的能力。同年，发布《德国人工智能发展战略》，旨在将人工智能重要性提升到国家高度，为人工智能的发展和应用提出整体政策框架，并计划在2025年前投入50亿欧元用于该战略的实施。二是支持5G等新型基础设施建设。在5G商用方面，2019年，德国柏林、法兰克福、索林根、杜伊斯堡和不来梅等地启用了5G移动基站，由运营商沃达丰提供服务。2020年7月，德国电信展示了其在5G方面的最新部署，称已提前实现了2020年覆盖德国一半人口的目标，现在计划在年底前以该技术覆盖三分之二的人口。三是提供行业特定的业务咨询支持，提高企业运用数字技术的能力。德国的可信云计算服务质量认证，通过向企业通知其业务中可以开发的云应用，并确定可信赖的云服务提供商，促进企业，尤其是中小企业使用云服务。

俄罗斯重视发展信息基础设施、新一代信息技术、信息安全保障、数字环境监管等数字经济核心能力建设。2017年7月，俄罗斯将数字经济列入《俄联邦2018—2025年主要战略发展方向目录》。自2018年起，《俄联邦数字经济规划》进入实施阶段，启动各项实施计划。一是重点建设5G等信息基础设施。2019年6月，俄罗斯第一大电信运营商MTC和中国的华为技术有限公司签署合作协议，在列宁格勒州喀琅施塔得市启动了5G移动通信网络。2019年7月，俄罗斯总统普京提出应在5G等高科技领域占据全球领先地位。二是加强人工智能等新一代信息技术研发。2019年，俄罗斯人工智能技术市场投入达1.393亿美元，同比增长48.2%。为促进人工智能技术应用，2019年5月，俄罗斯设立人工智能标准化技术委员会，处理与人工智能技术应用相关的技术法规问题。三是重视信息安全保障和数字环境监管。《俄联邦信息安全学说》是俄联邦信息安全保障领域的基础性文件，旨在保证俄罗斯在信息领域的国家安全。俄罗斯立法机关国家杜马（State Duma）2020年7月在三读①中通过"关于数字金融资产（On Digital Financial Assets，DFA）"法案。在人工智能立法领域，普京总统要求尽快出台相关法律对人工智能与人的关系进行规范管理。

（三）亚洲国家数字经济快速发展

日本高度重视信息技术产业发展，强调数字安全问题。一是强调数字安全保护。2011年，日本信息处理会社重命名为日本促进数字经济和社区发展研究院（JIPDEC）。在该院坚实的研究基础支撑下，日本于2014年率先制定并实施了《数字安全基本法案》。二是大力发展信息技术产业。日本于

---

① 三读制度，即议会审议法案的程序，先宣布法案题目和要点，再研究法案全文的基本观点、原则、主要特点，最后进行文字修改和正式表决。

2018年发布《第2期战略性创新推进计划（SIP）》，着重推进大数据和人工智能技术在自动驾驶、生物技术、医疗、物流方面的应用，旨在通过推动科技从基础研究向实际应用转化、解决国民生活的重要问题以及提升日本经济水平和工业综合能力。三是加强基础设施建设。2018年，日本发布的《综合创新战略》强调要完善建设社会基础设施所必需的数据协作基础。2019年，日本发布《科学技术创新综合战略2019》，提出实现超智能社会的建设目标。2020年4月，日本三大电信运营商正式对外推出了5G网络服务，日本正式进入5G时代的时间较晚，日本内务省和通信省于2020年6月宣布，到2023年年底将5G基站数量增加到21万个，为初始计划的3倍。

　　韩国改革体制出台计划，力争成为科技创新型国家。2018年，韩国在数字经济领域主要发布了《人工智能研发战略》《第四期科学技术基本计划（2018—2022）》和《创新增长引擎》，在其中着重指出推动数字经济发展的优先举措。一是大力发展科学技术。人工智能、智慧城市、3D打印首次入选该计划120个重点科技项目。韩国政府强调继续提升人工智能和区块链技术的发展水平；提出将大数据、下一代通信、人工智能、智能半导体等领域作为政府大力发展的创新增长引擎技术方向，推动经济发展，引领第四次工业革命。二是建设5G等信息基础设施。韩国5G用户数量处于领先地位，移动网络用户已达到约700万人，相当于所有移动服务账户的10%，但5G覆盖率和网络质量还有待提高。为此，韩国各大通信运营商计划在年内开始建设高频段基站，自2020年7月起，投资220亿美元（25.7万亿韩元）用于全国5G基础设施建设。三是加强跨境数据流动监管。韩国国家安全关切控制特定领域数据流动，运用对等原则控制跨境数据流向。2015年，韩国颁布《云计算促进和保护用户法》，要求云计算服务商在为公共机构提供服务时将数据存储在本地。2018年，韩国通信委员会（KCC）修订《信息与通信网络法》，提出韩国监管机构可以对限制个人数据流出的国家进行同样的个人数据跨境转移限制（对等原则）。

第二节

数字经济成为经济发展新动能

一、数字经济的概念、内涵、特征

（一）数字经济的概念

对数字经济的认识是一个不断深化的过程。"数字经济"一词是在20世纪90年代由加拿大学者唐·塔普斯科特首次提出，他在《数字经济：网络智能时代的承诺与危险》一书中详细论述了互联网对经济社会的影响。1999年，美国商务部发布的《新兴的数字经济报告》，将数字经济划分为电子商务与信息技术产业两部分，指出信息技术作为助推器可以促进电子商务发展，实现经济变革。2012年，英国国家经济与社会研究院所著的《利用大数据衡量数字经济》一书中，把数字经济视作包含数字技术、数字软硬件、数字中间品与服务的数字化投入带来的所有经济效益。近年来有关数字经济的论述逐渐增多，数字经济的概念也在不断丰富，目前学术界及产业界尚没有形成统一的表述。

参考二十国集团（G20）杭州峰会关于数字经济的表述，我们对数字经济做出以下定义：数字经济是以数据资源为重要生产要素，以现代信息网络为主要载体，以信息通信技术融合应用、全要素数字化转型作为效率提升和经济结构优化为重要推动力的新经济形态。在云计算、物联网、人工智能等新一代信息技术的驱动下，数字经济的应用范围不断拓展，由狭义的数字产业化转向广义的产业数字化，涉及的行业由传统的基础电信、电子信息制造、软件服务、互联网等信息产业延伸至工业、农业、服务业等其他非信息行业。

（二）数字经济的内涵

对于数字经济的内涵，本书主要从要素、载体、技术、边界4个角度进行阐述。

1. 数据是驱动数字经济发展的关键生产要素

在农业经济时代，经济发展依靠的关键生产要素是土地和劳动；在工业经济时代，经济发展依靠的关键生产要素是资本和技术；在数字经济时代，经济发展依靠的关键生产要素是数据。随着互联网和物联网的蓬勃发展，人与人、人与物、物与物的互联互通得以实现，数据量呈爆发式增长，奠定了我国数字经济发展、社会治理结构改善的坚实基础。2019年，中共十九届四中全会从国家治理体系和治理能力现代化的高度把数据与劳动、资本、土地、知识、技术、管理一并视为生产要素。数据资源逐渐成为企业和国家之间竞争的重要战略资产，被视为"未来的新石油"。数据要素对其他要素效率的倍增作用，能提升社会生产力，持续推动我国经济高质量发展。

2. 数字基础设施成为数字经济发展的基础依托

数字经济的发展需要相应的数字基础设施作为基础和保障。在工业经济时代，经济活动的开展是以"铁公基"（铁路、公路和机场等）为代表的物理基础设施。现代信息网络为数据的存储与传输提供了必要条件，而数字化的基础设施加强了人、机、物的互联与融合，并提供了数据源和交互基础。随着信息技术的不断发展，数字基础设施的概念变得更广泛，既包括宽带、无线网络、物联网等信息基础设施，也包括对传统物理基础设施的数字化改造，例如电网、公路、铁路等传统基础设施的数字化等。伴随着数字技术的创新发展，由5G、人工智能、区块链、数据中心等为代表的新型基础设施成为数字经济发展的基础依托。

3. 数字技术的创新与融合为经济发展提供重要推动力

5G、人工智能、物联网、区块链、大数据、增强/虚拟现实等信息技术持续突破，并从单点创新向交叉创新转变，促进形成多技术群相互支撑、齐头并进的链式创新，不断从实验室走向大规模应用，为信息产业的蓬勃发展提供了支撑。利用数字技术创新治理模式、提升治理效率也成为数字经济的重要组成部分。随着信息产业的创新发展，数字技术与传统产业的深度融合实现了各行业的数字化转型，拓宽了数字经济的领域。

4. 数字化推动数字世界与物理世界的边界日益模糊

随着数字化进程推进，泛互联网生态逐渐发展到数字生态，与实体产业、现实生活更紧密地结合起来。人工智能、虚拟现实、增强现实等技术的发展，使得数字世界不再仅是物理世界的虚拟映像，而是真正进化为人类社会活动的新天地，成为新的生存空间。数字世界与物理世界的快速融合，改变了人类和物理世界的交互方式，更强调人机互动，强调机器和人类的有机协作，也使得现实物理世界的发展方向向数字世界靠近。物理世界和数字世界同人类社会之间的界限逐渐消失，物理世界和数字世界、制造和服务之间的边界更加模糊，为利用现代科技实现更加高效和环境友好的经济增长提供了广阔空间。

（三）数字经济的特征

数字经济是继农业经济、工业经济之后新的经济形态，在组织方式、生产要素、生产模式、发展方式等方面都发生了巨大变化，呈现出四大转变：

（1）组织方式：从传统的线下经营生产转变为线上线下相融合经营生

产；从传统的基于产业链的分工与集聚模式转变为基于互联网全球资源与服务协同模式。

（2）生产要素：数据资源正在和土地、劳动力、资本、技术等生产要素一同融入价值创造的过程中，成为促进经济增长和社会发展的基本要素。

（3）生产模式：产品生产模式发生了重大转变，一是自动化生产将转向智能化生产；二是标准化生产将转向个性化生产；三是集中化工厂生产将转向分布式生产。

（4）发展方式：农业经济时代和工业经济时代，经济发展方式都是线性、递进式的发展，并且受限于生产工具、技术水平等因素。数字经济时代，经济社会的发展在网络连接数量、数据要素、渠道裂变、传播裂变、生态扩张等方面，都呈现出数量级的增长。

作为一种新的经济形态，数字经济呈现出区别于传统工业经济的独有特征，具体如下：

（1）万物互联化：人、机器、数据通过互联网连接在一起，形成"万物互联"。信息流、资金流、人流、物流、车流等在经济的各个层面形成网状结构。单向、封闭的经济状态向开放、自由、共享的互联互通状态发展。

（2）知识智能化：人工智能正引导链式突破，推动生产和消费从工业化向自动化、智能化转变。网络、信息、数据、知识开始成为经济发展的主要要素，深刻改变了生产要素结构。与传统经济相比，知识、数据等要素的价值创造占比持续增加，经济形态呈现出智能型、知识型的特征。

（3）资产数字化：国际社会把数字经济作为开辟经济增长的新源泉。人类拥有的资产形态正在发生改变，数字货币、数据资产等数字形态的资产登上"舞台"，无形资产与货币兑换的路径被打通。资产价值开始与人们可占据或可支配信息、知识和智力的数量和能力相关联。

（4）利益普惠化：互联网革命使信息在全球范围内自由流动，人类的协作活动进一步打破了空间的界限和羁绊，让跨空间的大规模协同治理成为可能。在多方共建的基础上，参与经济活动的门槛逐渐降低，各行业将实现互惠共赢，共同分享产业成本降低、效率提升和终端用户体验升级带来的增量价值。

二、数字经济成为驱动经济增长的关键力量

数字经济基于新一代信息技术，孕育了全新的商业模式和经济活动，并对传统经济进行了渗透补充和转型升级。数字经济不仅是对原有经济体系的补充和融合，更是从经济体系底层进行的深刻变革，重塑全球经济图景，为国家经济发展提供了新动能。

数字经济是引领科技革命和产业变革的核心力量。数字经济在生产资料层面实现包括生产要素、产品、服务形态的数字化；在生产力层面推动劳动工具数字化、劳动对象服务化、劳动机会大众化；在生产关系层面促进资源共享化、组织平台化等。将带动人类社会发展方式的变革、生产关系的再造、经济结构的重组和生活方式的巨变。

数字经济是保持经济中高速增长、高质量发展的关键驱动力量。数字经济深刻改变了传统经济的生产方式和商业模式，以数字化丰富要素供给、以网络化提高要素配置效率、以智能化提升产出效能，推动经济发展质量变革、效率变革、动力变革，有助于加快培育增长新动能，催生了极具活力的新模式、新业态、新产业。

数字经济能提升社会经济效率。人工智能、区块链、大数据、5G等新一代信息技术的发展，极大地减少了数字经济活动中信息和价值流动的障碍，有助于实现数字资源的共创、共治和共享，提高社会经济运行效率和全要素生产率，提高供需匹配效率，实现社会资源的优化配置。

数字经济是世界各国加强合作共赢的重大机遇。随着世界经济结构的调整，许多国家都在寻找新的经济增长点，期待在未来的全球经济发展中继续

保持竞争优势，更有效地提高资源利用效率和劳动生产率。在全球范围内，跨越发展的新路径正在逐步形成，新的产业和经济格局正在孕育，数字经济对全球经济增长的引领、带动作用不断显现。发展数字经济已在国际社会形成了广泛共识，为促进加深各国务实合作，构建以合作共赢为核心的新型国际关系提供了重大机遇。

三、我国数字经济发展势头强劲

（一）我国数字经济发展历程

我国数字经济早期发展得益于先天优势的人口红利，网民数量的高速增长为互联网行业的崛起提供了天然的优质土壤。2012年以后，网民数量增速趋于平缓，移动端时代的到来，促使我国数字经济进入成熟发展期。总体而言，我国数字经济的主要商业模式经历了一段较长时间的演变，从信息传播到电子商务，从网络服务到智能决策，新模式和新企业不断涌现，商业模式重心向用户端倾斜，技术成为行业核心的驱动力，但争夺流量和积累用户规模仍然是商业模式成功的关键要素。

1. 数字经济初步形成

我国数字经济于1994年至2002年初步形成。

我国互联网行业龙头企业的创立。1994年，我国正式接入国际互联网，进入互联网时代。以互联网行业崛起为显著特征，伴随互联网用户数量的高速增长，一大批业内的先锋企业相继成立。三大门户网站新浪、搜狐、网易先后被创立；阿里巴巴、京东等电子商务网站进入初创阶段；百度、腾讯等搜索引擎和社交媒体得到空前发展。这一阶段，我国数字经济的商业模式仍较为单一，业态以新闻门户、邮箱业务、搜索引擎为主，增值服务以信息传播和获取为中心。

初创企业因创新不足陷入低迷。我国的初创企业效仿国外成功商业模式的现象极为普遍，技术创新尚未得到足够重视，流量争夺和用户积累仍是竞争的核心内容。2000年前后，以科技股为代表的纳斯达克（NASDAQ）股市[①]崩盘，国内互联网产业受到全球互联网泡沫破灭的影响，经历了2～3年的低迷阶段。其间，网易在纳斯达克股市的每股股价曾连续9个月跌破1美元，导致2002年被停牌[②]。

2. 数字经济高速发展

经历短暂的低迷阶段后，我国数字经济于2003年至2012年间步入高速增长期。

电子商务助推数字经济发展。随着互联网用户数量持续保持10%以上的增长趋势，以网络零售为代表的电子商务带动数字经济由初步形成期进入新的发展阶段。2003年上半年，阿里巴巴推出个人电子商务网站"淘宝网"，以成功的本土化商业模式迫使易贝网（eBay）退出中国市场，并在此后发展为全球最大的C2C电子商务平台；2003年下半年，阿里巴巴推出支付宝业务，进入第三方支付领域；2006年，阿里巴巴的网络零售额突破1000亿元大关；2012年，阿里巴巴的网络零售额突破10000亿元大关，其间增速一直保持在50%以上。2007年，我国发布《电子商务发展"十一五"规划》，将电子商务服务业确定为国家重要的新兴产业。

新业态提高公民在数字经济中的参与度。新业态不断涌现，博客、微博等自媒体的出现，使网民个体能够对社会经济产生前所未有的深刻影响。社交网络服务（Social Networking Site，SNS）的普及，使人际联络方式发生重大变革，社交网络与社交关系间形成了紧密联系。2005年，"博客"的兴

---

① 始建于1971年，是一个完全采用电子交易、为新兴产业提供竞争舞台、自我监管、面向全球的股票市场。
② 证券市场的术语。又称"停止证券上市"。

起成为互联网最具革命意义的变化之一，网民能以个人身份深度参与到互联网中。美国《时代》周刊曾评论，社会正从机构向个人过渡，个人正在成为"新数字时代民主社会"的公民；2005年，腾讯的注册用户过亿，即时聊天工具成为网民的标配。2009年，以社交网站为基础的虚拟社区游戏迅速进入人们的视野，腾讯开心农场类游戏成为大众时尚；2009年，"微博"正式上线，这种单帖字数限制在140字符以内的微型博客，借助即时分享的强大优势迅速传播，对社会产生了极大的影响力。

我国手机网民规模逐渐增加。2012年，我国网民数量增速下降至9.92%，结束了近十年10%以上的增长态势，互联网行业依靠网民数量高速增长形成的发展和盈利模式面临挑战。同时，根据中国互联网信息中心（China Internet Network Information Center，CNNIC）发布的报告，截至2012年年底，我国手机网民数量达到4.2亿人，使用手机上网的网民首次超过使用台式电脑上网的网民，表明我国数字经济发展进入新阶段。

3. 数字经济发展成熟

自手机网民数量规模化以来，互联网行业迎来移动端时代，我国数字经济的基本格局已经形成，2013年至2020年，数字经济迈入发展成熟期。以信息互通为基础，智能手机全面连接起人们的线上和线下生活，并且产生了深远的双向影响。

在成熟阶段，数字经济业态主要有两大特征。一是传统行业互联网化。以网络零售为基础，生活服务的各个方面逐渐向线上转移，"滴滴打车""饿了么""美团外卖"等业务兴起，洗衣、家政等服务也能够通过互联网预约解决。然而，互联网化不是传统行业转型的必然，在经历短暂发展后，以互联网医疗为代表的一批互联网化行业进入"幻灭期"。二是基于互联网的模式创新不断涌现。共享出行业态突破了原有共享单车的"有桩"模式，通过以模式创新为核心的方式，为我国数字经济注入了新的活力。此外，网络直播模式的崛起也具有一定代表性，自淘宝直播上线后，网络直播模式与网购、海淘进一步融合，使直播经济真正成为一种强有力的变现模式。

腾讯研究院及工业和信息化部电子科学技术情报研究所联合发布的《数字白皮书》指出，"数字经济"中的"数字"根据数字化程度的不同，可以分为三个阶段：信息数字化、业务数字化、数字转型。其中，数字转型是数字化发展的新阶段，指数字化不仅能扩展新的经济发展空间，促进经济可持续发展，而且能推动传统产业转型升级，促进整个社会的转型发展。目前，我国数字经济在各行业所处的阶段不尽相同，工业4.0、新零售等趋势仍在发展，在线视频、网络营销、网络购物等已经步入成熟期。互联网行业成为数字经济最为重要的组成部分，并推动传统产业转型升级。

（二）我国数字经济政策不断完善

我国高度重视数字经济的发展，大力实施网络强国战略、国家信息化发展战略、国家大数据战略、"互联网+"行动计划、电子商务系列政策等一系列重大战略和行动，着力促进数字经济创新发展，数字经济呈现出了良好的发展态势。

数字经济的基础是大数据的发展。我国的大数据研究从2012年开始启动，以阿里巴巴、腾讯、百度为首的互联网企业及传统运营商企业纷纷开始启动大数据的开发和应用研究。2014年，我国首次在政府工作报告中提到"大数据"的概念，提出在新一代移动通信、集成电路、大数据、先进制造、新能源、新材料等方面赶超先进国家，引领未来产业发展。2015年11月，《中共中央关于制定国民经济和社会发展第十三个五年规划的建议》提出，拓展网络经济空间，推进数据资源开放共享，实施国家大数据战略，超前布局下一代互联网。这是我国首次提出推行国家大数据战略。大数据作为重要战略资产的意义，已经被国家和企业所广泛认识、发掘，国家大数据战略作为"十三五"规划的十四大战略之一，也已经被写进国家发展规划之中，在数字经济领域，大数据正在发挥着巨大的作用。

"互联网+"政策促进数字经济发展。"互联网+"代表着一种新的经济形态，指的是依托互联网信息技术实现互联网与传统产业的联合，通过优化生产要素、更新业务体系、重构商业模式等途径，完成经济转型和升级。2015年3月，李克强总理签批《关于积极推进"互联网+"行动的指导意见》，旨在推动移动互联网、云计算、大数据、物联网等产业发展，带动现代制造业的升级改造，促进电子商务、工业互联网和互联网金融（ITFIN）健康发展，引导互联网企业拓展国际市场。2020年5月，国务院总理李克强在2020年的《政府工作报告》中提出，全面推进"互联网+"行动计划，打造数字经济新优势。

早期国家数字经济政策的发展方向。一是信息化建设。早期阶段，互联网进入我国之初，国家数字经济相关政策主要集中在信息化建设方面，包括对移动通信网络、空间信息基础设施、软件产业等信息化基础设施、服务和行业的构建和扶持。二是鼓励电子商务发展。随着互联网产业的蓬勃发展，信息化建设进入新阶段，在完善基础设施的基础上，国家在信息资源共享和政府信息公开方面均做出重要规划，2005年《国务院关于加快电子商务发展的若干意见》的发布，标志着以电子商务为代表的数字经济发展成为国家战略的重要组成部分。

数字经济发展逐步上升至国家战略高度。一是各部委出台数字经济相关指导意见。以2015年7月国务院发布的《关于积极推进"互联网+"行动的指导意见》为重要开端，习近平总书记围绕数字经济相关议题发表了一系列重要讲话，同时各部委密集出台了鼓励数字经济发展的相关政策和指导意见。二是在世界范围内提出数字经济的含义。2015年12月，习近平总书记在第二届世界互联网大会上发表演讲，指出我国将推进"数字中国"建设，发展分享经济，支持基于互联网的各类创新，通过发展跨境电子商务、建设信息经济示范区等，促进世界范围内投资和贸易发展，推动全球数字经济发展。这是继我国提出"互联网+"行动方案以来，习近平总书记首次在世界范围内，对数字经济发展发表重要论述。2016年9月，二十国集团通过了《二十国集团数字经济发展与合作倡议》，提出了二十国集团数字经济发展与合作的共识、原则和关键领域，并在该倡议中将"数字经济"定义为以使用数字化的知识和信息作为关键生产要素、以现代信息网络作为重要载体、以信息通信技术的有效使用作为效率提升和经济结构优化的重要推动力的一系列经济活动。三是中共中央、国务院发布数字经济发展政策。2016年10月，中共中央政治局进行第36次集体学习时，习近平总书记提出，要加大投入，加强信息基础设施建设，推动互联网和实体经济深度融合，加快传统产业数字化、智能化，做大做强数字经济，拓展经济发展新空间。2016年11月，国务院发布《"十三五"国家战略性新兴产业发展规划》，新增了数字创意产业。2017年3月，李克强总理在政府工作报告中指出，推动"互联网+"深入发展、促进数字经济加快成长，让企业广泛受益、群众普遍受惠。2017年12月，习近平总书记在中共中央政治局第二次集体学习时的讲话中指出，要加快发展数字经济，推动实体经济和数字经济融合发展。2020年11月，中共中央在《中共中央关于制定国民经济和社会发展第十四个五年规划和二〇三五年远景目标的建议》中提出了加快数字化发展、发展数字经济、推进数字产业化和产业数字化、推动数字经济和实体经济深度融合、打造具有国际竞争力的数字产业集群等一系列举措。数字经济政策相继提出，进一步体现了中国在国家层面对数字经济的高度关注，同时表明数字经济发展已经上升到国家战略高度。

部分重点省市出台数字经济配套政策。一是我国各级地方政府积极出台数字经济相关发展规划，加强数字经济的战略引导。2018年4月，广东省经济和信息化委员会发布了《广东省数字经济发展规划（2018—2025年）》（征求意见稿），要求构建数据驱动发展新方式，增强新一代信息技术产业新能级，建设数字基础设施新体系，探索制造业数字化新路径，激发服务业数字化新活力，培育数字经济融合新动能，打造政府数字治理新模式，构筑数字经济发展新格局。2019年2月，山东省政府发布《数字山东发展规划（2018—2022年）》，规划中提出夯实数字山东基础新支撑，培植壮大数字经济新动能，打造政府数字治理新模式，实施重点突破行动等举措，旨在全面提升数字经济时代山东发展的核心竞争力和综合实力，力争在融入和服务数字中国战略中走在前列。2020年9月，北京市制定促进数字经济发展的"1+3"政策，加强数字经济创新发展的顶层设计，发布《北京市促进数字经济创新发展行动纲要（2020—2022年）》《北京市关于打造数字贸易试验区的实施方案》《北京国际大数据交易所设立工作实施方案》，北京市从打造数字贸易试验区、建设数据跨境流动安全管理试点、设立北京国际大数据交易所3个方面探索数字经济发展的新路径和突破口。二是国家数字经济创新发展试验区打造我国数字经济创新发展的标杆。2019年10月，国家数字经济创新发展试验区启动会召开，河北省（雄安新区）、浙江省、福建省、广东省、重庆市、四川省6个国家数字经济创新发展试验区接受授牌，启动试验区建设工作。各试验区着力打造我国数字经济创新发展的标杆，做强做大数字经济，有力支撑数字经济高质量发展。

总的来说，我国数字经济政策在早期以信息化建设和鼓励电子商务发展为主，自2015年起"互联网+"相关政策呈现爆发式增长，2017年"数字经济"一词首次出现在政府工作报告中。以国务院《关于积极推进"互联网+"行动的指导意见》为关键节点，国家层面和省市层面均出台了一系列配套政策，旨在促进数字经济相关产业发展，同时鼓励企业"走出去"，在国际市场中率先建立数字经济规则。就政策内容而言，以产业规划和指导意见为主，形成了较为明确的产业发展方向和发展目标。

（三）我国数字经济蓬勃发展

在国际经济环境复杂严峻、国内发展任务艰巨繁重的背景下，我国数字经济依然保持较快增长，各领域数字经济稳步推进，质量效益明显提升，数字经济高质量发展迈出了新的步伐。

我国数字经济发展规模大、增速快，在国民经济中的地位突出。在数字经济发展规模上，我国数字经济增加值规模由2005年的2.6万亿元增长到

2019年的35.8万亿元，数字经济体量位居全球第二。数字经济占国内生产总值比重逐年提升，在国民经济中的地位不断提升。2005—2019年，我国数字经济占国内生产总值比重由14.2%提升至36.2%。在数字经济发展增速上，我国数字经济持续高速增长，2019年我国数字经济名义增长15.6%，高于同期国内生产总值名义增速约7.85个百分点，高于同期全球国内生产总值名义增速3.1个百分点，我国数字经济增长全球领先。数字经济对国内生产总值增长的贡献程度不断提升，从2014年至2019年，我国数字经济对国内生产总值增长始终保持50%以上的贡献率，2019年数字经济对经济增长的贡献率为67.7%，成为驱动我国经济增长的核心力量。

数字产业化稳步发展。数字产业化，即信息通信产业，具体包括电子信息制造业、电信业、软件和数字技术服务业、互联网行业等。2019年，我国数字产业实现较为稳健的发展，基础进一步夯实，内部结构持续优化。从规模上看，2019年，我国数字产业化增加值达7.1万亿元，同比增长11.1%。从结构上看，我国数字产业结构持续软化，软件业和互联网行业占比持续小幅度提升。数字产业化代表了新一代信息技术的发展方向和最新成果，伴随着技术的创新突破，新理论、新硬件、新软件、新算法层出不穷，软件定义、数据驱动的新型数字产业体系正在加速形成。

产业数字化深入推进。产业数字化，即传统的第一产业、第二产业、第三产业由于应用数字技术带来的生产数量和生产效率提升，其新增产出构成数字经济的重要组成部分。产业数字化转型由单点应用向连续协同演进，数据集成、平台赋能成为推动产业数字化发展的关键。2019年，我国产业数字化增加值约为28.8万亿元，占国内生产总值比重为29.0%。其中，服务业、工业、农业数字经济渗透率分别为37.8%、19.5%和8.2%。产业数字化加速增长，成为国民经济发展的重要支撑力量。产业数字化推动实体经济发生深刻变革，互联网、大数据、人工智能等新一代信息技术与实体经济广泛深度融合，开放式创新体系不断普及，智能化新生产方式加快到来，平台化产业新生态迅速崛起，新技术、新产业、新模式、新业态方兴未艾，产业转型、经济发展、社会进步迎来增长全新动能。

我国数字消费持续增长。根据《中国互联网络发展状况统计报告》数据，截至2020年3月，我国网络购物用户规模7.10亿，占整体网民人数的78.6%，较2018年12月增长16.4%。2019年，全国网上零售额10.63万亿元，同比增长16.5%，中国连续7年成为全球最大的数字消费市场。其中，实物商品网上零售额达到8.52万亿元，同比增长19.5%，社会消费品零售总额占比20.7%。

我国网络消费助力扩大内需。一是新电商模式创新发展，释放潜在内需消费。截至2020年3月，电商直播用户规模达2.65亿人次，占直播用户的47.3%。电商通过直播介绍商品、实时互动激活用户感性消费，提升顾客的购买转化率。二是网络零售加速渗透下沉市场，不断激活农村消费。截至2020年3月，三线及以下城市的网购用户占该地区网民比例较2018年12月提升了3.9%。农村网购用户规模达1.71亿人次，占我国网购用户的24.1%。三是在线生活服务市场保持快速增长，持续推动服务消费。移动支付带动在线餐饮、在线旅游、在线家政等网络服务蓬勃发展。

数字贸易不断转型升级。2019年，通过中国海关跨境电子商务管理平台零售进出口商品的总额为1862.1亿元，与2018年相比增长38.3%，政策和出口模式不断优化带动跨境电商出口的发展，跨境电子商务综合试验区范围进一步扩大，为外贸新业态、新模式提供发展土壤，跨境出口政策、模式不断完善，降低跨境出口运营成本。

数字企业领跑全球。中国和美国拥有的数字平台企业占全球70个最大数字平台市值的90%，截至2019年12月，我国境内外互联网上市企业总数为135家，较2018年增长12.5%；网信独角兽企业187家，较2018年增加74家。平台经济为产业数字化发展持续赋能。需求端平台企业推动商业模式创新、赋能商家和品牌发展、消费数字化；供给端平台通过数据驱动优化商品供给、提升供应链数字化水平等方式，为推动商品供给侧结构性改革、提升生产制造效能、促进产业转型升级提供关键支撑。

我国数字经济发展体系
框架及重点方向

一、数字经济发展体系框架

　　数字经济作为拉动经济增长的新动能和促进经济高质量发展的新引擎，是生产力和生产关系的辩证统一。数字基础设施为数字经济发展提供坚实基础；数据要素重构生产要素体系，是数字经济发展的核心要素；数字技术产业化和产业数字化提供数字经济发展的主要生产力；数字化治理引领生产关系深刻变革，是数字经济发展的保障；数字资产是数字经济发展到一定阶段的重要产物，是未来引领经济变革的核心力量。数字经济的发展体系框架主要由七部分组成，如图1-1所示。

　　（1）数字基础设施：其分为传统信息基础设施和新型基础设施，其中新型基础设施包括信息基础设施、融合基础设施、创新基础设施。

　　（2）数据要素：数据流通标准和数据交易体系建设，包括数据采集、数据存储、数据确权、数据交易、数据安全、数据共享、数据跨境传输等环节，构建数据要素市场，实现数据要素的市场化和自由流动。

　　（3）数字技术产业化：数字技术创新和数字产品生产，主要包括电子信息制造业、软件和信息技术服务业、互联网和相关服务业等产业。

　　（4）产业数字化：即传统产业由于应用数字技术而带来的生产量和生产效率的提升，新增的产出构成数字经济的重要组成部分。

　　（5）数字化治理：利用数字技术完善治理体系、创新治理模式，提升综

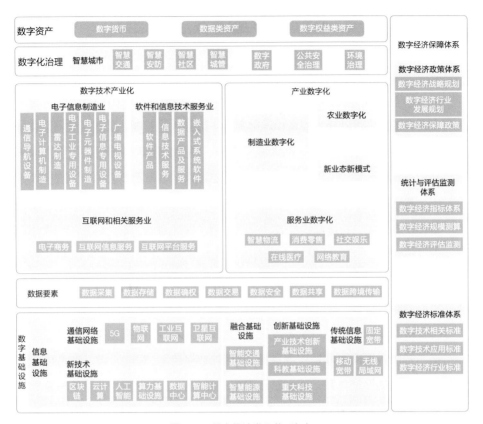

图1-1　数字经济发展体系框架

合治理能力，包括建设智慧城市、数字政府、公共安全治理、环境治理等。

（6）数字资产：数字资产是数字产业化和产业数字化的重要数字产物，包括数字货币、数据类资产、数字权益类资产等。

（7）数字经济保障体系：包括建立数字经济政策体系、统计与评估监测体系、数字经济标准体系等。

二、"新基建"构建数字经济发展基础

在2018年年底的中央经济工作会议上，我国首次提出要发挥投资关键作用，加大制造业技术改造和设备更新，加强人工智能、工业互联网、物联网等新型基础设施建设，加大城际交通、物流、市政基础设施投资力度等新型基础设施建设。2020年2月，中央全面深化改革委员会第十二次会议指出，基础设施是经济社会发展的重要支撑，要统筹存量和增量、传统和新型基础设施发展，打造集约高效、经济适用、智能绿色、安全可靠的现代化基础设施体系。3月，中共中央政治局常务委员会再次强调加快5G网络、数据中心等新型基础设施建设进度。5月，"新基建"正式被写入《政府工作报告》，这一系列政策举动逐步为我国"新基建"发展奠定基调。

新型基础设施是以新发展理念为引领、以技术创新为驱动、以信息网络为基础，面向高质量发展需要，提供数字转型、智能升级、融合创新等服务的基础设施体系。新型基础设施主要包括三个方面：一是信息基础设施。主要是指基于新一代信息技术演化生成的基础设施，比如，以5G、物联网、工业互联网、卫星互联网为代表的通信网络基础设施；以人工智能、云计算、区块链等为代表的新技术基础设施；以数据中心、智能计算中心为代表的算力基础设施等。二是融合基础设施。主要是指深度应用互联网、大数据、人工智能等技术，支撑传统基础设施转型升级，进而形成的融合基础设施，如智能交通基础设施、智慧能源基础设施等。三是创新基础设施。主要是指支撑科学研究、技术开发、产品研制的具有公益属性的基础设施，如重大科技基础设施、科教基础设施、产业技术创新基础设施等。

短期来看，"新基建"有助于解决新冠肺炎疫情防控和当前经济发展的双重困境；长期来看，"新基建"是提升国家的核心硬实力和长期竞争力的重要保障。一方面，新型基础设施建设将产生大规模的投资需求，拉动有效投资，将在"促内需"和"稳投资"中发挥重要作用。另一方面，"新基建"将赋能数字经济发展，成为数据要素存储、增值、流通的重要基础设施，能进一步盘活数字资产、释放数据价值，有效推动我国各行业技术创新、产业创新和商业模式创新，带动产业升级过程中的新增长点，推动经济高质量发展。

三、数据要素流通加速释放数据价值

　　数据要素成为数字经济发展的关键生产要素。随着我国数字经济发展壮大，数据呈海量爆发增长趋势，数据在经济发展中的战略地位也逐渐提高。2017年12月，习近平总书记在中央政治局第二次集体学习时提出要"构建以数据为关键要素的数字经济"，肯定了数据在发展数字经济过程中所起的关键作用。2019年10月，《中共中央关于坚持和完善中国特色社会主义制度推进国家治理体系和治理能力现代化若干重大问题的决定》提出"健全劳动、资本、土地、知识、技术、管理、数据等生产要素由市场评价贡献、按贡献决定报酬的机制"，首次将数据要素作为生产要素按贡献参与分配，标志着我国正式进入数据要素驱动数字经济发展的新阶段。认识并重视数据的经济价值，发挥好数据生产要素对经济发展的重要引擎作用，加快构建以数据为关键要素的数字经济，有助于推动经济发展质量变革、效率变革、动力变革，为我国经济发展注入新动能。

　　数据要素流通是释放数据价值的前提。在数字化转型浪潮下，数据作为国家基础性、战略性的资源，正在逐步被各界认可和接受，我国数据要素流通的需求也日益迫切。2020年4月，《中共中央、国务院关于构建更加完善的要素市场化配置体制机制的意见》提出数据要素市场的三大发展方向，包括推进政府数据开放共享，提升社会数据资源价值，加强数据资源整合和安全保护。2020年5月，李克强总理在政府工作报告中指出，要推进要素市场化配置改革，培育技术和数据市场。数据已经成为生产资料和价值载体，相比原先静态的数字记录和呈现，数据要素更注重深入的分析运用和动态的流通过程。不断完善数据要素产权制度、交易规则、价格机制、监管机制等，有助于构建更加健全的数据要素市场化配置体制机制，促进数据要素通过共享、开放、交易等形式流通，提高生产要素的资源配置效率。

四、数字技术创新加速产业数字化进程

当前，信息化、网络化、数字化、智能化交织演进，网联、物联、数联、智联迭代发展，全球正在加速进入以"万物互联、泛在智能"为特点的数字新时代，人类正在迈入一个以数字化生产力为主要特征的历史阶段。网络强国、数字经济、智慧社会发展等国家战略的提出，为我国的产业数字化发展营造了良好发展环境。产业数字化是在新一代数字科技支撑和引领下，以数据为关键要素，以价值释放为核心，以数据赋能为主线，对产业链上下游的全要素数字化升级、转型和再造的过程。

数字产业蓬勃发展是产业数字化的前提。近年来，我国数字产业发生深刻变革，产业结构不断优化，云计算、大数据、人工智能、区块链、5G等新一代信息技术突破性发展，各产业发展正在向服务化、网络化不断拓展，为国民经济发展效率的提高、质量的提升以及生态环境的改善提供了强大引擎。

数字技术赋能传统产业升级改造，助力传统制造业、服务业数字化转型。随着数字经济发展，数字化转型已经深入到企业发展的各方面。工业互联网及人工智能等新技术应用提升基础创新能力、产业创新能力和关键核心技术研发能力，推动制造业结构优化升级。利用新技术对市场需求进行科学分析，帮助企业寻找新的生产方式和转型方向，推动产业结构升级相互促进、市场信息和市场资源有效整合、传统产业和产业链协同改造，进一步催生了产业新动能，推动传统产业创新发展。

新冠肺炎疫情加速数字经济新业态蓬勃发展。新冠肺炎疫情加速了线上、线下深度融合，以"云经济"为代表的新业态、新模式助推防疫抗疫，创造出产业互联网、智能制造、远程医疗、在线教育等数字化产业新业态、新模式，驱动产业跃向高层次、经济迈向高质量。平台经济催生的新型灵活就业发挥了经济社会"稳定器"的作用。新冠肺炎疫情期间，依托互联网平台产生的多样化、个性化的新型灵活就业模式在"稳民生"上发挥了难以替代的重要作用。

五、数字化治理推动国家治理能力现代化

推动国家治理体系和治理能力现代化离不开新技术、新手段的支撑。随着信息技术不断渗透到各行各业，互联网与政府治理之间的融合也变得日益紧密，政府不断探索新的治理途径与方式，已然焕发出新的生机。习近平总书记指出，"谁掌握了互联网，谁就把握住了时代主动权；谁轻视互联网，谁就会被时代所抛弃。"互联网的快速发展给国家经济和社会发展都带来了深远影响，以移动互联网、大数据、人工智能、区块链等为代表的新技术应用极大地推动了各国社会生产力的发展和生产关系的重塑，引发了各国在政治、经济、社会、文化等重要领域的深刻变革，显著地改变着政府、市场和社会的关系，为我国经济社会发展注入新的活力。

数字经济推动数据、智能化设备、数字化劳动者等创新发展，推动治理体系向着更高层级迈进，加速支撑国家治理体系和治理能力现代化水平

提升。随着"互联网+"时代的到来，现代信息技术深入融合人类的社会生活，逐渐颠覆、改变人们的思维方式、生活模式、哲学理念，政府治理理念更加民主、开放、法治、公平，平等协作治理、网络化治理等新治理理念也逐渐兴起。"互联网+"还带来了信息搜集、生产、传输、分析、储存与整合利用等环节的革命性变革，也为政府治理工具的创新提供了坚实的保障。在治理主体上，部门协同、社会参与的协同治理体系加速构建，数字化治理正在不断提升国家治理体系和治理能力现代化水平；在治理方式上，数字经济推动治理由"个人判断""经验主义"的模糊治理转变为"细致精准""数据驱动"的数字化治理；在治理手段上，云计算、大数据等技术在治理中的应用，增强态势感知、科学决策、风险防范能力；在服务内容上，数字技术与传统公共服务多领域、多行业、多区域融合发展，加速推动公共服务均等化进程。

目前，各地政府以数字化转型作为推动治理体系和治理能力现代化的主攻方向，不断优化数字政府平台，加快实现数据共享，拓展数据应用和更多的场景设计，着力推进公共数据开放和应用创新，提高政府精准管理能力。在新冠肺炎疫情期间，数字技术在疫情监测、病毒溯源、防控救治、人员管理、资源调配、社会管控、城市运行、复工复产等多个治理领域中作用明显，数字化手段的使用也为应对人口持续集聚、城市应急治理等复杂问题提供了更加有弹性的数字化治理方式。

六、数字资产成为数字经济的核心内容

货币资产是比较古老的一种资产形态。春秋战国时期，我国就出现了青铜质地的金属货币。后来，铜长久作为铸造货币的金属，流传应用的时间很长。再后来，银锭、银圆、纸币等货币形式陆续出现。在传统的农业社会

中，实物资产成为最早的资产形态，其典型特征是看得见、摸得着，也就是具体的实物，并且往往都与农耕有关。当人们手中有闲钱，首选购置的就是如土地、房屋、牛、羊等生产资料。随着工业时代的到来，实物资产主要有建筑物、机械设备、金银贵金属、家电家具等。这些实物资产也具有权益证明，如古代有房契、地契，现在有房产证、土地证等，都可以直接进行交易。证券资产是资产发展到新阶段的产物，是指证券化的资产，如股票、债券、基金等。这是随着社会的发展，由国家、组织、企业出于融资需求而发行的资产。

随着计算机和互联网的出现，信息技术改变了人类生产和生活的方式，数据成为数字经济的关键要素，数据被作为基础性资源、生产资料，得到了广泛认同。随着互联网终端的普及虚拟现实、增强现实、云计算、物联网等技术的发展，数字世界与现实世界的界限正逐渐消失。从某种程度上看，数字世界正在与现实世界结合。一方面，现实世界中的货币、商品、资产在数字世界中获得了价值锚定，从而能够在数字世界中流通；另一方面，互联网世界的游戏商品、道具、艺术品、影视作品则越来越被人们所接受，数字的、信息化的资产正在成为我们社会、企业和个人的重要资产。

数字资产是数字经济时代资产演变的新形态。随着人类的社会生活与经济活动逐渐实现从物理世界到数字世界的迁徙，积极探索和研究数字资产的理论基础、管理模式、定价机制、交易设计以及产品创新具有重要意义。随着数字经济的发展，数字资产的价值将进一步体现。

"新基建"是
数字经济发展的基础

第一节

"新基建" 概述

一、信息技术不断推进基础设施的发展

基础设施是指为社会生产和居民生活提供公共服务的物质工程设施,是国民经济和社会发展的基石,在我国经济发展过程中发挥了重要的作用。传统基础设施主要是指铁路、公路、机场、港口、水利设施等建设项目,也被称为"铁公基"。改革开放40多年来,交通运输、能源供给等传统基础设施在我国经济快速发展过程中发挥了重要作用。在信息技术的发展和信息化战略的快速推进下,以信息技术为基础的信息基础设施开始出现,传统基础设施逐步实现了数字化的转型升级。

(一)伴随计算机发展的数据中心雏形显现

18世纪工业革命以来,信息技术持续地影响和改变着人类社会。电报、电话、收音机、电视机的发明颠覆性地改变了信息传递的方式,"电"作为信息载体被首次引入,通信的空间距离和时间差被有效消除。1946年,在美国宾夕法尼亚大学诞生了世界上第一台电子多用途计算机ENIAC,掀开了信息时代的新篇章。到20世纪70年代之前,计算机价格昂贵、体积和能耗巨大,仅应用在国防、气象和科学探索等领域。20世纪70年代至90年代,集成电路技术的发展使每颗芯片上容纳的晶体管数量激增,运算器和控制器集中在一颗芯片上形成微处理器，而这种微处理器和大规模、超大规模的集成电路组装成了体积小、运算快、使用方便的个人计算机（PC）。

　　随着个人计算机的大规模普及应用，信息技术褪去神秘的面纱，开始被广泛应用到其他领域。在这个阶段，计算机的成本仍比较高。因此，各种计算资源相对集中，主机在本地完成数据运算和存储，不能对外提供服务。随着数字化办公和计算机信息管理系统逐渐取代了纯手工处理，计算的形态分散与集中并存，数据机房有小型、中型、大型机房并存，其中中小型机房发展更为迅猛。

（二）互联网、物联网的普及构建起现代化的网络基础设施

　　从20世纪90年代中期开始，互联网开始了大规模商用进程，冲击着原有的社会结构，并逐渐编织起新的工业网络，建立新的基础设施。通过互联网能实现远距离的高效连接，人类信息交互、任务协同的规模得到空前拓展，空间上的距离不再成为制约沟通和协作的障碍。政府和企业利用互联网进行信息交流与异地协作，从而实现业务流程和资源配置的优化，并大幅提高工作效率和服务质量。越来越多的人通过互联网结识好友、交流情感、表达自我、学习娱乐，人类开启了在信息空间中的数字化生存方式。可以说，互联网快速发展及延伸，加速了数据的流通与汇聚，促使数据资源体量指数式增长。移动互联网伴随着移动网络通信基础设施的升级换代和快速发展，2009年我国开始大规模部署3G网络，2014年开始大规模部署4G网络，两次移动通信基础设施的升级换代，推动移动互联网的服务模式和商业模式实现了大规模创新。2019年，我国正式宣布5G商用，推动5G网络加速覆盖。

　　20世纪90年代，物联网的概念正式由美国召开的移动计算和网络国际会议提出。2005年，国际电信联盟发布的《ITU互联网报告2005：物联网》报告中提出：无所不在的"物联网"通信时代即将来临，世界上所有的物体

都可以通过一些关键技术（包括通信技术、射频识别技术、传感器技术、机器人技术、嵌入式技术和纳米技术等），利用互联网将世界万物连接在一起。物联网得到大规模应用，革命性地改变了世界的面貌。

工业互联网是数字技术与传统工业技术的叠加与融合。工业互联网是基于云平台的制造业数字化、网络化、智能化基础设施，为企业提供了跨设备、跨系统、跨厂区、跨地区的全面互联互通平台，使企业可以在全局层面对设计、生产、管理、服务等制造活动进行优化，为企业的技术创新和组织管理变革提供基本依托。当前基础电信企业加快建设低时延、高可靠、大带宽的企业外网，制造企业开始积极探索利用新型网络技术进行内网改造，工业互联网应用已覆盖制造业各主要门类，在能源、交通、医疗等行业的应用深度和广度不断拓展，在降成本、优质量、提效率等方面效果显著。

（三）融合基础设施创新发展

随着网络和计算设施等信息基础设施的发展逐渐成熟，传统物理基础设施经过数字化改造，正在形成融合基础设施。深度应用互联网、大数据、人工智能、区块链等信息技术实现铁路、公路、水利和市政管网等传统基础设施转型升级，是推动传统企业数字化转型、支撑数字经济高质量发展的重要内容，智能交通基础设施、智慧能源基础设施等开始呈现新的发展趋势。例如，智能电网是传统电网通过数字化改造和升级，使电网建立在集成、高速双向通信网络的基础上，通过先进的传感和测量技术、数字设备技术、智能控制方法以及数字决策支持系统，实现电网的高效、环境友好和使用安全等效果。

二、"新基建"的内涵和特征

新型基础设施是以新发展理念为引领，以技术创新为驱动，以信息网络为基础，面向高质量发展需要，提供数字转型、智能升级、融合创新等服务的基础设施体系。新型基础设施主要包括以下3个方面的内容。

（1）信息基础设施，主要是指基于新一代信息技术演化生成的基础设施。例如，以5G、物联网、工业互联网、卫星互联网为代表的通信网络基础设施，以人工智能、云计算、区块链等为代表的新技术基础设施，以数据中心、智能计算中心为代表的算力基础设施等。

（2）融合基础设施，主要是指深度应用互联网、大数据、人工智能等技术，支撑传统基础设施转型升级，进而形成的基础设施，如智能交通基础设施、智慧能源基础设施等。

（3）创新基础设施，主要是指支撑科学研究、技术开发、产品研制的具有公益属性的基础设施，如重大科技基础设施、科教基础设施、产业技术创新基础设施等。

"新基建"服务于国家长远发展和"两个强国"建设战略需求，具备集约高效、经济适用、智能绿色、安全可靠的特征。随着我国经济由高速增长阶段转向高质量发展阶段，以"铁公机"为代表的传统基础设施建设已经无法满足经济发展的要求，相应地对基础设施建设也提出了更高的要求。传统基建绝大部分侧重于实物型的投资建设，是比较狭窄的基建形式。而"新基建"则被赋予了更高级的、更深层的内涵，具有鲜明的科技特征和科技导向，以现代科技特别是信息科技为支撑，旨在构建数字经济时代的关键基础设施。

"新基建"与传统基建既有一定的联系，又具有本质上的区别。一是"新基建"以产业为赋能对象，通过数字化、智能化改造，促进产业的数据驱动发展，并在超高清、智能制造、智能网联汽车、新能源汽车等前沿领域，更突出支撑产业升级和鼓励应用先试；二是"新基建"加强政府对规划、建设、运营、监管的全环节治理水平，增强投资动员能力，提升资金运用精准性，加强政策配套保障，实现舆情及时响应和监管开放透明，在实践中不断优化治理水平，更突出政府对全环节的软治理；三是"新基建"更突出区域生产要素整合和协调发展，提升覆盖范围内数据资源、电力能源、人才的流动速度和参与程度，削弱了有限的传统要素对经济增长的制约，推动技术、劳动等其他生产要素的数字化发展，有助于实现经济社会数字化转型。

三、"新基建"是加速数字经济发展的关键举措

我国正处于数字经济发展的重要机遇期，作为世界上的人口大国、制造业大国和互联网大国，具有其他国家无可比拟的发展数字经济的市场条件。在数字经济的背景下，数字化产业的发展离不开泛在、高速、灵活的数字基础设施。目前，我国信息技术与实体经济融合不够深入，新型基础设施配置不到位、数据采集难度大、缺乏自主可控的数据互联共享平台等问题制约了数字经济的发展。在供给侧结构性改革的推动下，我国传统产业面临着转型升级的迫切需求，以数字化为核心的新型基础设施建设能够为我国传统产业的转型升级提供有力支撑。

新型基础设施建设不足也是我国数字经济发展的短板之一。与新型基础设施相关的硬件产品制造能力和产品质量与需求之间仍有差距，体现科技创新能力的软件设计也存在短板。要更好支撑数字经济发展，抓住新科技革命的历史机遇，培育竞争新优势，推动新旧动能转换，促进经济转型升级，必须加快新型基础设施建设。

新型基础设施建设投入虽大，但产出效益高、产业带动性强，新型基础设施具有丰富的应用场景和广阔的市场空间，对我国经济发展具有长远的积

极影响。2020年1月，新冠肺炎疫情暴发，对我国宏观经济增长产生巨大冲击。拉动经济增长的出口、消费和投资均受到不利影响，呈现连续几个月经济指标同比下降的状态。现在，疫情防控常态化，"新基建"是在此特殊背景下，对抗经济下行压力、稳定经济增长的有力抓手，通过拉动需求端的率先复苏、带动经济走出困境，能有效地防止短期经济波动演变成长期趋势性变化。疫情防控期间的数字生活培养了人们的线上消费习惯，相关数字化需求不断上升。服务业数字化消费趋势将倒逼供给侧加快数字化转型。以消费场景为起点的企业数字化转型，将持续优化互联资源配置优势，对"新基建"产生进一步的需求。毫无疑问，加快新型基础设施建设是实现我国经济由大向强转变的加速器。在新一轮科技革命和产业变革加速演进、高质量发展成为我国经济新时代特征的背景下，新型基础设施的建设和利用成为我国经济高质量发展的基础依托。

1. "新基建"加速构建数据生产要素的市场化配置机制

数据作为生产要素是支撑我国经济高质量发展的强大动能。新型基础设施不仅可以实现数据信息的存储与利用，还能够通过连接信息传感设备达到人、机、物的互联互通，进一步实现生产设备、产品、服务、应用场景以及用户之间的全面互联互通。作为新型生产要素的载体，大数据、人工智能、工业互联网等新兴信息技术的发展可以加速数据在各主体之间的充分流动与连接，克服内部资源有限和同质性的限制，建立知识共享的途径和渠道；有助于破除阻碍要素自由流动障碍，扩大数据要素的市场化配置范围，推进数据要素市场体系建设。

2. "新基建"是优化产业结构的必然选择

基础设施形态与要素配置模式、产业聚集方式密切相关。在工业时代，铁路、公路、水运、航空、电网等传统基础设施建设的扩张，有效支撑了生产资料、能源电力、工业产品大范围流动，为社会化大生产和贸易流通奠定了基础，形成了以供应链为主导的全球化产业分工体系。在信息时代，计算机应用、通信技术、互联网日益普及，解决了产业协作和贸易流通中的信息不对称问题，提高了要素配置效率，优化了产业组织结构，催生了新业态，以价值链为主导的全球化价值协作体系正在形成。新型基础设施各项信息技术的融合、集成应用能够极大地提高传统产业的研发效率、生产效率与交易效率，加快传统产业的改造升级，甚至颠覆传统产业的已有模式，实现从初级制造业到更先进的制造业和服务业，最后迈进创新活动的全产业链高端跃升。

3. "新基建"是拉动数字经济增长的重大举措

基础设施是人类开展经济活动的重要物质基础，其完善程度与经济发展水平呈正相关的关系。尽管基础设施建设规模大、投资周期长，但因其在提高要素生产率方面显著的外部性作用，以及在刺激社会总需求方面的乘数效应，基础设施建设仍然是世界主要国家开展宏观调控的重要手段，尤其在经济低迷时期，基础设施还承担着引领经济尽快走出低谷的重要使命。与传统基础设施相比，新型基础设施投入的边际效用和带动作用更加明显。通过创新驱动的新型基础设施建设来拉动投资、出口、消费这三驾马车，将给数字经济注入强大的动力，进一步提高数字经济规模，提升数字经济在我国国内生产总值中的比重。

第二节

我国"新基建"稳步推进

一、我国"新基建"取得显著进展

2018年12月,中央经济工作会议提出加快5G商用步伐,加强人工智能、工业互联网、物联网等新型基础设施建设。"新基建"的概念开始进入人们视线,其进程也不断在推进。其间,"新基建"的内涵和定义不断地在丰富。2019年3月,政府工作报告提出加强5G商用步伐和互联网协议第6版(IPv6)规模部署,加强人工智能、工业互联网、物联网等新型基础设施建设和融合应用。2020年1月,国务院常务会议要求大力发展先进制造业,出台信息网络等新型基础设施投资支持政策,推进智能、绿色制造。2020年2月,中央全面深化改革委员会提出,基础设施是经济社会发展的重要支撑,要以整体优化、协同融合为导向,统筹存量和增量、传统和新型基础设施发展,打造集约高效、经济适用、智能绿色、安全可靠的现代化基础设施体系。2020年4月,国家发改委将"新基建"定义为以新发展理念为引领,以技术创新为驱动,以信息网络为基础,面向高质量发展需要,提供数字转型、智能升级、融合创新等服务的基础设施体系,包括信息基础设施、融合基础设施和创新基础设施。各地方政府逐个公布"新基建"项目表,推动"新基建"高速落地,如湖南省发布2020年全省"数字新基建"100个标志性项目名单,全省"新基建"相关项目总投资为563.78亿元,以重点项目为牵引,加速数字产业化和产业数字化,为数字经济注入动力。除地方政府外，科技巨头公司纷纷表示将积极发力参与"新基建"布局。2020年4月，阿里云计算有限公司宣布未来3年在"新基建"业务板块中再投入2000亿元人民币，一部分用于全球数据中心建设，另一部分用于云操作系统、服务器、芯片、网络等重大核心技术研发和面向未来的数据中心建设。腾讯公司宣布未来5年将投入5000亿元人民币，用于"新基建"的进一步布局。

与传统基建相比，"新基建"内涵更丰富，涵盖范围更广，可以推动经济新旧动能转化。新型基础设施建设主要分为5G基建、特高压、城际高速公路和城际轨道交通、新能源汽车充电桩、大数据中心、人工智能、工业互联网这七大领域。5G技术以低延时、大宽带和广连接的优势，成为数字经济时代的发动机。5G发展带来的大规模就业、新设备、应用和业务模式等优势将大大促进我国经济产业发展。截至2019年，我国已建设13万个5G基站，以海思半导体有限公司、紫光展锐（上海）科技有限公司、汇顶科技股份有限公司等为代表的中国芯片企业，在细分领域已达到国际先进水平。2020年是我国5G网络建设的关键年份，截至2020年10月底，据全球移动供应商协会（GSA）统计，5G终端设备数量达492个，实际商用数量249个，最近3个月5G实际商用终端增长54%。根据中国信息通信研究院的预测，到2025年，中国5G网络建设投资累计将达到1.2万亿元。同时，"5G+工业互联网"有利于推动工业企业开展内部的网络化、信息化改造。据估计，仅网络化改造，中国在未来5年的投资规模就有望达到5000亿元。

特高压由1000kV及以上交流和±800kV及以上直流输电构成，是目前世界上最先进的输电技术，具有远距离、大容量、低损耗、少占地的综合优势。我国能源分布和需求不均衡的特点决定了发展特高压的重要性和必要性。我国目前的特高压建设已进入发展的第四阶段，根据国家电网数据，截至2019年底，我国特高压累计路线长度达34563千米，目前仍有3条核准在建直流工程以及1条核准在建交流工程。根据国家电网计划，2020年初步安排电网投资4000亿元以上，可带动社会投资8000多亿元，整体规模将达到1.2万亿元。特高压建设项目明确投资规模1128亿元，可带动社会投资2235

亿元，整体规模近5000亿元。

近年来，我国铁路技术经济水平全面跃升，路网运输能力和效率显著提升，铁路客运周转量、货运发送量、换算周转量、运输密度等主要运输经济指标稳居世界第一。根据国家统计局《2019年国民经济和社会发展统计公报》数据，2019年新建铁路投产里程8489千米，其中高速铁路5474千米。根据中国城市轨道交通运输协会统计快报，2019年中国内地新增城轨运营线路长度共计968.77千米，再创历史新高。截至2019年12月31日，中国内地累计有40个城市开通城轨交通运营线路6730.27千米。

新能源汽车作为战略性新兴产业需要配备相应的充电桩，根据中国电动汽车充电基础设施促进联盟发布数据，截至2019年12月底，全国充电基础设施累计数量为121.9万台，其中，公共充电桩数量为51.6万台，私人充电桩数量为70.3万台。根据新能源汽车的累计销量以及充电桩的保有量可以得出我国新能源汽车与充电桩的配比情况。2019年我国电动汽车公共充电桩比例已经提升至3.50∶1，较2015年的7.84∶1已经有大幅的提升。其中，电动汽车与公共充电桩比例为8.25∶1。

大数据中心是智能经济的底层基础设施，建设大数据中心是产业数字化转型的必然要求，是国际竞争力新内涵的集中体现。根据中国电子信息产业发展研究院的统计数据，2019年中国数据中心数量约为7.4万个，约占全球数据中心总量的23%，数据中心机架数量达到227万架。其中，超大型、大型数据中心数量占比达到12.7%，规划在建数据中心320个，其中超大型、大型数据中心数量占比达到36.1%。这一数据与美国相比，仍有较大差距，美国超大型数据中心占全球总量的40%，大型数据中心仍有较大的发展空间。

我国人工智能产业发展迅速，语音识别和计算机视觉成为国内人工智能市场最成熟的两个领域。2020年3月9日，中华人民共和国科学技术部（以下简称"科技部"）对外公布，支持重庆、成都、西安、济南建设国家新一代人工智能创新发展试验区。至此，2019年，在北京、上海、天津、深圳、杭州、合肥及浙江省德清县的试验区基础上，获科技部支持建设的国家新一代人工智能创新发展试验区已增至11个。按照2019年8月科技部制定并发布的《国家新一代人工智能创新发展试验区建设工作指引》，到2023年，我国将布局建设20个左右试验区，打造一批具有重大引领带动作用的人工智能创新高地。

工业互联网是通过新一代信息通信技术建设连接工业全要素、全产业链的网络，可以实现制造资源的高效配置，推动制造业融合发展。工业互联网对我国制造业数字化转型升级，实现制造业高质量发展以及提升国际竞争力具有战略意义。顶层设计逐步完善，我国工业互联网步入制度红利期。我国工业互联网启动与国际基本同步，在网络、标识、平台、安全等方面发布研究成果。随着我国工业互联网顶层设计相继出台，政策频繁落地，我国工业互联网框架、标准研究进入加速阶段。

在市场机制牵引下，不同层面的数字基础设施会呈现相互协作乃至融合发展的趋势。新型基础设施的高强度投入，不仅对信息通信技术和产业发展有显著的正向刺激作用，同时将促进数据高效利用，优化资本、技术、劳动力配置效率，降低全社会生产、流通和交易成本，提供良好的基础环境。推进"新基建"，将成为培育新兴产业的孵化器和加快传统产业升级的加速器。

二、"新基建"中的关键技术快速发展

（一）数据中心

出台政策推动数据中心业务向更加规范、健康、有序的方向发展。在市场准入方面，明确将数据中心业务纳入《电信业务分类目录（2015版）》的互联网数据中心（Internet Data Center，IDC）业务，进一步完善了数据中心业务的市场准入要求；在建设布局方面，出台《关于数据中心建设布局的指导意见》，引导市场主体合理选址、长远规划、合理布局，并出台《促进大数据发展行动纲要》，整合分散的数据中心资源；在数据中心设计规范方面，出台《数据中心设计规范》（GB50174—2017），作为数据中心的建设技术标准；在绿色节能方面，出台《关于国家绿色数据中心试点工作方案》，同时北京、上海、广东等地相继出台数据中心的绿色节能要求，从而对促进我国数据中心健康发展起到了重要的推动作用。

数据中心产业链不断发展，产业链以IDC服务为中心，向上通过网络建设延伸至信息技术基础设施，向下通过云计算连接终端客户。产业链最上游为信息技术硬件和基础设施，信息技术硬件包括计算设备和通信设备，计算设备主要为服务器，通信设备包括交换机、路由器等网络设备和光模块（光模块是核心部件），这些构成了算力与网络传输的基础。基础设施包括电力设备、监控设备、空调设备和发电机组，主要为信息技术硬件提供电力供应和适宜的温度环境。产业链核心环节是IDC运营服务，狭义的IDC运营商指为下游客户提供机房托管及增值服务，参与者只有电信运营商和第三方IDC运营商两类，广义的IDC运营商还包括云厂商自建、自用IDC机房。产业链最下游是云计算服务，云计算服务商采购信息通信技术（Information Communications Technology，ICT）设备托管在IDC运营商的机房，通过虚拟化技术实现信息技术基础设施云化，形成IaaS层（基础设施即服务，Infrastructure as a Service）作为向终端客户提供服务的算力基础。在IaaS层基础上，云厂商通过提供中间件、数据库等形成PaaS层（平台即服务，Platform as a Service），合作伙伴可以在PaaS层基础上开发应用软件SaaS（软件即服务，Software as a Service）供终端客户使用。在这个产业链环节上，云计算厂商可以提供IaaS、PaaS、SaaS三个层级的产品给终端客户选择。

市场需求呈现多元化发展。随着互联网的普及和技术的进步，我国的数据中心市场从简单的资源型需求转向技术和服务结合的多元化需求。客户需求从最初的域名注册、空间、邮箱、租用等基础业务，发展为以主机托管、主机租赁为基础的数据管理、网络通信、网络安全、应用外包等各类技术服务。市场需求的多元化为数据中心市场的发展提供了更广阔的空间，同时也对市场中的数据中心服务商的技术水平和服务意识提出了更高的要求。随着技术的可实现性和需求的多样化发展，网络服务向个性化、定制化和服务化转变，为用户提供大规模、高质量、安全可靠的服务。随着整个行业的发展，数据中心企业开始加强服务创新能力，在节能减排、网络安全、冗余备份、企业解决方案的实施等方面提供独树一帜的特色服务，在一定程度上将促进数据中心整个行业的高质量发展。

（二）人工智能

落地与应用政策不断推出。人工智能发展受到国家的高度重视，从2013年起，国家已陆续发布多项人工智能政策，各项政策间有彼此交织与引用的关系。2017年，国务院发布了《新一代人工智能发展规划》（以下简称《规划》）战略部署，作为我国人工智能发展的顶层战略，《规划》分别从产品、企业和产业层面分层次落实发展任务，对基础的应用场景、具体的产品应用等做了全面的梳理。至此，人工智能正式上升到国家战略层面，同时国务院明确提出"必须加速人工智能深度应用"。在2018年3月和2019年3月的《政府工作报告》中，均强调指出要加快新兴产业发展，推动人工智能等研发应用，培育新一代信息技术等新兴产业集群壮大数字经济。2020年，《中共中央关于制定国民经济和社会发展第十四个五年规划和二〇三五年远景目标的建议》提出，瞄准人工智能、量子信息、集成电路、生命健康、脑科学、生物育种、空天科技、深地深海等前沿领域，实施一批具有前瞻性、战略性的国家重大科技项目。人工智能被放在首要位置，体现了其在"十四五"规划的重要性，人工智能将成为"十四五"规划期间我国的重要建设内容。

深度学习不断发展突破，人工智能迈向认知智能。面对人工智能发展机会窗口期，我国不断加强人工智能学术科研投入，目前我国人工智能论文发文量全国领先。科研院校和机构是我国人工智能技术实现突破的重要力量，为了推进人工智能科研力度，我国出现了大量企业自建或联合高校共同创立的人工智能实验室，为人工智能技术商用落地和技术储备付出了重大努力，如腾讯人工智能实验室（AI Lab）、百度机器人与自动驾驶实验室等。深度学习的出现突破了过去机器学习领域浅层学习算法的局限，从一开始的深度神经网络到循环神经网络、卷积神经网络，再到生成对抗网络，人工智能核心技术不断取得创新突破。具有不规则性和无序性的图神经网络（Graph Neural Networks，GNN）成为新的热点研究方向，图神经网络能很好地发现实体之间的依赖关系，可以在社交网络、金融风控和知识图谱等领域产生巨大价值。从算力角度来看，从最开始的运用中央处理器（Central Processing Unit，CPU）进行深度学习，到后续运用图形处理器（Graphics Processing Unit，GPU），再到专为深度学习算法定制的现场可编程门阵列（Field-Programmable Gate Array，FPGA）和专用集成电路（Application Specific Integrated Circuit，ASIC）芯片，摩尔定律支撑下人工智能芯片快速发展，人工智能芯片的算力从每秒十亿次浮点运算数（Giga Floating-point Operations Per Second，GFLOPS）迅速提升至每秒万亿次浮点运算数（Tera Floating-point Operations Per Second，TFLOPS）乃至每秒千万亿次浮点运算数（Peta Floating-point Operations Per Second，PFLOPS），且功耗逐渐降低，实现了深度学习算法在云端和设备端商业应用的可行性。以迁移学习、类脑学习为代表的认知智能研究热度不断攀升，与传统深度学习不断融合，助推人工智能向认知智能过渡。

人工智能整体步入商业驱动发展阶段。中国人工智能初创企业从2012年起，经过4年的快速发展，在2016年达到顶峰，其后人工智能初创企业热度开始降温。人工智能企业从早期技术驱动阶段向商业驱动发展，当前人工智能在安防、医疗、教育、金融等领域的应用场景落地较多。在防控新冠肺炎疫情中，人工智能企业在多人体温监测、外呼、疫情信息服务、疫苗研发和药物筛选等场景中快速部署智能产品，降低了病毒传染风险，缓解了医护资源压力，提高了控制疫情发展的效率，在疫情防控中发挥了不可替代的作用，并实现了巨大的社会经济效益。

（三）工业互联网

工业互联网产业链逐渐形成。工业互联网实现产业的数字化、网络化、智能化转型，涉及上游智能硬件、中游工业互联网网络、平台、安全产业，下游应用场景，逐渐形成工业互联网产业结构。一是上游智能硬件设备产业，包括传感器、控制器、工业级芯片、智能机床、工业机器人。二是中游网络、平台安全产业，平台安全产业包括工业软件、工业数据建模、工业大数据、设备资源管理、云基础设施。工业互联网网络产业包括网络设备、网络服务、标识解析。工业互联网安全产业包括应用程序（App）、平台、数据、网络、控制、设备安全。三是下游垂直产业应用场景，其中包括航空航天、汽车、纺织、机械制造、钢铁、石油化工、电力等垂直细分领域。

工业互联网基础设施建设成效显著。工业互联网基础设施主要涵盖网络、标识、平台，近几年工业互联网基础设施建设成效显著。首先，工业互联网网络建设与改造不断加速推进。一是企业外网建设持续加码，网络服务质量明显提升，高质量外网已覆盖全国374个地级行政区（或直辖市的下辖区），覆盖率达89.7%。二是企业内网改造加快部署，部分制造企业积极探索，"5G+工业互联网"成为改造新路径，制造企业的已建、在建项目超800个。其次，我国工业互联网标识解析体系初步建立，以国家顶级节点为核心工业互联网标识解析体系成效初显，"东西南北中"一体化格局初步形成。我国已上线运营60个二级节点，覆盖21个省的26个重点行业，接入企业节点超3000个，标识注册量突破54亿。最后，平台体系快速壮大，赋能能力不断增强。具有一定行业、区域影响力的平台超70个。跨行业跨领域平台、垂直行业、专业领域、企业平台各具特点、优势互补，形成通用技术、企业级、行业级、领域级、双跨五大类平台，多层级平台体系初步形成，未来有望形成数据互通、功能互调、服务互认的平台体系。十大双跨平台平均接入设备数量达到80万套，平均工业App数量超过3500个。

　　工业互联网融合应用路径不断清晰。工业制造与互联网深度融合，加快了传统设备制造业转型升级。经过近几年的探索，我国工业互联网已初步形成三大应用方向。一是打造工业互联网平台的生态运营能力。工业互联网平台汇聚企业、产品、用户等资源，实现向平台运营的转变，逐渐提高数据驱动的生态运营能力。各类平台主体正在立足自身核心优势，选择2~3个业务方向聚焦。二是打通企业内部系统数据壁垒，提高企业生产率，具备数据驱动的智能生产能力，聚焦不同业务的企业主体正在探索通过合作来共同打造完整跨企业、跨平台解决方案，提供面向社会化生产的资源优化配置与协同，协同制造、交易、金融等方面应用。三是企业外部的价值链延伸，打造智能产品，具备业务创新能力，优化产品性能满足多样化、个性化用户需求，加强产业链上游、中游、下游之间的协同合作。

（四）5G

　　从2018年6月全球首个5G标准（R15）落地起，我国政策密集出台，加速5G商用进程。2018年12月，中央经济工作会议提出要加快5G商用步伐，同月完成国内三大运营商5G频谱划分方案。2019年两会期间，5G首次被写入《政府工作报告》中，产业链的前期投入得到明确肯定。2019年6月，中华人民共和国工业和信息化部（以下简称"工业和信息化部"）正式向中国电信、中国移动、中国联通、中国广电发放5G商用牌照。2019年9月，工业和信息化部副部长与中国电信、中国移动、中国联通、中国铁塔董事长共同启动5G商用。2020年4月，中华人民共和国国家发展和改革委员会（以下简称"国家发展改革委"）明确"新基建"包括3个方面内容，信息基础设施、融合基础设施和创新基础设施，其中5G属于信息基础设施。

　　5G产业布局环环相扣，产业生态体系逐渐形成。5G产业布局分为4个环节，分别是规划环节、建设环节、运营环节、应用环节。规划环节是网络规划设计；建设环节包括无线设备、传播设备、基站设备、小基站、光通信设备、网络工程建设等方面；运营环节包括网络优化与运营；应用环节则包括终端配件、手机终端、物联网、运营网等。5G产业链可分为4部分，上游元器件、中游设备商和下游运营商与客户。上游包括芯片、光器件、模块市场、天线射频和线缆光缆等，各技术已趋于成熟，我国目前除了高端芯片和部分射频器件，均基本实现自主可控；中游包括基站、传输设备和基站天线等，是实现5G全面覆盖的关键，我国具有全球最大的基站市场空间，在网络部署覆盖和成本优化等环节具有较强的实践优势。下游主要包括运营商市场和终端用户，可以实现多样化的5G应用场景，如无人驾驶、智慧城市、物联网等。运营商共建共享不断推进，加快基站建设的力度，节省投资成本。

　　5G融合多项技术，将逐渐推动垂直细分领域场景落地。高性能、低时延、大容量是5G网络的突出特点，5G技术的日益成熟开启了万物互联的新时代。5G融入人工智能、大数据等多项技术，已成为推动交通、医疗、传统制造等传统行业向智能化、数字化等方向变革的重要参与者。作为新一代移动通信技术，5G的发展切合了传统制造业智能制造转型的无线网络应用需求，其高性能、低时延的特点也满足了无人驾驶等垂直领域的发展要求，智能制造、智慧出行将成为5G技术发展的前沿阵地。

（五）区块链

　　2019年10月24日，习近平总书记在中央政治局第十八次集体学习时强调，我们要把区块链作为核心技术自主创新的重要突破口，明确主攻方向，加大投入力度，着力攻克一批关键核心技术，加快推动区块链技术和产业创新发展。自此，国家各部委高度重视区块链行业发展，积极出台相关政策，强调各领域与区块链技术的结合，推动区块链产业发展。据赛迪区块链研究院统计，截至2020年6月底，国家各部委发布与区块链相关的政策共26项。对区块链发展的政策支持力度不断增强，充分说明了在数字经济时代，国家对于区块链等数字技术的发展越来越重视，以区块链等新一代信息技术为支撑的新型基础设施建设正在成为推动国家社会经济更上一层楼的中坚力量。

区块链核心技术创新趋向多元化。区块链跨链技术创新，跨链技术是实现区块链联盟链价值网络的关键，目前区块链面临的诸多问题中，区块链之间的单一性、互通性极大程度地限制了区块链的应用空间，利用跨链技术可以将区块链从分散的孤岛中拯救出来，实现区块链由内向外的拓展，打通区块链应用之间的壁垒。针对区块链之间无法互联互通的问题，目前有包括公证人机制、侧链、哈希锁定等技术在内的跨链技术解决方法。区块链隐私保护技术创新，区块链中必须对用户敏感信息进行处理，减少隐私泄露的风险，因此提升区块链隐私保护成为区块链技术创新的热点之一。为提高区块链技术的匿名性，保护用户身份安全隐私及交易数据隐私，多种区块链隐私保护方案被提出，大致分为3类：基于混币协议的技术、基于加密协议的技术、基于安全通道协议的技术。区块链数据安全技术创新，随着互联网的高速发展，数据呈爆炸式增长，迅速成为全球最宝贵的资源之一。有了如此多的敏感数据和私人信息在网上被传输和存储，数据安全对于每个人来说都至关重要，以往为了数据安全进行的数据隔离已经不再适用，数据孤岛被一一打破的同时，人们对数据安全的需求也在提高。针对区块链数据安全方面的创新也得到了企业的重视，并提出了新的技术创新。

区块链产业链条更加完善，产业规模稳步增长。区块链产业凭借其价值潜力和政策利好，使产业链上、中、下游更加完善。产业链上游主要包括硬件基础设施和底层技术平台层，底层技术平台层包括矿机、芯片等硬件企业，以及基础协议、底层基础平台等企业；中游企业聚焦于区块链通用应用及技术扩展平台，包括智能合约、快速计算、信息安全、数据服务、分布式存储等企业；下游企业聚焦于服务用户（个人、企业、政府），根据用户的需要定制各种不同种类的区块链行业应用，主要面向金融、供应链管理、医疗、能源等领域。同时，相关服务机构围绕产业链的开发、运营、安全、监管和审计等服务，为区块链产业提供创新平台、队伍建设和运行保障等条件。

三、"新基建"的发展趋势

未来，"新基建"发展还将呈现以下趋势。

（一）网络基础设施向泛在高速化演进

当前，我国处在以信息化驱动现代化的重要发展阶段，建设泛在先进的网络基础设施是信息化发展的方向。我国光纤宽带网络、移动宽带网络、广播电视网络、行业专用通信网络、物联网、海底光纤网络、卫星通信网络等种类繁多、规模庞大的网络基础设施正在建设形成，万物互联带来的网络效应更加凸显。在5G网络高速率、低时延、大容量的应用特性驱使下，先进技术在网络基础设施中的应用将不断升级，演进出技术先进、泛在高速、安全可靠的融合型网络基础设施，推动通信领域芯片、模块、基站、运营等产业链发展，也会带动显示、感知、软件、计算等相关技术和产品的发展，并刺激各行业数字化转型需求快速增长。

（二）数据基础设施从资源供给向数据价值流通转变

数据资源量正在快速增长，2018年我国数据总量达到7.6ZB，预计到2025年有望增至48.6ZB，在全球占比将超过27%。2019年，包括数据挖据、机器学习、产业转型、数据资产管理、信息安全等大数据技术及应用领域都将面临新的发展突破。大数据、云计算、区块链等技术的普及，不仅带动了数据中心的建设，也进一步丰富了数据基础设施的内涵，为数据安全可信交换、数据价值度量与传递，以及对数据进行全生命周期的管理提供了新的工具。新型数据基础设施将为数据所有者（数据主体、数据生产），管理者（数据传输、算法管理、数据治理）与使用者（数据应用）构建起实时精准、可信交换、全程全景、完整可溯的数据支持体系，这不仅意味着更强的数据采集、传输、处理、应用和安全的能力，也意味着为数据赋值、管理赋权、应用赋能将成为现实，以数据为核心要素的数字经济将得到蓬勃发展。

（三）融合基础设施平台化、智能化、服务化特征更加明显

泛在高速的网络互联、安全可信的数据交互为行业数字化转型奠定了基础，人工智能、大数据、工业互联网等数字技术与行业应用融合度将进一步提升，面向垂直行业应用的数字化平台将快速兴起。例如，在工业互联网领域，制造业龙头企业将立足产业链优势，提高数据利用能力和制造资源集成能力，提供更加智能化的行业解决方案和能力服务平台，以强化产业控制力。数字化企业将围绕工业生产、设备运维，将数据利用的重心从企业管理向生产控制和产品服务侧转移，依托状态感知、数据关联、智能算法和强大的算力，工业生产效率、产品工艺水平和系统运维水平都将得到极大提升，面向细分行业应用的智能化软件和平台化服务将迎来较好的发展机遇。

区块链与"新基建"

一、区块链是组成"新基建"的重要技术

2020年4月20日，国家发展改革委首次明确新型基础设施建设的范围，区块链被纳入其中。这一举措也将使区域链的技术体系进一步完善，快速推进区块链的标准化工作，加速区块链在更多场景、行业和产业当中得到应用。

区块链技术与人工智能、云计算并列，说明区块链目前还是作为一种技术手段和技术工具，区块链在当前的"新基建"中起的作用也主要是区块链本身具有的这些技术特性。现阶段在很多业务场景中需要通过技术手段实现区块链的技术特性，以确保数据确权，实现数据价值。相比其他技术，区块链技术具有数据公开透明、链上数据不可篡改不可伪造、系统去中心化运行、集体维护、去第三方信任、交易可追溯等一系列特点。狭义上来说，区块链是一种按照时间顺序将数据区块以链条的方式组合成特定数据结构，并通过密码学方式保证数据不可篡改和不可伪造的"去中心化"互联网公开账本。广义上来说，区块链是利用链式数据区块结构验证和存储数据，利用分布式的共识机制和数学算法集体生成和更新数据，利用密码学保证数据的传输和使用安全，利用自动化脚本代码（智能合约）来编程和操作数据的一种全新"去中心化"的基础架构与分布式计算范式。区块链是分布式存储、共识机制、点对点通信、加密算法等计算机技术在互联网时代的创新

应用模式，区块链数据由所有节点共同维护，每个参与维护节点都能复制获得一份完整记录，可以实现在没有中央权威机构的弱信任环境下，分布式地建立一套信任机制，保障系统内数据公开透明、可溯源和难以被非法篡改。

区块链通过数据的全网一致性分发和冗余存储，可以实现数据的公开透明和不可篡改。其次，在实现数据公开透明和不可篡改、不可伪造的基础上，区块链在系统层面降低了信息不对称的风险，进而可以基于新的信息获取能力实现业务流程的优化和重构。区块链在信息系统去中心化的同时，通过构建业务系统地去中心化和业务流程的去中介化，实现总体效率的提升和利益的重新分配。

二、"新基建"为区块链发展带来重大机遇

（一）5G与工业互联网的基础设施建设为多源海量数据上链提供强大支撑

首先，5G基站的建设是5G大规模商用的基础条件，并能够为移动用户和智能终端提供高并发、低延迟、大容量的数据传输网络。价值数据上链是区块链应用落地的核心环节，5G与区块链的结合能够起到快速催化的作用，移动手机用户和物联网智能终端将通过5G实现多源大容量数据的高速上传，区块链则可以通过扩容、压缩和加密技术实现数据的高效存储，从而为产品溯源、数字版权保护、智慧城市建设、医疗数据共享提供技术支撑。其次，工业互联网的建设将在进一步完善单体工业内外网络和智能制造系统建设的同时，强调工业制造产业链和供应链的互联互通，建设垂直行业领域的工业互联网平台。工业互联网的完善和延展将为区块链应用提供更加丰富

多源的工业产业链和供应链上下游真实可信数据，实现数据的精准采集和实时上传，有利于区块链在产业链协同、供应链管理、供应链金融领域、工业大数据共享等领域的扩大应用。

（二）数据中心和计算中心的建设为区块链系统建设提供基础保障

首先，现阶段的数据中心建设存在高成本、高延迟、低利用率、低处理效率等问题，"新基建"中的数据中心建设将由大型的中心化数据中心向密集化、细分化、边缘化数据中心的态势发展，将形成分布式的数据中心空间布局，更加有利于区块链分布式数据存储系统的建设，也为中心化信息系统的区块链改造提供更加低成本、方便灵活的新路径。其次，数据中心的建设往往伴随着计算中心的建设，强大的算力支撑将解决区块链节点计算能力不足问题，尤其体现在海量数据加解密、共识计算、数据压缩、身份核验、智能合约运行的方面，为区块链应用落地提供基础保障。

（三）人工智能的建设发展将加快与区块链技术的深度融合

在人工智能芯片制造方面，无论是云端算法和模型的训练，还是云到端的推理都离不开高质量、真实可信的数据支撑，区块链能够提供不可篡改、可追溯的数据归集和存储机制，将为人工智能发展提供数据保障。此外，区块链能够创新人工智能核心算法的开源商务模式，实现创新要素的流通与有偿共享。在计算机视觉方面，人脸识别、生物识别、语音识别等技术将大量应用到区块链身份验证领域，成为节点身份可信和权限设定的重要技术支撑。在人工智能通用平台方面，区块链与大数据的结合将为平台提供安全数据存储、分布式数据管理、加密通信、智能合约等新型数据管理模式，提高平台安全性。

（四）城际高速铁路和城际轨道交通基础设施建设将拓展区块链应用空间

城际高速铁路和城际轨道交通的建设将进一步巩固我国城市圈发展，为推进长三角、粤港澳、京津冀、长江中游及成黔渝五大城市群一体化发展提供战略支持。城际交通的发展必然要打破交通数据壁垒，实现城际间的交通数据互联互通、互信互认，也为区块链提供了广阔的应用场景。2019年5月，长三角"沪杭宁合苏甬温（上海、杭州、南京、合肥、苏州、宁波、温州）"7城开展城际轨道交通一码通行区块链试点，乘客可获得跨城市顺畅便捷的轨道交通出行体验。随着城际交通的建设，区块链在跨城市、跨系统间的数据共享将起到重要作用，打通数据通路也有利于城市群的协同发展。

（五）新能源汽车充电桩的建设有望催生基于区块链的新业态新模式

随着国家对新能源汽车及充电桩建设的不断投入，越来越多的汽车制造企业、科技公司将投入充电桩建设中，"找桩难、充电难、支付难"的问题能够得到一定缓解。然而，各个企业建设的充电桩无法实现互通互认，独立App层出不穷，支付流程烦琐也为用户使用带来新的烦恼。未来，基于区块链的智能充电桩公共服务系统将有效解决这一问题，由汽车制造企业、充电桩制造商、租赁商、运营商、电力管理机构和监管机构打造的联盟链将实现"一站式"找桩、充电和付费，提供更加便捷的充电体验。同时，区块链系统能够实现穿透式监管和能源调配，保护用户数据隐私，建立良性的生态系统。

三、区块链与"新基建"融合发展

（一）保障"新基建"主体数据安全

随着"新基建"中5G、大数据中心的进一步发展，数据泄露风险也不断加大。区块链技术的应用，一方面，可通过数据库分散化，为数据中心提供高度安全的传输协议，实现数据从生成、传送、储存到使用的全过程留痕且不可篡改，从而保证数据的真实性和唯一性；另一方面，可通过设备登录认证、通信数据和操作指令加密等方式，显著提升"新基建"数据的安全性和可靠性。在工业互联网系统中，区块链可以应用于数据确权、确责和交易等过程，解决工业设备从注册管理、访问控制、监控状态到数据可信传输，以及平台的可控管理、生产质量追溯和供应链管理等问题，推动数据资产的有序流通和可信交易。区块链应用于智慧医疗系统，可以实现医疗数据的分布式存储，患者作为医疗数据的所有者，利用自己的私钥可保证医疗数据的隐私安全性，并对医疗数据权限有分配权，区块链为医疗大数据的安全存储提供了技术基础。

（二）促进"新基建"主体多方协作

区块链技术具备去中心化和可信协作的特点，在搭建可信、开放、透明的协作与共享平台方面具有优势，能够有效调动产业链上下游共同参与"新基建"的积极性。区块链应用于智慧城市建设，能够很好地解决城市基础设施共建共享、数据资源加速整合、核心平台统筹谋划和应用。各类数据形成统采统存的"资源池"，各参与方按照权限有序共享，并利用区块链建立的城市数据共享交换平台实现涵盖政府、企业、行业的城市数据资源体系，为各类智慧应用系统提供一体化协同管理和服务能力。例如，在智慧交通体系中，区块链利用其不可篡改的特性，协助轨道交通运营主体进行技术升级，实现地区的通票覆盖，帮助不同城市的交通公司从链上获取对应乘车的区段、价格，实现自动秒级结算，有效解决跨城出行的异地票务结算难题，从而吸引更多的轨道交通以及其他"新基建"运营主体参与智慧交通联网建设。

（三）助推"新基建"数据开放共享

区块链技术凭借保障数据安全和确保隐私的独特优势，有利于促进数据的开放共享，帮助各领域、各主体打破"数据孤岛"，促进跨机构间数据的流动、共享及定价，打造数据"新生态"。例如区块链应用于智慧能源基础设施建设，其分布式机制有利于多方参与协作，智能合约技术能够实现发电、输电、变电、配电、用电、调电等全过程的资源协调配置，大大提高智慧能源体系运维管理的效率。以新能源汽车充电桩为例，目前不同的充电桩缺乏互联互通，加上布局差、运营弱等问题，我国充电桩平均利用率不到10%，运营主体普遍处于亏损状态。区块链技术不可篡改的特性能够消除新能源汽车租赁运营商、充电桩运营商、停车场和用户等众多参与主体的"隐私"顾虑，通过组建充电桩"联盟链"等方式推进数据共享和公开透明的实时记账，实现跨平台充电桩、私有桩的共享共用，促进充电桩产业有序发展。

（四）降低"新基建"建设运营成本

降低项目和资金管理成本。各类主体可充分利用区块链分布式数据存储、点对点传输、共识机制、加密算法、不可篡改等先进技术特性，加快"新基建"项目的预算管理调整、科研人员管理、合同管理、资金支付等功能模块的开发和使用，降低项目管理成本。

降低运营成本。借助区块链技术的防篡改和协同共识的特性，可将数据中心所有环节的信息进行监测与整合，构建覆盖全数据中心的可信数据监测与采集网络，降低实际运营成本。

降低沟通和信息成本。通过区块链网络改变传统的条块管理和服务模式，促进部门协同和业务流程优化，降低沟通和信息成本，提升管理效率。

第三章

区块链技术是
数字经济发展的
关键支撑

区块链概述

一、区块链的定义及特征

（一）区块链的定义

　　狭义上来说，区块链是一种按照时间顺序将数据区块以链条的方式组合成特定数据结构，并通过密码学方式保证数据不可篡改和不可伪造的去中心化的互联网公开账本。广义上来说，区块链是利用链式数据区块结构验证和存储数据，利用分布式的共识机制和数学算法集体生成和更新数据，利用密码学保证数据的传输和使用安全，利用自动化脚本代码（智能合约）来编程和操作数据的一种全新的去中心化的基础架构与分布式计算范式。区块链是分布式存储、共识机制、点对点通信、加密算法等计算机技术在互联网时代的创新应用模式，区块链数据由所有节点共同维护，每个节点都能获得一份完整记录的副本，可以在无中心服务器网络节点中的弱信任环境下，通过共识机制建立一套完善的信任机制，确保网络中各节点间的数据公开透明、可追溯和不可篡改的特性。

（二）区块链的特征

　　区块链是一个去中心化的分布式账本，也可也理解成一个数据库。在这个账本上分布着不计其数的数据，每一部分数据在一定的时间内组成一页账单，也就是区块。数据持续增长并且排列整齐地记录，这些存有数据的区块通过链条串联起来成为区块链。每个区块都包含一个时间戳和前一区块链接，这就使区块链具有去中心化、数据不可篡改、集体维护、自治性和可编程等特征。

1. 去中心化

从治理上来说，区块链没有中心化的组织或者机构，任意节点之间的权利和义务是均等的，通过共识机制防止少数人控制整个区块链系统。区块链作为一种开放式、扁平化、平等性的系统或结构，基于分布式系统架构，采用纯数学方法而非中心机构来实现分布式节点间的信任关系，因此区块链是治理中心化；从架构上说，区块链是架构去中心化，在分布有众多节点的系统中，每个节点均具有高度自治的权利，节点之间彼此可以自由连接，形成新的连接单元。任何一个节点都可能成为阶段性的中心，但不具备强制性的中心控制功能。节点间的影响，会通过网络而形成非线性因果关系，且损坏或者失去任意节点都不会影响整个系统的运作，系统具有极好的健壮性。

2. 数据不可篡改

区块链技术将系统创建以来的所有交易行为都明文记录在区块中，且区块链的数据结构是由包含交易信息的区块按照从远及近的顺序有序连接起来的。区块被从远及近有序地连接在链条里，每个区块都指向前一个区块。通过每个区块头进行SHA256（安全散列算法2）加密算法得到的哈希值，识别出区块链中的对应区块。同时，每一个区块都可以通过区块头的"父区块哈希值"字段引用前一区块（父区块），这样每个区块头都包含它的父区块哈希值信息，就能将每个区块连接到各自父区块的哈希值序列，从而创建一条一直可以追溯到第一个区块（创世区块）的链条。由于哈希值的唯一性，一旦更改区块链中的某个区块的信息，那么该区块之后将失去连接，无法形成完整的区块链，使得篡改操作无法生效。与此同时，由于区块链上的每条交易信息在多个节点上都会有一个相同的副本与之同步，同样避免了在其他节点出现因恶意节点修改信息造成链上信息的篡改。因此，节点上的信息交换活动都可以被查询和追踪。这种完全透明的数据管理体系为现有的审计查账、操作日志记录、物流追踪等环节提供了值得信赖、便捷的追踪溯源途径。

3. 集体维护

区块链的集体维护是指系统中的数据块由系统中所有具有维护功能的节点来共同维护，而这些具有维护功能的节点是开源的，任何人都可以参与如交易申请、数据维护等环节，每一个节点在参与记录的同时也在验证其他节点记录结果的正确性，所有节点都可以通过公开的接口查询区块链数据和开发相关应用，提高利用效率，降低经营成本。从技术上说，一定时间段内如果区块链中数据发生变化，系统中每个节点都可以参与记账，系统利用共识算法选择特定节点，记账节点对交易事务验证通过之后，便将该记账内容写入系统中，并以副本形式广播至所有系统内其他节点，待其他节点进行验证之后就会在自己的系统中进行交易事务备份，至此就实现了一次交易事务的集体维护。在维护过程中，利用特定的经济激励机制来保证分布式系统中所有节点均可参与数据区块的验证过程，并且充分激发系统中节点参与集体维护的活跃度与区块链中的集体维护效率。

4. 自治性

在人类的进化过程中，首先构建的是人与人之间的信任，但由于种种原因，这种信任不是绝对的，需要通过制度来维护，即制度信任；而区块链的出现，将我们带入了机器信任的时代，机器是不会改变的，即使人为干预也是徒劳。

　　区块链的自治性构建在规范和协议的基础上，整个系统中的所有节点在去信任的环境中自由安全地交换数据，让对"人"的信任改成对机器的信任，每个节点都要遵守这个规则，不能打破。区块链上的自治采用基于协商一致的规范和协议（如共识机制），让参与方、中心系统按照公开算法、规则形成自动协商一致的机制，记录在区块链上的每一笔交易都更加准确、更加真实，每个人都能对自己的数据做主，这一机制是实现以客户为中心的商业重构的重要一环。

　　区块链的智能合约更加接近现实，延伸到了社会生活和商业等诸多方面，从多个方面让机器参与判断和执行；社群及自治又让区块链引发了无限遐想。使区块链同时具备原本人类具备的投票、信任、承诺、协作、判定等意识或行为。区块链作为一项新兴信息技术的创新产物，在信息质量和真实性上，区块链能够为人类提供高精度调制。随着大数据、云计算、物联网、人工智能、机器人等技术的不断发展，以及被连接到可以互相通信的网络的设备越来越多，数字智能将在区块链系统中进行传输和交易，因此许多任务通过区块链可实现自动化管理。

5. 可编程

　　可编程是一种全新的基于自动化和数学算法的计算机模式，将行为的执行过程写入自动化的可编程语言，将不可变性和一致性模型进行封装，通过代码强制运行预先植入的指令，保证行为执行的自动性和完整性。按照面向对象的不同，可编程可分为3个阶段：

　　（1）可编程货币阶段。可编程货币是一种具有灵活性的，并且几乎独立存在的数字货币。比特币是可编程货币的一种，它的出现使价值在互联网中的流动变成了可能。区块链构建了一个全新的数字支付系统，在这个系统中，人们可以进行无障碍的数字货币交易或跨国支付。而且其能够保障交易的安全性和可靠性，对现有货币体系产生了颠覆性影响。

　　（2）可编程金融阶段。可编程金融阶段可以实现整个金融市场的去中心化，是区块链技术发展的一个重要纽带。与将区块链用作虚拟货币的支撑平台不同，可编程金融的核心理念是把区块链作为一个可编程的分布式信用基础设施，用以支撑智能合约的应用。区块链的应用范围从货币领域扩展到具有合约功能的其他领域，交易的内容包括房产契约、知识产权、权益及债务凭证等。同时，以太坊、合约币、比特股等产品的出现，也代表区块链技术正逐步成为驱动金融行业发展的强大引擎。

（3）可编程社会阶段。随着区块链技术的进一步发展，由于其具有去中心化及去信任的功能，区块链的应用已超越金融领域并延伸到更广泛的应用领域。该阶段不仅将应用扩展到身份认证、审计、仲裁、投标等社会治理领域，还涉及工业、文化、科学和艺术等领域。通过解决去信任问题，区块链技术提供了一种通用技术和全球范围内的解决方案，即不再通过第三方建立信用和共享信息资源，从而使整个领域的运行效率和水平得到提高。

随着区块链技术的不断创新与发展，其涉及领域从数字货币延伸到整个社会应用，通过提供灵活的脚本代码系统，创建高级的智能合约。利用数据不可篡改性、价值传递能力，加上可编程合约，能够完全支持商业环境下自动执行可追溯、不可逆转和安全的交易需求，区块链技术被用于将所有的人和设备连接到一个全球性的网络中，科学地配置全球资源，实现价值的全球流动，推动整个社会发展进入智能互联新时代。

二、区块链发展史

（一）区块链1.0

区块链1.0阶段是以比特币、莱特币为代表的加密货币，是与转账、汇款和数字化支付相关的密码学货币应用,设计初衷是建立一个可信赖的自由、无中心、有序的货币交易世界,使得价值在互联网中直接流通、交换成为可能。因此,基于区块链的数字货币体系具有三大优势:第一,区块链体系由大家共同维护,不需专门消耗人力、物力,去中心化结构使成本大幅降低,同时,数据的公开使得在其中几乎不可能做假账;第二,区块链以数学算法为背书,其规则是建立在一个公开透明的数学算法之上,能够让不同政治文化背景的人群获得共识,实现跨区域互信;第三,区块链系统中任意节点的损坏或者失去都不会影响整个系统的运作,具有极好的健壮性。

区块链1.0时代,技术关注点主要聚焦在如何实现货币和支付手段的去中心化,并衍生出多种数字货币。区块链1.0的主要特征:以比特币为代表的加密数字货币以及相关金融基础设施的应用,包括支付清算设施、跨境支付设施等。区块链1.0基本架构如图3-1所示。

图3-1　区块链1.0基本架构

（二）区块链2.0

区块链2.0阶段起始于以太坊创始人维塔利克·布特林（Vitalik Buterin）
发布的以太坊初版白皮书项目（Ethereum）。区块链2.0是数字货币与智能
合约相结合，对金融领域更广泛的场景和流程进行优化的应用，最大的升级
之处在于运用了智能合约。而与智能合约清算时紧密相关的另一个重要环节
便是数字资产。数字资产是指企业拥有或控制的，以电子数据形式存在的，
在日常活动中持有以备出售或处在生产过程中的非货币性资产。数字资产利
用区块链数据的不可更改和可编程性，在区块链上登记的股票和债券，可依
靠智能合约进行点对点的自主交易，自我结算。对于社会而言，资产数字化
是一大趋势，可以更大程度减少资源的浪费，降低成本，是资产流通最便捷
的方法。区块链2.0阶段的主要特征是数字货币与智能合约相结合，扩展了
加密数字货币和金融基础设施的范畴，针对金融领域更广泛的场景和流程进
行优化。随着开发者将"图灵完备"体系和"智能合约"技术引入整体架构
中，人们可以编写能够支持各式业务逻辑和商业应用的智能合约，即以代码
形式定义的一系列承诺合同，使得区块链从最初的代币体系，拓展到股权、
债权和产权的登记、转让，证券和金融合约的交易执行，甚至博彩和防伪等
金融领域。

区块链2.0的主要特征，一是主要集中于特定对象，如合同的双方。二
是交易内容主要集中于特定数字资产的所有权或其他权益。例如，数字货币
与智能合约相结合，产生了对金融领域更广泛的场景和流程进行优化的应
用，包括资产数字化，债权性投资以及权益性投资的登记、转让、流通等。
三是交易范围还比较局限、频次较低、领域较窄。例如，纳斯达克股票市场
公司推出区块链私人股权市场Nasdaq Linq，专为企业家和风险投资者提供
私人股权转让和出售服务。区块链2.0基本架构如图3-2所示。

图3-2　区块链2.0基本架构

（三）区块链3.0

通常，区块链3.0阶段被定义为基于区块链技术且更为复杂的智能合约超越了货币、金融领域的范畴，区块链3.0阶段不仅能够记录金融业的交易，还可以记录任何有价值的，能以代码形式进行表达的事物，表现形式为可编程的社会经济活动，并不断扩展到任何有需求的领域中去，进而扩展到整个社会。目前，区块链在全球范围内票据、证券、保险、供应链、存证、溯源、知识产权等领域都有了成功案例，部分领域已经进入了实践阶段。区块链可以解决信任问题，不再依靠第三方来建立信用和信息共享，提高整个行业的运行效率和整体水平。

区块链3.0技术主要关注和解决各行业信任问题，提高社会经济的运转效率，从而真正实现由信息互联网向价值互联网的转变。

区块链3.0的主要特征，一是产品的表现形式主要是应用，包括实体产品和付费知识等其他虚拟产品；二是参与方为不特定的多数对象，而非特定的小范围人群；三是市场中的交易行为会更加广泛，交易面向全行业、全社会。区块链3.0基本架构如图3-3所示。

图3-3　区块链3.0基本架构

（四）区块链4.0

　　目前，区块链4.0阶段处于推测并逐步进行实现的阶段，区块链4.0是基于一种遵循共享、共建、共赢的理念，为各行各业的开发者提供底层、开源的操作系统与多链构成的生态网格。不同于区块链3.0阶段将区块链技术应用到各行业的应用场景中，区块链4.0为全球活动建立一种新型的、可信任的、无技术门槛的共享型社会协同模式，参与方在无须具备区块链技术、无须配备大量区块链人才的前提下，让协作更加便捷与顺畅，进而提高社会资源使用率，提高价值流转速度。实现区块链4.0的过程中，主要分为两个步骤，一是构建开源、低门槛、安全的通用操作系统；二是以其操作系统的灵活性、模块化和可扩展性来构建基于区块链的生态建设。

　　区块链4.0的未来演进方向主要有：一是现有区块链核心技术的优化，包括满足抗量子攻击的加密算法，更加适用于节点接入的网络通信协议，满足高吞吐量、高处理效率的底层数据结构以及更高效的分布式共识机制；二是多链并行与跨链交易技术的完善，以此实现基于区块链的万物互联；三是模块化组合，为用户提供便捷式功能组装与筛选，通过软件开发工具包（SDK）自定义模块功能或者通过编写智能合约完成复杂业务场景。区块链4.0基本架构如图3-4所示。

图3-4　区块链4.0基本架构

三、区块链的分类

（一）联盟链

联盟链是指只针对特定群体的成员和有限的第三方，内部指定多个预选的节点为记账人，每个区块的生成由所有的预选节点共同决定，其他接入节点可以参与交易，但不过问记账过程，其他第三方可以通过该区块链开放的应用程序接口（API）进行限定查询的区块链。为了获得更好的性能，联盟链对于共识或验证节点的配置和网络环境有一定要求。有了准入机制，可以更容易提高交易性，避免由参差不齐的参与者产生的一些问题。该系统具有"部分去中心化"的特点，相较于公有链，联盟链参与节点少，验证效率高，可维护成本低，且数据可保持一定隐私性。一般来说，联盟链适合行业机构间的交易、结算或清算等应用场景。联盟链对交易的确认时间、每秒交易数都与公有链有较大区别，对安全和性能的要求也比公有链高。联盟链的典型代表是超级账本（Hyper Ledger）项目。

（二）公有链

公有链是指网络中的任何节点无须任何许可便可随时加入或脱离网络，在该网络中所有参与节点都可读取数据、发起交易且交易能获得有效确认，也可以参与其中共识过程的区块链，该系统最开放，去中心化程度最高。在公有链中，数据的存储、更新、维护、操作都不再依赖于一个中心化的服务器，而是通过密码学保证数据转移不可篡改，利用密码学验证以及共识机制，在互为陌生的网络环境中建立共识，从而形成去中心化的信用机制，实现链上数据由网络中的每一个节点共同记录维护，节点之间无须信任彼此，也无须公开身份，系统中每一个节点的隐私都受到保护。公有链主要适用于加密数字货币、面向大众的电子商务、互联网金融等应用场景，公有链的典型代表是比特币和以太坊。

（三）私有链

私有链一般是指建立在某个企业或私有组织内部的区块链系统，私有链记账权不对外公开，仅由企业或私有组织使用，且只有被授权的节点才可以参与并查看区块链数据。私有链的运作规则根据该企业或者私有组织的具体要求进行设定，应用场景包括数据库管理、办公审批、财务审计、企业或私有组织的预算和执行等，私有链的价值体现在提供安全、可溯源、不可篡改的相关数据服务，私有链通常只存在于理论中。私有链具有完全私有、交易速度快、保护隐私、交易成本极低等特点，通常情况下，私有链的使用群体只是将区块链作为一种安全系数很高的数据库来使用，不能完全解决信任问题，但可以提高可审计性。

第二节

区块链核心技术

一、密码技术

区块链密码技术是对密码学技术在区块链中应用的统称，密码学技术作为区块链的基石，是区块链核心技术点，区块链主要用到的密码学技术有哈希算法、加密算法、数字签名、同态加密、零知识证明等技术。

（一）哈希算法

哈希算法（Hash算法）又称散列算法，是信息技术领域非常基础也非常重要的技术。其能将任意长度的二进制值（明文）映射为较短的固定长度的二进制值（Hash值），是一种单向密码体制，即哈希算法是一个从明文到密文的不可逆的映射，只有加密过程，没有解密过程。哈希函数的这种单向特征和输出数据长度固定的特征使哈希函数可以生成消息或者数据。以比特币区块链为代表，其中工作量证明和密钥编码过程中多次使用了哈希算法，如安全散列算法2（Secure Hash Algorithm2）的哈希函数SHA256或者RACE原始完整性校验讯息摘要的160位元版本RIPEMD160，这种方式带来的好处是增加了工作量或者在不清楚协议的情况下增加破解难度。

目前流行的哈希算法包括MD5、SHA、SHA-1、RIPEMD、HAVAL、

N-Hash、Tiger等。MD5（RFC 1321）是Rivest于1991年对MD4的改进版本。MD5对输入仍以512位分组，但输出是128位。MD5比MD4复杂，并且计算速度要慢一点，但更安全一些。不过，与其他算法相比，MD5仍不够安全。安全散列算法（Secure Hash Algorithm，SHA），有SHA-1、SHA-256、SHA-384、SHA-512等，分别产生160位、256位、384位和512位的散列值；SHA-1算法是一种主流的安全散列加密算法，设计时基于和MD4相同的原理，并模仿了MD4算法。消息分组和填充方式与MD5相同，也用到了一些常量做初始化数据。

通常，哈希算法都是算力敏感型，意味着计算资源是瓶颈，主频越高的中央处理器（CPU）进行计算的速度也越快。也有一些哈希算法不是算力敏感型的，例如Scrypt需要大量的内存资源，节点不能通过简单地增加更多CPU来获得哈希性能的提升。一个优秀的哈希算法，将具有以下4个优势：①正向快速校验。通过给定明文和哈希算法，能够在有限时间和有限资源内计算出哈希值；②防篡改。作为单向传输的加密算法，给定哈希值，在有限时间内基本不可能逆推出明文。给定一段输入内容，假如原始输入信息修改一点信息，那么最终产生的哈希值看起来都有巨大的差异；③抗碰撞。在给定一个明文的前提下，很难找到两段内容不同的明文，使得它们的哈希值一致；④隐秘性。根据输出是推导不出输入的，在输入集合随意选择一个数 X，有 $H(X)=Y$，我们知道 Y 的值，但是却推导不了 X 的值。所以说输入信息不会被窃取，是相当安全、隐秘的。

区块哈希是对区块头进行哈希计算，得出某个区块的哈希值，用这个哈希值可以确定某一个唯一区块，相当于给区块设定了一个数字认证身份号码，而区块与区块之间就是通过这个身份号码进行串联，从而形成了一个区块链的结构。这种链式的区块结构，使得区块链上的数据实现防篡改的特性。区块中哈希结构如图3-5所示。

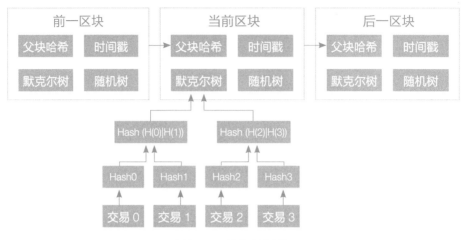

图3-5　区块中哈希结构

默克尔树（Merkle Tree）是一种树（数据结构中所说的树），组成默克尔树的所有节点都是哈希值。默克尔树用于高效汇总和验证大数据集的完整性，是一个由加密哈希组成的二叉树。默克尔树基本结构如图3-6所示。

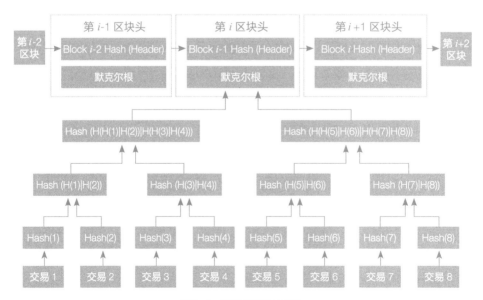

图3-6　默克尔树基本结构

从图3-6可以看出，区块链上每一个区块都具有一棵默克尔树结构，这些默克尔树中的每一个节点都是一个哈希值，因此也可以称为哈希树。

（二）加密算法

加密算法包括对称性加密和非对称性加密两个概念，区块链系统里一般广泛应用的是非对称加密。

对称加密（Symmetric Cryptography）又称单密钥加密，即采用单钥密码系统的加密方法，是将一个密钥通过加密算法对明文进行运算得到一个密文，使用同样的密钥作为解密算法的输入对密文进行解密即可得到原文。

非对称加密（Asymmetric Cryptography）又称公开密钥加密（Public-key Cryptography），是密码学的一种算法，其需要两个密钥，一是公开密钥，二是私有密钥。顾名思义，公钥可以任意对外发布，而私钥必须由用户自行严格秘密保管，绝不透过任何途径向任何人提供，也不会透露给要通信的另一方，即使他被信任。公钥与私钥是一对，如果用公钥对数据进行加密，只有用对应的私钥才能解密；如果用私钥对数据进行加密，那么只有用对应的公钥才能解密。因为加密和解密使用的是两个不同的密钥，所以这种算法叫作非对称加密算法。

对称加密具有加解密速度快、效率高、算法简单、系统开销小、适合加密大量数据等特点；非对称加密则具有以下5点优势：加密和解密能力分开，私钥不能由公钥推导出来；多个用户加密的消息只能由一个用户解读（用于公共网络中实现保密通信）；只能由一个用户加密消息而使多个用户可以解读（数字签名）；无须事先分配密钥；密钥持有量大大减少。

对称加密算法的运行原理如图3-7所示，使用密钥 X 对明文 A 通过加密方法 p 进行加密，转换为密文 B。解密过程同样使用密钥 X 通过解密方法 q 进行解密，转换成明文 A。

图3-7　对称加密算法的运行原理

非对称加密算法的加密流程如图3-8所示，公钥 X 与私钥 O 互为一对密钥，使用密钥 X 对明文 A 通过加密方法 p 进行加密，转换为密文 B。解密过程使用私钥 O 通过解密方法 q 进行解密，转换成明文 A。

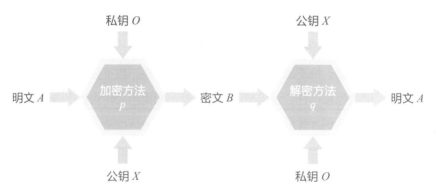

图3-8　非对称加密算法的加密流程

（三）数字算法

数字签名是附加在数据单元上的一些数据，或是对数据单元所做的密码变换。这种数据或变换允许数据单元的接收者用以确认数据单元的来源和数据单元的完整性并保护数据，防止被人（例如接收者）进行伪造。它是对电子形式的消息进行签名的一种方法，一个签名消息能在一个通信网络中传输。只有信息的发送者才能产生的别人无法伪造的一段数字串，这段数字串同时也是对信息的发送者发送信息真实性的有效证明。

知名的数字签名算法包括数据签名标准算法（Digital Signature Algorithm，DSA）和安全强度更高的椭圆曲线数字签名算法（Elliptic Curve Digital Signature Algorithm，ECSDA）等。除普通的数字签名应用场景外，针对一些特定的安全需求，产生了特殊数字签名技术，包括盲签名、多重签名、群签名、环签名等。

数字证书（Digital Certificate）又称为数字标识，数字证书提供了一种在网络中进行信息加密和身份验证等安全保障的方式，数字证书是用来标明网络通信过程中的双方身份的二进制数字文件，与我们日常生活中的身份证和驾驶执照类似。数字证书由证书颁发机构（Certificate Authority，CA）签发，人们可以在网络交往中用数字证书来识别对方的身份，并使用数字证书进行有关安全操作。通俗地讲，数字证书就是一个人、一个设备或单位在网络中的身份证。数字证书结构表见表3-1。

表3-1　数字证书结构表

序号	名称
1	版本号（Version）
2	证书序列号（Serial Number）
3	签名算法标识符（Signature）
4	颁发者名称（Issuer）
5	有效期（不早于/不晚于）（Validity）
6	主体名称（Subject）
7	主体公钥信息（Subject Public Key Info）
8	颁发者唯一标识符（Issuer Unique ID）
9	主体唯一标识符（Subject Unique ID）
10	扩展域（Extensions）
11	签名算法（Signature Algorithm）
12	签名（Signature Value）

　　数字签名的优势有：有数字签名的文件的完整性很容易验证（不需要骑缝章、骑缝签名）；数字签名具有不可抵赖性（不需要笔迹专家验证）；数字签名不能重复使用；签名文件不能改变。数字证书的优势有：数字证书能够使用在应用系统中，保证系统数据各方面的安全性，以数字证书为核心的加密技术（加密传输、数字签名、数字信封等安全技术）可以对网络上传输的信息进行加密和解密、数字签名和签名验证，确保网上传递信息的机密性、完整性及交易的不可抵赖性。使用了数字证书，即使用户发送的信息在网上被他人截获，甚至丢失了个人的账户、密码等信息，仍可以保证用户的账户、资金安全。

　　数字签名的生成主要经过以下过程：信息发送者使用一单向散列函数（哈希函数）对信息生成信息摘要；信息发送者使用自己的私钥签名信息摘要；信息发送者把信息本身和已签名的信息摘要一起发送出去；信息接收者通过使用与信息发送者使用的同一个单向散列函数（哈希函数）对接收的信息本身生成新的信息摘要，再使用信息发送者的公钥对信息摘要进行验证，以确认信息发送者的身份和信息是否被修改过。

　　数字证书采用公钥密码体制，即利用一对互相匹配的密钥进行加密、解密。每个用户拥有一把仅被本人掌握的私有密钥（私钥），用私钥进行解密和签名；同时拥有一把公共密钥（公钥）并可以对外公开，用于加密和验证签名。当发送一份保密文件时，发送方使用接收方的公钥对数据加密，而接收方则使用自己的私钥解密，这样信息就可以安全无误地到达目的地了，即使信息被第三方截获，由于没有相应的私钥，也无法进行解密。通过数字手段保证加密过程是一个不可逆过程，即只有用私钥才能解密。在公钥密码体制中，常用的一种是RSA体制。用户也可以用自己的私钥对信息加以处理，由于密钥仅为本人所有，这样就产生了别人无法生成的文件，也就形成了数字签名。利用数字签名，能够确认以下两点：一是保证信息是由签名者自己签名发送的，签名者不能否认或难以否认；二是保证信息自签发后到收到为止未曾做过任何修改，签发的文件是真实文件。

（四）同态加密

同态加密（Homomorphic Encryption）早在1978年就由罗纳德·李维斯特、伦纳德·阿德曼以及阿迪·萨莫尔提出，它是一种无须对加密数据进行提前解密就可以执行计算的方法。使用同态加密技术在区块链上加密数据，不会对区块链属性造成任何重大的改变。也就是说，区块链仍旧是公有区块链，然而区块链上的数据将会被加密，因此解决了公有区块链的隐私问题，实现了与私有区块链一样的隐私效果。

同态加密技术不仅为用户提供了隐私保护，还允许用户随时访问公有区块链上的加密数据用于审计及其它活动。换句话说，使用同态加密在公有区块链上存储数据将能够同时提供公有区块链和私有区块链最好的部分。比如，使用同态加密的以太坊智能合约能够提供相似的特点和更强的掌控，同时完整地保留以太坊的优点。

同态加密是一种加密形式，允许人们对密文进行特定的代数运算得到仍然是加密的结果，将其解密得到的结果与对明文进行同样的运算结果一样。以云计算应用场景为例，同态加密运行原理如图3-9所示。

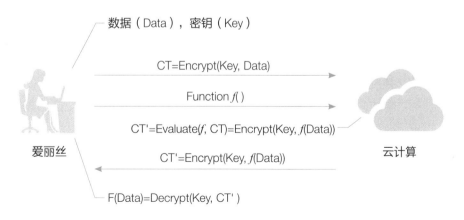

图3-9　同态加密运行原理

图3-9中，爱丽丝通过云计算，以同态加密处理数据的整个过程大致是这样的：

（1）爱丽丝对数据进行加密，并把加密后的数据发送给云计算；

（2）爱丽丝向云计算提交数据的处理方法，这里用函数 f 来表示；

（3）云计算在函数 f 下对数据进行处理，并且将处理后的结果发送给爱丽丝；

（4）爱丽丝对数据进行解密，得到结果。

（五）零知识证明

零知识证明（Zero-Knowledge Proof），是由莎菲·戈德瓦塞尔、希尔维奥·米卡利及查尔斯·拉科夫在20世纪80年代初提出的。零知识证明指的是证明者能够在不向验证者提供任何有用信息的情况下，使验证者相信某个论断是正确的。零知识证明实质上是一种涉及两方或更多方的协议，即两方或更多方完成一项任务所需采取的一系列步骤。证明者向验证者证明并使其相信自己知道或拥有某一消息，但证明过程不能向验证者泄露任何关于被证明消息的信息。大量事实证明，零知识证明在密码学中非常有用。如果能够将零知识证明用于验证，将可以有效解决许多问题。

零知识证明工作高效，计算过程量小，双方交换信息少。在使用零知识证明的时候，不会降低区块链系统的安全性。利用零知识证明，可以简单归纳，既安全、有良好的隐私，又减少计算量。

零知识证明的一般过程是假设有两方人，甲方是证明者，乙方是验证者。他们在一个工作环境内有相同的一组函数和一组数值。

（1）甲方先发送满足条件的随机值给乙方，这个行为被称为承诺。

（2）乙方发送满足条件的随机值给甲方，这个行为被称为挑战。

（3）甲方执行一个不让乙方知道的计算，并把计算结果给乙方，这个行为被称为响应。

（4）乙方对响应进行验证，验证失败就退出，验证成功回到（1），然后继续顺序执行n次。

（5）如果每一次乙方验证都是成功的，那么乙方就相信了和甲方之间的共识。在整个过程中没有透露任何相关秘密信息。

零知识认证需要满足3个属性：假如语句为True（编程语言逻辑用词，下同），诚实验证者遵守协议，那么将由诚实的证明者确信这个True；假如语句为False，那么不排除有欺骗者可以说服诚实的验证者是True的概率；假如语句为True，证明者的目的就是要验证者证明并让验证者相信自己，同时证明过程不向验证者泄露相关证明消息和内容。

二、分布式存储

分布式存储技术，是将数据分散存储在多台独立的设备上。传统的网络存储系统采用集中的存储服务器存放所有数据，难以满足大规模存储应用对性能、可靠性和安全性的要求。分布式网络存储系统采用可扩展的系统结构，利用多台存储服务器分担存储负荷，不但提高了系统的可靠性、可用性和存取效率，还易于扩展。区块链的高容错能力确保系统内所有内置业务从运行开始一直保持稳定延续，极大保证了区块链系统的可靠性和可用性。分布式存储具有以下6个特点。

（一）数据透明

1. 分片透明性

用户不必关心数据是如何分片，分布式存储技术对数据的操作是在全局关系上进行的，即关心如何分片对用户是透明的，因此，当分片改变时，应用程序可以不变。分片透明性是最高层次的透明性，如果用户能在全局关系一级操作，则不必关心数据如何分布、如何存储等细节，其应用程序的编写与集中式数据库相同。

2. 复制透明性

用户不用关心数据库在网络中各个节点的复制情况，被复制的数据的更新都由系统自动完成。在分布式数据库系统中，可以把一个场地的数据复制到其他场地存放，应用程序可以使用复制到本地的数据在本地完成分布式操作，避免通过网络传输数据，提高了系统的运行和查询效率。但是要想进行复制数据的更新操作，就要涉及对所有复制数据的更新。

3. 位置透明性

用户不必知道自己操作的数据放在何处，即数据分配到哪个或哪些站点存储对用户是透明的。因此，数据分片模式的改变，如把数据从一个站点转移到另一个站点将不会影响应用程序，因而应用程序不必改写。

4. 逻辑透明性（局部映像透明性）

提供数据到局部数据库的映像，即用户不必关心局部数据库管理系统（Data Base Management System）支持哪种数据模型、使用哪种数据操纵语言，数据模型和操纵语言的转换是由系统完成的。因此，局部映像透明性对异构型和同构异质的分布式数据库系统是非常重要的。

（二）高性能

一个具有高性能的分布式存储通常能够高效地管理读缓存和写缓存，并且支持自动的分级存储。分布式存储通过将热点区域内数据映射到高速存储中，来提高系统响应速度。一旦这些区域不再是热点，那么存储系统会将其移出高速存储。而写缓存技术则可以通过配合高速存储来改变整体存储的性能，按照一定的策略，先将数据写入高速存储，再在适当的时间进行同步落盘。相比传统存储而言，分布式存储能提供数倍的聚合IOPS[①]和吞吐量，另外可以随着存储节点的扩容而线性增长，专用的元数据模块可以提供非常快速、精准的数据检索和定位，满足前端业务快速响应的需求。

（三）支持分级存储

分布式存储通过网络进行松耦合连接，允许高速存储和低速存储分开部署，或者进行高低速混合部署。在不可预测的业务环境或者敏捷应用情况下，分层存储可以发挥优势。分级部署可以解决目前缓存分层存储在性能池连续读取不到的情况下，从冷池提取数据的粒度太大，导致延迟高，给整体性能造成抖动的问题。

（四）多副本的一致性

与传统的存储架构使用磁盘阵列（Redundant Arrays of Independent Disks，RAID）模式来保证数据的可靠性不同，分布式存储采用了多副本备份机制。在存储数据之前，分布式存储对数据进行了分片，分片后的数据按照一定规则保存在集群节点上。为了保证多个数据副本之间的一致性，分布式存储通常采用的是一个副本写入，多个副本读取的强一致性技术，使用镜像、条带、分布式校验等方式满足租户对于不同可靠性的需求。在读取数据失败的时候，系统可以通过从其他副本读取数据，重新写入该副本进行恢复，从而保证副本的总数固定；当数据长时间处于不一致状态时，系统会自动进行数据重建恢复，同时使用者可设定数据恢复的带宽规则，最小化对业

---

① 每秒的输入输出量（或读写次数），英文为 Input/Output Per Second。

务的影响。

（五）弹性扩展

系统可以支持在线无缝动态横向扩展，在采用冗余策略的情况下任何一个存储节点的上线和下线对前端的业务没有任何影响，完全是透明的，并且系统在扩充新的存储节点后可以选择自动负载均衡，所有数据的压力均匀分配在各存储节点上，得益于合理的分布式架构，分布式存储可预估并且弹性扩展计算、存储容量和性能。分布式存储的水平扩展有以下3个特性：一是节点扩展后，旧数据会自动迁移到新节点，实现负载均衡，避免单点过热的情况出现；二是水平扩展只需要将新节点和原有集群连接到同一网络，整个过程不会对业务造成影响；三是当节点被添加到集群，集群系统的整体容量和性能也随之线性扩展，此后新节点的资源就会被管理平台接管，被用于分配或者回收。

（六）高可靠

整个系统无任何的单点故障，数据安全和业务连续性得到保障。每个节点可看成一块硬盘，节点设备之间有专门的数据保护策略，可实现系统的设备级冗余，并且可在线更换损坏的硬盘或者节点设备。整个系统无任何单点故障，数据安全和业务连续性得到保障。分布式的区域链存储相较于传统数据存储在安全性、可靠性方面具有以下优势。

一是可靠性更高。区块链存储将数据存储到全球上千万个节点上，用的不是多副本模式，而是更先进的冗余编码模式，有效避免了单点故障带来的负面影响。仅在硬盘故障这一项上，区块链存储的可靠性就比云存储高10^{64}倍，综合可靠性也至少高10000倍以上。

二是服务的可用性更高。区块链存储同样通过把负载分散到各地的节点上，来提高可用性。在服务可用性上，区块链存储比云存储至少高10^8倍。

三是成本更低。区块链存储成本低的根本原因在于区块链技术对去除数据重复率的问题有良好的解决能力，通过数据去重能将成本降低80%～90%。同时，区块链存储能降低数据冗余率，从而降低成本。此外，每个存储节点的建设成本也较低。区块链采用的边缘节点架构，对硬件的需求度较低，建设成本比搭建中心化数据存储中心的成本要低得多。

四是异地容灾性更强。对于传统的中心化存储来说，一般"两地三中心"就属于最高级别的容灾，且建设成本高昂，这也是目前世界上很多大型企业、机构的容灾率都很低的原因之一。但区块链存储的"千地万中心"特征，能显著提升容灾级别，把中心化存储里是"奢侈品"的容灾能力变成标配。

基于区块链的存储系统为存储准备数据，然后将数据分布在分散的基础设施上，这个过程可以分为以下6个步骤：

（1）创建数据分片。存储系统将数据分成更小的段，这个过程称为分片。分片涉及将数据分解为可管理的块，这些块可以分布在多个节点上。分片的确切方法取决于数据类型和进行分片的应用程序。

（2）对每个分片都进行加密。内容所有者完全控制这个过程，目标是确保除了内容所有者之外，没有人能够查看或访问分片中的数据，无论数据位于何处，以及该数据是处于静止状态还是处于运动状态。

（3）为每个分片生成一个哈希值。区块链存储系统会根据分片的数据或加密密钥生成一个唯一的哈希值—— 一个加密的固定长度输出字符串。哈希值被添加到分类账和分片元数据中，将事务链接到存储的分片。

（4）复制每个分片。存储系统复制每个分片，就有足够的冗余副本来确保可用性和性能，并防止发生性能下降和数据丢失的情况。内容所有者决定为每个分片创建多少个副本，以及这些分片位于何处。

（5）分发复制的分片。点对点（Peer to Peer，P2P）网络将复制的分片分布到分散地理上的存储节点，可以是区域的节点，也可以是全局的节点。多个组织或个人拥有存储节点，他们租用额外的存储空间，以换取某种补偿—加密货币。没有一个实体会拥有所有存储资源或控制存储基础设施。只有内容所有者才能完全访问所有数据，无论这些节点位于何处。

（6）把交易记录到分类账上。存储系统记录区块链分类账中的所有事务，并跨所有节点同步该信息。分类账存储与交易相关的详细信息，如分片位置、分片哈希值和租赁成本。因为分类账是基于区块链技术的，所以它是透明的、可验证的、可追踪的、防篡改的。在此步骤中，区块链系统集成根据采用的存储系统来决定具体的实现方法。例如，当存储过程第一次开始时，系统首先可能在区块链分类账中记录事务。然后，当事务变得可用时，系统将使用信息（如唯一哈希值或特定于节点的详细信息）更新事务。最后，在参与节点验证事务之后，系统在分类账中将该事务标记为"最终事务"，并锁定事务，防止事务被更改。

三、共识机制

共识机制是通过特殊节点的投票，在很短时间内完成对交易的验证和确认。对一笔交易，如果利益不相干的若干个节点能够达成共识。区块链系统是由多个节点通过异步通信方式组成的网络集群，节点之间需要进行状态复制以保证主机达成一致状态共识。因此，区块链必须解决分布式场景下各节点达成一致性的问题，共识算法可以用于保证系统中不同节点数据在不同程度下的一致性和正确性。根据区块链类型的不同划分，共识算法主要可以分为两大类。一是用于公链场景的共识算法，主要包括工作量证明（PoW）算法、股权证明（PoS）算法和委托权益证明（DPoS）算法。例如，比特币采用通过求解Hash256数学难题的方式，即工作量证明算法，保证账本数据在全网中形成正确、一致的共识。二是用于联盟链场景的共识算法，主要包括拜占庭容错算法的实用拜占庭容错算法（PBFT）和授权拜占庭容错算

法（DBFT）等，除此之外还有一些其他共识机制，例如Paxos算法、RAFT
算法、PoB算法、PoC算法、PoH算法等。

（一）工作量证明算法

工作量证明算法（Proof of Work，PoW），是一份确认工作端做过一定
量工作的证明。由亚当·贝克（Adam Back）于1997年发明，最初在哈希
现金（HashCash）中用于防御拒绝服务及垃圾邮件滥用。2008年，中本聪
创造性地将PoW算法整合进比特币技术体系中，要求发起者进行一定量的
运算，即需要消耗计算机的一定时间，寻找特定的数字使区块满足要求，通
过分布式节点的算力竞争来保证数据的一致性和共识的安全性。参与节点收
集新产生的交易记录，包括：版本号、前一区块哈希值、默克尔树、时间戳
（Timestamp）等，尝试搜索一个特定的随机数（Nonce），使得区块头数据
的哈希值（双SHA256）小于或等于目标哈希值，此时该节点便可全网广播
该区块，平均生成时间为10分钟，生成难度由全网算力决定。当出现两个
或以上节点同时完成验证时，其他节点选取其中一个区块向后排列，则成长
最快的链将成为最长和最值得信任的链。

工作量证明算法自2009年在比特币上得到测试后，被后续的大量公链采
用，是目前常见的共识算法之一。PoW共识允许任何参与到系统中的用户自
由成为节点或退出，且节点间权利平等，按照少数服从多数原则，彼此无须
交换额外信息便可达成共识，因此PoW的优点是高度的去中心化，达成共识
状态的方式简单。PoW的缺点在于由于采用算力证明的方式，共识达成阈值
为总算力的50%，当某一节点的算力超过该值时便可能影响整个系统的安全
性。事实上，根据当前的比特币矿池算力来看，前5名的矿池算力总和已经超
过一半，若联合作恶将会对比特币系统造成极其恶劣的影响。此外使用算力
计算随机数运算量巨大，保持矿机不停机运转会消耗包括机器成本、电力资
源、人力、物力等大量资源，成本过高，并不适合商业化运作。

（二）股权证明算法

股权证明（Proof of Stake，PoS）算法，采用权益证明替代PoW的算力证明，以解决PoW造成的资源浪费和安全缺陷。PoS最早在2013年被提出，并在点点币（Peercoin）系统中实现，类似传统金融中的权益证明，记账权由最高权益的节点获得，而非最高算力的节点。权益对应节点对于特定数量的货币所有权，又称"币龄"，币龄等于货币数量乘最后一次交易的时间长度。PoS中共识难度与输入的币龄成反比，消耗币龄越多则越易完成认证，越有可能成为记账节点，累计消耗币龄最多的区块将被加入主链中。

股权证明算法是对工作量证明算法的改进，使用权益量替代计算量，记账权归由最高算力所有者转变为最高权益所有者，其优点在于有效地避免了因算力竞争而造成的资源过度消耗问题，并且节点间的信息传递更为平滑和高效。但其缺点也是显而易见的，获得记账权的概率与权益数量成正比将会导致"富者愈富"的情况出现，当某一节点权益数量超过50%时，依然会因掌握超过半数的决策权而对系统安全产生影响。

实际运作中，PoS算法通过消耗累计的币龄来进行记账权争夺，消耗后币龄减少，下次获胜的概率降低，由此避免马太效应（富者愈富）的发生。由于PoS算法较PoW算法具备高灵活、低消耗的特征，许多共识算法基于股权证明算法进行了二次开发，使算法更完备。

1. DPoS

授权股权证明（Delegated Proof of Stake，DPoS），由丹·拉里默（Dan Larimer）提出，并在比特股（BitShares）项目中首次应用。DPoS算法的基本思路类似"董事会决议"过程，区块链系统中的每个节点以其持有的权益作为投票权，选举一个代表，获得票数最多且有意愿成为代表的节点成为达成共识的决策者/记账人。该算法中，每个节点均可自主决定其信任的授权节点，并有授权节点轮流记账生成新的区块。

2. PoSV

权益流通证明（Proof of Stake Velocity，PoSV）是作为PoS的一种替代方法，由于在PoS中"币龄"收到货币数量和持币时间的影响，因此会出现节点大量囤币的现象，PoSV用过将持币时间的线性函数改为指数衰减函数，使得时间的影响力逐渐衰减，从而在一定程度上解决囤币现象，进而促进权益的流通。

3. LPoS

权益证明租赁（Lease Proof of Stake，LPoS）于2017年由（Waves[①]）提出并应用。由于网络安全度与参与节点数量成正相关，LPoS通过允许权益持有者将其余额租赁给节点来实现弱节点的验证参与。租赁权益的使用权依然属于原持有人，租赁过程中被锁定，无法进行转移或交易，租赁到期后可随时取消或消耗。

授权股权证明是对股权证明中记账权和投票权的升级，在实际操作中，对于绝大多数普通节点而言，挖矿的需求和参与意愿并不强烈。DPoS允许普通节点投票选出记账人，记账人轮流记账。优点是将记账流程及角色专业化，减少参与节点数量，大幅提高记账效率；缺点是过度依赖代币，很多商业场景不需要代币机制。在选举过程中可能出现由于利益而产生的不透明、影响公平公正的"黑色交易"现象。

4. POA

权威证明（proof of authority，PoA）共识机制是使用身份名誉作为担保的一种共识机制，其想法是人们会因注重自己的名声而被劝阻不要恶意行

---

① Waves 是一家致力于专业音频插件的公司。

事。POA的基本思路是在具有验证权限的节点中通过算法选举出中央权威节点来统一各节点的账本状态，最主要的作用是高效的一致性，防止分布式各节点的账本状态不统一的现象。当发生交易时，中央权威节点有发布区块的优先权，各节点无须相互交互，中央节点打包区块后发到各节点进行签名验证及账本的更新备份。中央权威节点为避免名声受损导致经济利益受到损害而认真履行其主节点的义务，从而建立信任机制，使各节点快速达成一致。

（三）拜占庭容错算法

1. PBFT

实用拜占庭容错算法（Practical Byzantine Fault Tolerance，PBFT）是首个提出针对拜占庭将军问题解决方案的共识算法，由卡斯托（Miguel Castro）和李斯克夫（Barbara Liskov）于1999年提出，该算法是一种状态机副本复制算法，状态机在分布式系统的不同节点中进行副本复制，副本既保存了服务状态，同时也实现了服务操作。PBFT算法在异步通信的环境下，可以在少于（$n-1$）/3的失效节点下保证系统的安全性，即只要系统中有超过2/3的节点正常运作，共识便可达成一致。通常PBFT采用较少（少于20个）的预定节点数量，因此运行非常高效。

2. DBFT

授权拜占庭容错算法（Delegated Byzantine Fault Tolerance，DBFT）是一种支持通过代理投票实现大规模参与共识的拜占庭容错共识算法。类似DPoS算法，由选举出的代表间使用拜占庭容错算法达成共识，形成新的区块。DBFT中加入了数字身份技术，实名认证的代表可以是真实的个人或机构，对提升整体网络的安全性有极其重要的影响。

授权拜占庭容错算法常用于许可链中，期投票节点的增减需经过其他系统内节点共同投票，即通过少数服从多数的方式选取记账节点，达成共识所需的节点数量阈值为2/3，当系统中存在超过1/3的节点不能正常投票或遭恶意更改时，整个系统将无法达成共识。DBFT的优点在于节点数量少，网络传输效率极高，出块效率达到秒级。节点均已经过彼此间的认证，便于管理和设置监管架构。缺点是随着节点规模的增大，达成共识需要的时间大大增加，因此不适合具有极多节点的公有链使用。

（四）其他共识机制

1. Paxos

Paxos算法于1998年由兰伯特（Lamport）提出，是一种基于消息传递且高度容错的一致性算法，可以在多个进程之间进行数据库、状态机、账本等对象的同步。在Paxos算法中，存在提议人（Proposer）、批准人（Acceptor）和学习者（Learner）3个角色，提议者提交状态更新申请，批准人多轮交互进行审批，学习者获取最终获批提案并进行更新。在此算法系统中，必须有超过1/2的节点保持正常状态。

2. RAFT

RAFT由斯坦福大学的昂加尔（Ongaro D）教授与奥斯特豪特（Ousterhout J）教授于2014年提出。RAFT是Paxos的简化版，但运行效率基本相同。在RAFT系统中，初始状态相同的数据库在进行一致的操作后，最终结果也应是一致的。因此，通过使用日志方式进行同步，确保了参与节点在同一状态的转移过程保持一致。

3. PoB

烧毁证明（Proof of Burn，PoB）通过将货币发送到一个不可检索的地址来销毁货币，货币可以是本链代币或者其他区块链的数字货币。记账权与燃烧货币数量成正比，与燃烧结束后的时间长度成反比，因此随着时间的流逝，节点为保证自己的记账权利将会燃烧更多的数字货币。PoB被视为PoW的替代选择，虽然可以避免大量不必要的资源（如电力）浪费，但依然不能解决因资金体量带来的"富豪统治"现象。

4. PoC

容量证明（Proof of Capacity，PoC）是由詹博夫斯基（Stefan Dziembowski）于2015年提出。该算法通过分配一定数量的内存或磁盘空间用于解决服务提供者所提供挑战的方式，显示节点对某个服务、行为具有合法的兴趣。PoS算法是由证明者（Prover）发送给验证者（Verifier）的一小块数据，该数据确认了证明者已经保留了一定量的空间。由于存储空间的通用性，PoC更为绿色环保。

5. PoH

历史证明（Proof of History，PoH）的基本理念是不相信交易中的时间戳，而是证明该交易法在某个时间之前或之后的时刻发生的。PoH是一种高频可验证延迟函数（Verifiable Delay Function，VDF），通过验证完成特定数量的顺序步骤，得到唯一输出，从而实现验证。

主流共识机制对比分析见表3-2。

表3-2　主流共识机制对比分析

共识机制	特点	优势	劣势
PoW	付出与收获成正比	• 去中心化程度较高 • 节点可自由进出 • 破坏者成本高	• 过程确认时间较长 • 耗能较大 • 产生分叉概率较大
PoS	权益与奖励成正比	• 资源消耗较少 • 共识时间缩短 • 不易受规模经济影响	• 中间过程易产生安全漏洞 • 网络流量压力大 • 易形成寡头局面

（续表）

共识机制	特点	优势	劣势
DPoS	投票选举超级节点	• 无须算力挖矿，节约能源 • 大幅提高处理速度 • 存储量大	• 去中心化程度相对较低 • 选举积极性无法保障 • 存在作弊可能
PBFT	在保证了算法活性和安全性的前提下提供了（n-1）/3的容错性	• 去中心化程度较高 • 能够容忍较多信息错误 • 保证账本一致性	• 决定时间越来越长 • 存在网络规模化问题 • 仅剩33%节点时会停止运行
DBFT	利用最小的资源来保障网络免受拜占庭故障的影响	• 处理速度较快 • 可扩展性 • 记账人专业化	• 1/3及以上记账人停止工作则系统无法提供服务 • 1/3及以上记账人联合作恶且其他记账人恰好被分割为两个网络孤岛，则可使系统分叉
PoA	经认可的账户成为验证者。验证者运行的软件，支持验证者将交易（Transaction）置于区块中	• 节约能源 • 验证者互相监督，增加作恶成本 • 高度可扩展和高度兼容性	• 去中心化程度较低 • 隐私性程度不高 • 容易造成第三方操纵结果
PoSV	根据节点参与竞争的币龄分配记账权，将币龄的计算公式修改为增长率指数衰减的函数	• 流通速度提高 • 节约能源 • 鼓励拥有权（股权）和活动（速度）	• 无法创建准确的衡量标准 • 无法确定行为具体流通对象 • 指标没有上限

　　区块链系统建立在P2P网络之上，全体节点的集合可记为P，一般分为生产数据或者交易的普通节点，以及负责对普通节点生成的数据或者交易进行验证、打包、更新上链等挖矿操作的"矿工"节点集合记为M，两类节点可能会有交集；矿工节点通常情况下会全体参与共识竞争过程，在特定算法中也会选举特定的代表节点、代替它们参加共识过程并竞争记账权，这些代表节点的集合记为D；通过共识过程选定的记账节点记为a。共识过程按照轮次重复执行，每一轮共识过程一般重新选择该轮的记账节点。共识过程的核心是"选主"和"记账"两部分，在具体操作过程中每一轮可以分为选主（Leader Election）、造块（Block Generation）、验证（Data Validation）和上链（Chain Updation，即记账）4个阶段。如图3-10所示，共识过程的输入是数据节点生成和验证后的交易或数据，输出则是封装好的数据区块

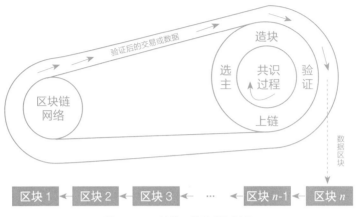

图3-10   区块链网络的共识过程

以及更新后的区块链4个阶段循环往复执行，每执行一轮将会生成一个新区块。

（1）第1阶段：选主。选主是共识过程的核心，即从全体矿工节点集 M 中选出记账节点 a 的过程：我们可以使用公式 $f(M) \rightarrow a$ 来表示选主过程，其中函数 f 代表共识算法的具体实现方式。一般来说，若 $|a|=1$，即最终选择唯一的矿工节点来记账。

（2）第2阶段：造块。第1阶段选出的记账节点根据特定的策略将当前时间段内全体节点 P 生成的交易或者数据打包到一个区块中，并将生成的新区块广播给全体矿工节点 M 或其全体代表节点 D。这些交易或者数据通常根据区块容量、交易费用、交易等待时间等因素综合排序后，依序打包进新区块。造块策略是区块链系统性能的关键因素，也是贪婪交易打包、自私挖矿等矿工策略性行为的集中体现。

（3）第3阶段：验证。全体矿工节点 M 或者全体代表节点 D 收到广播的新区块后，将各自验证区块内封装的交易或者数据的正确性和合理性。如果新区块获得大多数验证、代表节点的认可，则该区块将作为下一区块更新到区块链。

（4）第4阶段：上链。记账节点将新区块添加到主链，形成一条从创世区块到最新区块的完整的、更长的链条。如果主链存在多个分叉链，则需根据共识算法规定的主链判别标准，来选择其中一条恰当的分支作为主链。

四、智能合约

智能合约是一种旨在以信息化方式传播、验证或执行合同的计算机协议。智能合约允许在没有第三方的情况下进行可信交易，这些交易可追踪且不可逆转。智能合约在区块链中的应用起始于区块链2.0阶段，该阶段中参与节点在资产交易时触发执行智能合约程序，实现了传统合约的自动化处理。

智能合约的引入使区块链应用更具便捷性和拓展性，其优势主要有：

1. 去中心化信任

区块链技术的发展为互联网及其衍生行业增加了信任条件，而作为区块链关键技术的智能合约不需要中心化的权威来仲裁合约是否按规定执行，合约的监督和仲裁都由计算机来完成。同时，由于智能合约是基于区块链的，合约内容公开透明且不可篡改，代码即法律（Code is law），交易者基于对代码的信任，可以在不信任环境下安心、安全地进行交易。

2. 无须第三方仲裁

与智能合约的去中心化信任相同，智能合约在任何情况下都不会在执行协议上表现出偏见或主观性，在传统合同中扮演重要角色的"第三方"将不再具有价值。

3. 安全高效

智能合约开始工作时，合约上的数据是通过区块链和网络中的其他来源即时提供，它在执行的过程中不需要人为干预的第三方权威或中心化代理服务参与，不需要任何时间来验证和处理信息，有效地提高用户交易的效率。基于区块链技术的不可篡改性，智能合约的所有条款和执行过程都将是完全安全和防篡改的，同时又高效地为审计人员提供原始数据、未经更改的和不可否认的数据版本，与传统的纸质合同相比，简化了审计和法规事务。

4. 精度高

在密码学和区块链技术的铺垫下，智能合约的所有条款和执行过程都基于计算机代码和预定义内容，并在计算机的绝对控制下完成交易。在交易的过程中不存在人为或主观错误，所有的执行结果都是准确无误的。

5. 经济性能好

智能合约在没有主观错误的状态下，与传统纸质合同相比，将极大地减少合约履行、裁决和强制执行过程中需多方沟通所产生的成本问题。同时，智能合约作为电子合同为企业节约费用成本、邮寄成本、管理成本以及空间成本。

智能合约的工作原理可以分为5个部分：

（1）智能合约的构建。智能合约由多个用户共同参与制定，可用于解决用户之间的交易行为。智能合约中已经明确各参与方的权利和义务，代码开发人员将这些权利和义务记忆包含触发合约自动执行的条件以计算机语言的形式进行编程。

（2）智能合约的存储。智能合约的构建完成后，上传至区块链网络，同时该智能合约将会通过P2P的方式在区块链网络中扩散，即全网验证节点都会收到一份合约，网络中的验证节点会将收到的合约先保存到内存中，然后等待新一轮的共识时间，触发对当前合同的共识和处理。等共识时间确定之后，验证节点会把内存中保存的合约打包成合约集合（Set），计算出合约集合的哈希值，并将合约集合的哈希值组装成一个区块，扩散到网络。其他验证节点收到该区块结构后，将里面包含的合约集合的哈希取出来，与自己保存的合约集合进行比较。同时发送一份自己认可的合约集合给其他的验证节点，通过多轮的发送和比较，所有的验证节点最终在规定的时间内对最新的合约集合达成一致。

（3）智能合约的审计。智能合约的审计就是仔细研究代码的过程，智能合约的安全审计采取自身与第三方安全机构审计，包括智能合约设计及业务逻辑安全、源代码安全审计、编译环境审计及相关的应急响应审计，具体操作主要体现在对代码进行函数可见性审核、合约限制绕过审核、调用栈耗尽审核、进行拒绝服务审核等测试分析。发现智能合约的漏洞后，应及时反馈，保证检查和修复智能合约源代码。

（4）智能合约的执行。智能合约会定期检查是否存在相关事件和触发条件，将条件满足的事务推送到待验证的队列中，等待共识，未满足触发条件的事务将继续存放在区块链上。进入最新轮验证的事务，会扩散到每一个验证节点，与普通区块链交易或事务一样，验证节点首先进行签名验证，确保事务的有效性；验证通过的事务会进入待共识集合，等大多数验证节点达成共识后，事务会成功执行并通知用户。事务执行成功后，智能合约会自动判断所属合约的状态，当合约包括的所有事务都按顺序执行完，智能合约将会把状态标记为完成，并从最新的区块中移除该合约。整个事务和状态的处理都由区块链底层内置的智能合约系统自动完成，全程透明、不可篡改。

（5）智能合约的废止。合约废止是废弃已部署智能合约的过程，该过程以接口调用的方式，在区块链中达成共识后生效，智能合约废止后，在区块链网络中保存被终止版本的智能合约代码。

五、安全技术

区块链安全技术不只关注信息保密问题，还同时涉及信息完整性验证、信息发布的不可抵赖性，以及在分布式计算中产生的，来源于内部和外部攻击的所有信息安全问题。区块链安全技术是对已有的密码算法理论的综合应用，以保证信息安全。消息认证码和数字签名技术通过对消息的摘要进行加密，可用于消息防篡改和身份证明问题；数字证书机制技术通过数字的手段保证加密过程是一个不可逆的过程，防止公钥在分发过程中被恶意篡改的问题；公开密钥基础建设（Public Key Infrastructure，PKI）体系是解决证书生命周期相关的认证和管理问题，在现代密码学应用领域处于十分基础和重要的地位，在超级账本之分布式分类账（Hyperledger Fabric）区块链系统中，就是用PKI体系来对证书进行管理的；布隆过滤器通过基于哈希的高效查找结构，能够快速（常数时间内）判断"某个元素是否在一个集合内"的问题。

（一）数字签名技术

区块链中数字签名技术已成为很多组织作为安全策略的关键技术。数字签名技术通过使用证书和加密算法来保证数据的真实性，防止数据被篡改。日常生活中，我们经常需要在合同、票据、通知等文件上签名，来证明其真实性。同样在信息世界中传输的信息也需要使用签名来证明信息的真实性，这时使用的签名就是数字签名，数字签名又可称为电子签章，是一种利用公钥加密领域技术实现、用于鉴别数字信息的方法。一套数字签名通常定义两种互补运算，一个用于签名，另一个用于验证。即信息发送者产生的任何人无法伪造的一段数字，这段数字同时也是发送信息者对所发送信息真实性的一个有效证明。

数字签名技术涉及区块链的认证机制有两个作用：一是确认消息的确是由信息发送方签名并发送的；二是确认消息的完整性。

区块链通过数字签名技术实现了以下功能：接收方可以通过发送方的公钥认证发送方的身份；通过私钥方式签名，别人无法伪造信息的签名；发送方通过私钥签名，无法否认对信息的签名；使用数字摘要技术可实现数据的完整性；哈希函数对数据的不可篡改性提供了保证。

数字签名技术的特点可分为功能性和安全性两方面，功能性指为了让签名满足特定功能而具有的特点，包括以下5点：

（1）独特性。数字签名必定是签名实施者使用自己独有的、包含实施者特有的身份信息所产生的。由此产生不可伪造且不可否认的签名。

（2）依靠性。数字签名必须以要签名消息的具体比特模式为基础，不同消息对应不同的比特模式，生成的数字签名也是不一样的。

（3）可用性。数字签名中的生成、验证与识别等过程简便，易于在普通的通信设备上实现，可在线处理，结果可存储和备份。

（4）不可伪造。仿造一个签名者的数字签名不仅在计算上无法实现，借助其他技术手段去伪造签名也是行不通的。

（5）可验证。数字签名一定是可验证的，使用验证算法可以精确地验证签名的真伪。

除了功能特点外，数字签名还具有安全特点，以确保使用数字签名技术提供功能的安全性，为使用数字签名技术的产品提供安全保障。数字签名的主要安全特点包括以下3点：

（1）碰撞概率接近零。对于不同的信息，即使使用相同密钥的数字签名，得到相同结果的概率几乎为0。

（2）单向。数字签名算法是一个单项函数，即给定一个数字签名算法，签名者使用密钥可以对消息签名，但是给定消息及其签名，不会得到签名者的密钥。

（3）无关联。对两个不用的消息签名，不论这两个消息有什么关联，都不可能通过签名者对一个消息的签名得到对另一个消息的签名。

数字签名技术的以上特点彻底消除了假数字签名，签名者对某个消息签名，得到的数字签名和消息是唯一的组合，不可伪造和篡改，把数字签名算法和签名密钥作用在消息上是生成数字签名的唯一方法。

数字签名技术可以实现签名的一般功能，包括签名者对自己的签名无法否认，他人不可伪造，接收者可以验证；如果关于签名的真伪发生争执，则由第三方或仲裁机构做出判决。除此之外，数字签名技术还有许多优势：

（1）数字签名技术在算法上具有可验证性，因此非常严谨和科学。

（2）数字签名是不可能被模仿和伪造的，因为从计算角度来讲伪造数据签名是不可行的。

（3）数字签名可以防止重放。在使用数字签名过程中，可以对需要被签名的消息使用时间戳或流水号等技术，可以有效防止重放。

（4）数字签名使信息加密安全得到保证，接收方对发送方发出的私密信息可通过数字签名对其来源及真实性进行验证。接收方对信息的验证很容易，且确认解密过程不会出错。

数字签名的过程如下：

（1）将需要发送的数据通过接收方的公钥进行加密生成密文；经过哈希生成摘要。

（2）摘要通过发送方的私钥进行签名。

（3）发送方将原数据的密文和发送方的签名，生成待发送的数据包，发送给接收方。

（4）接收方收到数据包后使用发送方的公钥解密签名，获得摘要。

（5）接收方使用自己的私钥对密文解密，通过哈希得到摘要。

（6）将解密原数据密文摘要和解密发送方签名摘要进行对比，若一致，则认为摘要是正确的。数字签名过程如图3-11所示。

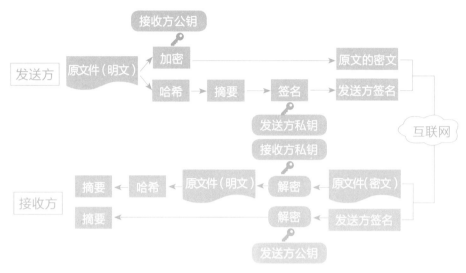

图3-11　数字签名过程

（二）匿名通信技术

在区块链中，尤其是公链具有很高的透明性，链上用户的账户、余额及交易详情等信息都是公开的，任何人都可基于"用户名"查看到该用户的所有交易，这将导致"用户隐私"完全暴露。因此，区块链中使用匿名通信技术为用户的隐私提供安全保障。

匿名通信技术指通过一定的方法将业务流中通信实体的网络地址、实体间的通信关系等隐私信息隐藏，使攻击者无法直接获知或推知双方的通信关系或通信一方的身份。其目的为使通信双方的身份或通信关系隐蔽，保护用户隐私。经典的匿名通信模型有基于广播和多播技术的匿名模型、基于Mix的匿名模型、基于P2P的匿名模型、基于叠加发送的匿名模型以及基于简单代理的匿名模型。

匿名通信技术不同模型有不同的特点：基于广播和多播技术的匿名模型系统里广播、多组播成员数量越多，匿名性越好；基于Mix的匿名模型采用了很强的加密机制，只有路径上除网络出口节点以外的节点才会知道消息接收者的信息和传输的内容，因此对于系统中的成员可以提供很强的匿名保障。主机IP地址的发布可通过用户网络或者Web站点，使用户容易获取。此外，通过使用数字证书对Mix主机认证，可阻止恶意主机加入。通过对主机互联网服务提供商（Internet Service Provider，ISP）的控制使系统中的主机都具有强计算能力和高网络联通能力；基于P2P的匿名模型具有较好的可扩展性，节点间负载均衡，不会出现点单失效问题；基于叠加发送的匿名模型是唯一一个在没有可信团体的情况下，能够提供可证明安全性的系统。基于简单代理的匿名模型最大的特点就是简单易用。

随着互联网、云计算及区块链等技术的不断发展，各种信息技术逐渐走入人们的日常生活，隐私保护成为公众越来越关注的问题，与普通通信技术相比，匿名通信技术有着不可替代的优势。匿名通信技术可以使通信者之间的身份及通信者之间的关系进行隐藏，从而更好地保护通信隐私及涉密通信。匿名通信最大的优势在于通信者无身份标识，不可识别，具有不可关联性和不可观测性，通过匿名通信技术可以达到发送者匿名、接收者匿名及发送者和接收者通信关系的匿名。

基于广播和多播技术的匿名模型，发送方可通过广播或多播技术将想要发送的消息发送到包含消息接收方的一个节点组中，避免接收者身份暴露。当发送方将信息发送到广播组或者多播组中时，这些组内的其他节点会发送一些垃圾信息，此时来自外部的攻击者就无法鉴别出哪个才是真正的发送者，这样发送者身份得到了很好的隐藏。

基于Mix的匿名模型有两种，一种主要用于异步信息传输的基于消息的匿名模型，如：Crowds、Freedom及多重加密Mix模型。另一种是主要用于低延时的双向通信的基于连接的匿名模型，如Onion Routing、Crowds和Tor。Crowds通过两种策略来建立通信重路由路径，即基于固定转发策略和随机成员选择策略。该路由将会转发用户浏览器和服务器之间的通信，这样攻击者就无法准确获取用户的网址信息，无法确定真正的消息发送者。具体过程为，发送者将消息加密后，从Crowds中随机选取一个节点，收到消息的节点通过公正抛币协议以一定的概率p继续转发，然后以1-p的概率将消息发送给信宿。Freedom主要是用于隐私保护，该模型网络是基于Internet的一个重叠网络，通过分层加密及假名策略，将真正发送者的邮件地址，IP地址等其他相关的身份信息隐藏。Freedom客户端可以劫持、过滤、还原用户数据流。节点把Freedom服务器端的密钥（签名密钥和加密密钥）提交给第三方或零知识系统控制，然后向其他节点发放。多重加密Mix模型通常采用Mix级联拓扑结构，即中间每个接到消息的Mix节点对消息重新加密其中加密后的密文的长度为明文的2倍，然后再将其发送。Onion Routing是层层加密封装Onion包通过的路由节点，中间节点将会对Onion包解密，得到下一跳路由地址，然后去掉最外层，再在末尾填充一些字符，以保证包的大小不被改变，然后再将该Onion包路由到下一个节点。Tor的工作原理为匿名用户将Onion代理程序启动，该程序会将通信链路中的数据加解密，该程序会随机选择一个节点，通过协商密钥后建立秘密通信信道，之后Onion代理通过信道继续拓展到其他Tor节点，交换密钥，最后形成一个多层加密通道。

基于P2P的匿名模型主要通过重路由的方式来实现匿名通信，P2P网络中每个节点都是一个Mix节点，在攻击者看来每个节点都是一样的，除非攻击了所有的节点，否则攻击系统的难度将会很大。

基于叠加发送的匿名模型主要是将整个发送过程分成多个时间片段，通过匿名广播技术，每轮只有一个节点发送真正的消息，其他节点都发送的是垃圾信息。

基于简单代理的匿名模型的匿名性只可以抵抗一些通信流分析和攻击，有多种模型，例如Anonymizer，通过使用自己的信息代替用户请求头中的隐私信息，从而达到发送者匿名的目的。

（三）加密通信技术

区块链安全技术中加密通信技术是保证区块链网络中通信安全的关键技

术。加密通信技术即利用密码学技术解决信息安全中的保密性、完整性、可用性和可控性等问题。密码学通过对存储或者传输的数据使用密码算法运算转换，来避免无权限用户非法窃取数据来保障信息通信安全。信息加密方式有很多，加密算法有哈希算法和加密算法。

　　加密通信技术作为区块链安全技术之一，通常用于应对网络中的被动攻击，若通信中使用明文可能会被监听，通信方的身份无法验证可能会遭到伪装，报文的完整性无法验证可能已经被篡改，这在区块链中可能会造成重大损失。而使用加密通信技术后，信息的安全性、通信方身份的真实性、消息的完整性、用户数据隐私等都能得到保障。

　　加密通信系统模型如图3-12所示。

图3-12　加密通信系统模型

　　信息发送方的明文经过加密算法计算后变成密文，使明文从明文信息空间转化到密文信息空间。对于信息的接收方，使用密钥将密文通过解密变换恢复出明文。即将信息从密文信息空间恢复到明文信息空间。若使用的加密算法安全性足够高，一般的非法用户对截取到的信息无法获取到明文。

区块链是支撑数字经济
发展的重要技术

一、区块链是"新基建"的核心技术

　　"新基建"早在2018年年底召开的中央经济工作会议中就已经被明确指出。与铁路、公路等传统基建不同，"新基建"是以数据为生产资料的数字经济基础建设，其以信息数字化的基础设施为重点，包含多种类型的高科技产业，以及部分具有巨大发展空间的短板领域。2020年4月，国家发展改革委首次明确了新型基础设施包括人工智能、云计算、区块链等新技术。自国家将区块链作为核心技术为自主创新的重要突破口以来，区块链正式进入人们的视野。

　　区块链作为"新基建"的核心技术之一，要解决两个问题：一是领先的技术能力；二是大规模应用的能力。这两个方面也是制约区块链发展的主要痛点，而这两方面都要依赖于安全的区块链基础设施体系的助力。稳固安全的区块链基础设施可以连接各行各业，构建价值网络，带动数字经济甚至整个社会经济的快速发展。区块链为互联网添加可信层，其初衷不是为了去中心化，而是提供一种可能性权衡。区块链基础设施是从解决实际问题的角度作为出发点，通过解决底层问题，构建可信互联网。目前，区块链的基础设施建设包括3点，一是构建无门槛参与的公链基础链，公链的逻辑是允许所有人没有门槛地参与，每个人都能够成为底层的节点，自由进出的公链基础链可以有效限制篡改数据和规则的可能性，因为公链里的所有规则和数据都是对外公开可见的；二是构建服务于企业的优质联盟链，优质的联盟链可以保障商业世界中敏感信息和机密的安全性，同时在一定的范围内实现信息共享，为产业链中的相关企业搭建起技术层面上的联盟，提升协作效率，降低交易和运营的成本，优化资源配置运行效率；三是注重隐私保护，区块链作为"新基建"的核心技术，在推动数字经济发展的过程中要体现普惠的价值理念，未来的个人数据需要确定权属，就需要有一个隐私保护平台，来直接定义数据的所有权归属于个人，在数据的应用中，要通过特定的规则或者得到数据所有人的许可才能应用。

　　公链基础链、联盟链、隐私保护这三者相互连通构成区块链的基础设施，从而解决分布式系统中存在的不可能三角问题——去中心化、一致性安全、可扩展性，推进信息技术社会向可信价值社会过渡。目前，随着区块链基础设施的不断完善，区块链在经济发展中已初现价值。

二、区块链推动数字技术创新发展

（一）区块链与人工智能创新融合

　　区块链和人工智能两者融合，可以在数据、算法、算力方面相互赋能。在数据层面，区块链技术在一定程度上能够保证可信数据，实现在保护数据隐私情况下的数据共享，为人工智能建模和应用提供高质量的数据，从而提高模型的精度。在算法层面，一方面，区块链的智能合约本质上是一段实现了某种算法的代码，人工智能技术植入其中可以使得区块链智能合约更加智能；另一方面，区块链可以保证人工智能引擎的模型和结果不被篡改，降低模型遭到人为供给风险。在计算能力层面，基于区块链的人工智能可以实现去中心化的智能联合建模，为用户提供弹性的计算能力满足其计算需求。

区块链为人工智能应用提供数据支持。区块链以其可信任性、安全性和不可篡改性，能够在保证数据可信、数据质量、数据隐私安全的前提下，充分实现数据共享和数据计算，为人工智能应用在数据质量和数据共享层面提供有力的支持。

首先，区块链的不可篡改和可追溯性使得数据从采集、交易、流通，以及计算分析的每一步记录都可以留存在区块链上，任何人在区块链网络中，不能随意篡改数据、修改数据和制造虚假数据，使得数据的可信性和质量得到一定程度的信用背书，有助于人工智能进行高质量的建模，从而使用户获得更好的体验。

其次，基于同态加密、零知识证明、差分隐私等技术实现多方数据共享中的数据隐私安全保护，使得多方数据所有者在不透露数据细节的前提下进行数据协同计算。例如IBM的健康医疗项目（IBM Watson Health）基于区块链技术研发一种安全、高效、可扩展的医疗数据交易方式，实现患者隐私数据的共享，包括电子病历、临床实验、基因数据以及移动设备、可穿戴设备和物联网（IoT）设备中包含的医疗数据，以便IBM通过分析大量的个人医疗数据进行建模，从而推动相关基于人工智能技术的医疗诊断应用的落地。

最后，基于区块链的激励机制和共识机制，极大拓展了数据获取的渠道。在区块链密码学技术保证隐私安全的前提下，向全球范围内所有参与区块链网络的参与者，基于预先约定的规则收集需要的数据。对于不符合预先规则的无效数据，通过共识机制排除。参与者授权使用的有效数据，以哈希码的形式记录在区块链上，个人通过公、私钥技术拥有数据的控制权；对于授权提供数据的参与者，提供通证等形式的激励。

总体来说，区块链能够进一步规范数据的使用，精细化授权范围，有助于突破信息孤岛，实现保护数据隐私的前提下安全可靠的数据共享。人工智能基于可信和高质量的数据开展计算和建模，极大提升区块链数据的价值和使用空间。

人工智能实现区块链合约智能化。人工智能结合区块链智能合约，以3个层面重塑全新的区块链技术应用能力。

首先，人工智能结合智能合约，可量化处理特定领域问题，使得智能合约具有一定的预测分析能力。例如，在保险反欺诈应用中，基于人工智能建模技术构建风控模型，通过运营商的电话号码不同排列的数据组合进行反欺诈预测，并依据智能合约的规则进行相应的处理。基于人工智能的智能合约，能够处理人脑无法预见的金融风险，在信用评级和风险定价方面比人脑更具有优势。

其次，人工智能的介入让智能合约拥有仿生思维性进化的能力。就智能合约本身而言，通过人工智能引擎，在图形界面的模板和向导程序的指引下，能够将用户输入转化为复杂智能合约代码，即生成符合用户和商业场景的"智能协议"。

最后，人工智能不断地通过学习和应用实践形成公共化的算力。

区块链实现人工智能算力去中心化。区块链是分布式网络，能够实现算力的去中心化。区块链有助于构建去中心化的人工智能算力设施基础平台，转变传统的通过不断提高设备的性能来提高算力的思路。在算力层面上，区块链技术可以实现在分布在全世界各地的去中心化海量节点之上运行人工智能神经网络模型，利用全球节点的闲置计算资源进行计算，实现去中心化的智能计算。此外，通过区块链智能合约可以根据用户产品计算量对网络计算节点进行动态调整，从而提供弹性的计算能力满足用户计算需求。

（二）区块链与大数据创新融合

现有的大数据中心基本都采用集中式的管理方式，而完整的数字资产管理通常需要覆盖数据的创建、采集、组织、存储、利用、清除等各个环节，而且数据源的分布范围广且产生速度极快，这给数据的管理带来了极大的挑战，比如在数据质量、数据孤岛、数据交易、数据隐私等方面都存在难题。

区块链与大数据融合应用对于促进大数据行业发展具有重要意义。对于数据本身而言，区块链可以提升数据的质量。在数据流通共享层面，将区块链作为底层技术应用于大数据，并基于数据的处理、存储、交互、安全和资产化等整体流程进行设计，可以使数据孤岛、数据交易、数据隐私等方面的问题得到很好的解决。

（1）提高数据质量。区块链的可追溯性使得数据从采集、整理、交易、流通以及计算分析的每一步记录都被留存，使得数据的质量获得前所未有的强信任背书，保证数据分析结果的正确性和数据挖掘的有效性。

（2）解决数据孤岛问题。通过将区块链作为一种分布式存储的统一数据结构和接口，用比较低的成本来实现关键数据的互联和共享，在一定程度上打破了数据孤岛，并形成多方信任的数据链条。驱使相关利益方，特别是政府或者行业联盟，推动打破相关利益者的数据孤岛，形成关键信息的完整、可追溯、不可篡改和多方可信任的数据历史。

（3）促进数据确权交易。区块链以其可信任性、安全性和不可篡改性，让更多数据被解放出来，有助于推进数据的安全共享和数据的确权交易。在目前的第三代区块链网络上，可以将任何资产数字化后进行注册、确权、交易，智能资产的所有权是被持有私钥的人所掌握的，智能资产所有者能够通过转移私钥或者资产给另一方来完成出售资产行为。由于区块链平台可以支持多种资产的互联互换，大数据资产可以在区块链平台参与交易，利用区块链平台的智能撮合机制，支持类似大数据交易所等方面的应用。

（4）保护数据隐私。区块链技术可以通过多签名私钥、加密技术、安全多方计算技术，只允许获得授权的人对数据进行访问。数据统一存储在去中心化的区块链或者依靠区块链技术搭建的相关平台，在不访问原始数据情况下进行数据分析，既可以对数据的私密性进行保护，又可以安全地提供社会共享。因此，将区块链保存的数据作为大数据分析的数据源，为大数据分析补充精确的关键数据，同时利用区块链的匿名特性在一定程度上保证了数据隐私，为大数据的发展提供关键性帮助。

（三）区块链与工业互联网创新融合

我国高度重视工业互联网的发展，在工业互联网发展的过程中仍然存在着一些亟待解决的问题。一是工业互联网企业内部跨系统、跨部门数据要素流通不畅。企业内设计和制造系统信息同步不够，异构系统数据整合难、业务协同难，难以保证数据的一致性和信息实时共享、复用。另外，大量企业内部分散的边缘计算设备如：DCS/PLC①、网关、I/O模块②、边缘服务器、微数据中心能力并没有得到有效的治理和优化，也限制了工业互联网在生产协同、机理模型构建、生产连续性保障、品控和故障告警方面的实时应用。二是企业间供应链管理、设计生产协同效率低。部分供应链企业的管理流程和业务流程不能很好地区分，导致业务流程不顺畅，核心业务流程受到职能管理的制约。此外，传统生产制造高度依赖于企业内部的生产实力、企业固有的生产模式及集成系统，当跨越供应商、制造商和企业需要协同管理、合作时，涉及多个参与方的互信操作、协调困难。三是工业产品全生命周期追溯难度大。工业制造业中，工业产品相关信息沉淀在各个子系统中，缺乏全生命周期的追溯体系。传统工业企业生产、设计、物流、订单数据，由于企业信息化程度不一及生产商、消费者之间数据孤岛，导致工业产品信息难以追溯。

区块链技术凭借着共识账本、防篡改、分布式和智能合约的特点能够实现数据要素的可信互联，促进参与主体之间的协同，赋能工业互联网。一是区块链共享账本、机器共识、智能合约和权限隐私四大技术，可以助力跨企

---

① DCS：分散控制系统（Distributed Control System，DCS）。
　　PLC：可编程逻辑控制器（Programmable Logic Controller，PLC）。
② I/O 模块：Input/Output，输入／输出模块。

业生产、设计协同，搭建具有设计、生产协同功能的多工业企业的联盟链。二是区块链共享账本技术以信息共享为基础，实现供应链上下游企业在链上实现各种生产经营活动协同，比如研发、设计、生产、采购、库存、物流等。三是区块链的分布式、安全、加密、可追溯的数据存储技术可以应用于工业产品全生命周期追溯。溯源产品全生命周期上链可以提供信息的全程查询，有效解决多部门信息协同的难题，使得商品、物流等溯源数据公开透明，降低沟通协作成本。

（四）区块链、5G互相赋能

随着5G的到来，全球范围内终端设备连接量呈现指数级爆发，未来产业间、企业间、设备间大协作将成为发展的大趋势。而区块链以其"范围广、跨主体、提效率、成本低"的特点，能够解决产业大协同发展面临的协作成本高、效率低的主要问题，全面赋能实体经济，是未来实体经济发展的重要推手。区块链和5G的结合，能扬长补短、相得益彰，未来必将能够创造出更多的机会和价值。

5G将大幅度提升区块链网络的性能和稳定性。5G网络本身拥有高速度、低时延的特性。5G拥有更快的数据传输速度，可以以高达每秒10Gb的速率传输数据。借助5G，区块链的交易速度会更快，各类去中心化应用（Decentralization Application，DApp）的稳定性也能得到提高，将不再出现目前卡顿、长时间未响应等现象。

5G创造的万物互联为区块链带来更多可上链数据。5G作为通信基础设施，如同"信息高速公路"一样，为庞大数据量和信息量的传递提供了可能性，同时，5G也带来了更为高效和可靠的传输速度。5G能创造出万物互联的世界，驱动更多的智能设备，包括家电、飞机、汽车等。这些设备将产生更多的数据，而这些数据均可上链。因此，依托高速的5G通信技术，以及物联网、大数据和人工智能等各项技术的发展，区块链将能为全球上万亿种商品提供稳定的跟踪、溯源能力和分布式的点对点交易功能。

区块链为5G应用场景提供数据保护能力。5G时代，数据井喷式产生，如何为5G网络的安全性提供保障，妥善保管、使用数据成为重点。区块链的去中心化、交易信息隐私保护、历史记录防篡改、可追溯等技术特性，适用于对数据保护要求严格的场景。以区块链为代表的应用密码技术将重构5G网络节点部署，建立设备间的信任域，实现设备安全可信互联。同时，终端设备的关键行为信息上链后，分布式存储在区块链各节点中，可以防止原本中心数据库中的数据被篡改、被黑客盗窃，甚至中心数据库管理者利用数据非法牟利等情况，保证数据完整性和真实性。

区块链促使5G实现真正的点对点价值流通。5G将推动互联网设备交易的爆炸式增长，目前中心化的金融基础设施可能无法承载这种程度的增长。区块链可以做到在分布式部署的架构下，无须中心机构做确权，而由去中心化的节点在链上确权和分发。这就促使点对点的价值交换成为可能，不需要通过中心化的中转和支付交换费用，提升终端交易效率，降低交易成本。例如，5G带宽租赁服务、新能源电表交易等商业模式，很适合通过区块链来完成点对点的交易，实现价值交换，这样的模式也可以降低第三方的高额服务费。

区块链与5G都是新型技术，二者结合的巨大潜力和价值已日益凸显。5G作为通信基础设施，如同"信息高速公路"一样，为庞大数据量和信息量的传递提供了可能性。同时，它也带来了更为高效和可靠的传输速度。区块链作为去中心化、隐私保护的技术工具，协助5G解决可靠、安全、隐私、信任等问题，提升网络信息安全和服务效率，创新商业模式。5G和区块链融合应用在供应链管理、产品溯源、智慧城市、车联网、无人机、智能制造、终端设备身份认证、数字版权存证、数字资产管理等领域都发挥了巨大作用。

三、区块链加快产业数字化转型

随着新业态、新模式、新技术对传统产业冲击的不断加强，数字化转型升级已成为各行业发展的必然趋势。转型的核心目标都是利用新技术推动产业升级，提升整体运营效率，构建全新的数字化体系。区块链技术的集成应用在新的技术革新和产业变革中起着重要作用。区块链技术通过加快建立数据共享、产业链协同、信用体系三方面赋能产业数字化转型。整合以往信息化系统资源，在此基础上通过区块链开源的准入机制将产业中各业务主体串联起来，打破数据孤岛，建立数据互通互联的数字化平台。区块链作为一种分布式账本，以分布式、不可篡改、可追溯等特点打造信任环境，提供业务生态高透明度和减少业务生态系统间的摩擦，从而降低交易、运维成本，提高效率和管理，增强产业链各业务主体间的协同能力，因此，区块链不仅可重建现有信息化资源，同时可构造可信数字化经济环境，这为各行业数字化转型提供有力支持。

目前，区块链技术已开始在实体经济的很多领域实现落地应用。区块链具有分布式、不可篡改、可追溯等特性，在实体经济的改造中已经开始了广泛的探索并取得初步成效，区块链在实体经济产业场景中落地的模式和逻辑也日益清晰。

四、区块链技术改变现有社会组织结构与秩序

（一）规范现有市场秩序

在日常现实交易中，容易受疫情、灾害等因素的影响，大量市场交易因

不能通过现场确认而停止，造成中小企业现金流枯竭，诸多中小企业面临生存危机。互联网交易虽然解决了不能现场确认的问题，但由于交易信任基于中介机构和中间人担保，成本较高，交易环节较多；同时，网上交易没有解决信任流转问题以及在进行转移资产时，无法保证资产可在未来的使用过程中不偏离最初对资产的规定用途和方向。例如，政府对农业进行的补贴或慈善机构的善款被挪作他用。如果将区块链技术应用在供应链金融、跨境支付和电子合同等领域，可以完成传统互联网无法实现信任传递，保障市场交易秩序的稳定。同时区块链技术的可编程性，可以使用智能合约来定义资产或价值转移的过程，以此来规定资产未来的用途和范围，从而有效解决扶贫资金被挪用滥用、贪污侵占等问题。区块链的可编程性还可以帮助互联网以智能合约的方式与真实世界里的资产进行交互，更好地规范市场秩序。

（二）重构商业组织形态和社会协作

区块链具有去中心化、数据不可篡改、可追溯等特征使得区块链成为信任机器，建立了商业活动中个体与个体之间的信任，从而有助于商业活动去中介化，实现商业组织形态重构。此外，根据罗纳德·科斯对于企业存在原因是为了降低市场交易成本费用的论述，基于区块链共识算法和智能合约编程构建的信任关系的数字交易活动有望降低市场交易费用，这对企业制度安排带来了冲击，即企业这种组织结构在一些条件下有可能将会消失。同时区块链重构的组织方式，可以优化人与人之间的协作，为社会提供了一种新的协作模式，在新模式下每一个人既可以是生产者，也可以是消费者。而区块链技术通过去中心化重构社会信任体系，让陌生人通过技术建立起互信机制，社会分工与协作也从公司制度的人治逐步走向技术自治，从中心化组织向网状化大规模协作转变。建立在技术协议基础上的大规模分工与协作模式不分国界、不分种族，赋予每个人平等分配资源的权利，通过更加高效率的协作与激励机制推动生产力的进步，区块链技术有助于实现个体与个体之间的大规模协作、自主组织、自主治理，从而形成全新的社会协作方式和商业模式，甚至引发一场生产关系的大变革。

（三）助力信息互联网向价值互联网转化

信息互联网是以记录信息、传递信息为主的互联网，以其信息可复制性、复制低成本性等特性加速信息在网络中的流动速度。信息互联网为人们带来便捷的信息资源的同时，也为信息造假提供了便利，因此信息互联网只能为用户带来信息的广泛传播，却无法对信息的唯一属性、信息的隐私等敏感数据进行保护。区块链通过哈希算法、加密机制、数字签名等密码学技术可以对用户数据生成唯一的"数据指纹"，同时以其访问权限机制保护用户数据的隐私安全，以达到数据确权和隐私保护的目的，为数据在网络中的价值流转提供可能。通过区块链建立的数据，在去中心化分布式的网络架构中可以实现数据公开透明、不可篡改和可溯源，这些特性使房屋产权、公司股权、债券等业务在区块链中可以进行所有权登记、证明、交易，实现数据价值的流转。随着区块链助力新型基础设施的建设，区块链可以在供应链金融、知识产权保护、产品溯源等应用场景中发挥出重要作用，使数据价值的交换成本更低，流动更便捷，正式开启价值互联网时代。

（四）推进社会向诚信价值社会转型

在当今社会中，从假冒红酒、劣质奶源、高仿奢侈品，到会计套票、虚假财务数据乃至地下钱庄交易等大量伪造的信息与数据充斥着整个市场。由于信息与数据在传递过程中发生了多次转手与交换，很多时候这些信息的真伪都无从考证。区块链技术为信息防伪与数据追踪提供了革新手段。区块链中的数据区块顺序相连，构成了一个不可篡改的数据链条，时间戳为所有的数据信息贴上一套不可伪造的真实标签，可以实现数据交易记录全网透明、不可篡改和可追溯，有助于解决数据追踪与信息防伪问题，这对于现实生活中打击假冒伪劣产品和伪造虚假信息有着极其重要的意义。

第四章

区块链助力
数据要素价值释放

- 明晰数据权属
- 提升数据质量
- 保障数据安全
- 促进数据开放共享
- 推进数据交易
- 助力数据跨境流动

明晰数据权属

一、数据权属问题

随着数字经济的发展，数据成为关键生产要素，与土地、劳动力和资本等传统生产要素相比，数据具有容易复制、一致性和非排他性的特点，这非常不利于数据资源的保护。在进行数据交易和流通中，首先要确定数据的权属问题。但目前规范数据市场交易秩序的数据产权制度尚未建立，数据确权是大数据应用和数据产业发展必须解决的核心问题之一。数据确权的主要目的，是以法律形式明确数据的产权归属问题，从而规范数据采集、传输和交易等流程，推动数据资源的整合和利用，加速数据开放、数据共享、数据流通，进而降低数据交易的成本，激发大数据及其相关产业的活力，促进数据产业快速发展。

数据具有人格和财产的双重属性，数据权主要包括数据人格权、数据财产权和数据主权。数据主权主要是指国家对数据的控制。数据的人格属性主要是从个人的角度考虑，数据的个人属性也可以获得财产利益，数据人格权是为了保护数据主体的声誉、人格尊严等，包括隐私权、知情权、数据删除权和数据可携带权。在数据交易过程中，数据财产权是指对经过数据采集形成的数据包或数据集合的数据享有的财产权，其主体可以是政府、企业或公民个人等。因为数据的人格权是数据主体所享有的权利，是不可以转移的，数据要素流通中的数据权确权问题主要讨论的是数据财产权。

在数据流通中进行交易的数据按照数据来源可以划分为原生数据和次生数据。原生数据是直接来自被记录者，没有被处理过的数据，如个人通过网络购买生成的消费数据、银行个人账户数据等，一般个人数据的原生数据是不可以进行交易的，例如贵阳大数据交易所明确规定不交易最底层数据。次生数据是按照一定的目的，以新的处理方式对原生数据进行处理加工后形成的数据。次生数据是在原生数据的基础上，通过对数据进行一定的处理，实现数据的资产化升值。原生数据如果没有进行脱敏处理，没有产生新的价值，其财产权属于数据主体。数据供应者或者数据交易平台想要使用这些数据必须取得数据主体的同意，并向数据主体说明使用目的和范围等信息，通过与数据主体签订相关协议获得数据的有限财产权。数据需求者在进行数据交易时也要与数据控制者签订相关协议，获得有限财产权以保障获得数据后使用数据的合法性。次生数据的数据财产权属于数据处理加工者，数据处理加工者可以是数据供应者、数据交易平台，也可以是第三方数据处理加工机构，对次生数据的使用需要获得数据处理加工者的同意，通过签订相关协议获得有限的数据财产权，才能在规定的范围内对次生数据进行交易和应用。

确定数据要素的权属是保证数据要素流通的重要前提，但是目前数据权属仍存在以下问题需要解决。一是数据所有权的确认和管理存在问题。我国法律目前并没有对个人信息的财产权地位给出明确的界定，在民法和知识产权方面，数据的权属问题不能完全参照物权进行界定，数据信息表现出的特点并不符合知识产权法的保护范围。数据具有可复制性、非排他性、价值不确定性等特点，在数据的获取、存储、共享、维护、应用、消亡生命周期的每个阶段里会产生多种数据权属关系，如果不能对各种关系中的数据权属问题进行明确的界定，数据就无法实现有序的流动。二是缺乏必要的隐私保护机制。只要有社会生产消费行为存在，便会产生数据，数据的产生和流通是时刻在进行的。人是具有思维和创造力的主体，人可以创造出各种数据，在使用计算机和网络的行为过程被网络服务器记录下来也会形成数据。这些数据资源对于企业来说具有非常高的价值，许多企业和网络运营商为了获取数据资源，通过"霸王条款""默认同意选项"等方式强迫、欺骗用户同意被收集大量敏感和不必要的信息，伤害用户对个人信息的控制权。企业之间为了争夺数据资源，对数据控制权的无序竞争也会产生系列问题。

二、区块链与数据确权

区块链可以为数据确权提供技术支撑。一是区块链技术拥有分布式的共享账本，数据的所有权都写在链条上，多个节点共同保存该账本，谁都无法随意修改，一旦出现违反数据交易合约的情况，区块链技术可以确保合同的有效性，减少传统情况下取证、仲裁和协调等人工干预。二是区块链具有数据不可篡改的特性，可以记录数据全生命周期的痕迹，从数据产生、传输到数据流转、交易等所有操作过程，区块链用来做数据之间使用权转移的记账和做数据确权。一旦发生侵权行为，区块链的存证信息可以随时提供查询功能。借助隐私计算，可以实现不交易数据本身，只交易数据的计算结果。用区块链来记录一个数据的所有使用过程的日志，也就是说，可以保存数据访问行为等所有的信息，用区块链对数据的使用情况进行记账，简单来说就是记录谁在什么时候使用了哪些数据（Who、When、use What）。如果把所有的行为都能如实地记载在区块链上的话，一方面保证了这个行为本身的完整性，同时又注意了行为的机密性，也就是说谁访问了什么数据，并不需要保密。如果这种前提存在的话，就可以准确地知道任何一个数据到底被哪些程序使用了。三是区块链使用非对称加密技术，区块链中的每个节点都可以对其产生的数据进行加密，保证交易过程中的数据内容不被泄露。区块链底层技术的哈希算法、加密技术以及电子签名应用能够将用户隐私数据进行映射后加密存储于区块链，任何个人和组织访问用户隐私数据时，都需要获得该用户的授权。只有经过用户授权后，其他个人和组织才有权对数据进行访问和使用，任何访问和授权都会有可审计的记录。

区块链包括公共区块链、联盟链和私有链。在公共区块链中，用户通过特定的哈希算法和默克尔树数据结构，将一段时间内接收到的交易数据和代码以及其他任意数据封装到一个带有时间戳的数据区块中，并连接到当前最长的主区块链上，形成最新的区块。公共区块链具有完全去中心化的分布式数据库特征，任意节点或区块链用户对公共区块链中的数据，都不具有合法收集、支付对价的数据财产权利。对于联盟链和私有链，联盟链的节点是事先选择好的，联盟成员之间存在合作关系，是部分去中心化。私有链将参与的节点限定在有限的范围内，写入的权限也完全在参与者手中。因此，在联盟链和私有链中，当事人可以约定这两类区块链中数据的权属。

提升数据质量

一、数据质量问题

数据要素是核心生产要素，数据要素流通的目的就是要实现数据的价值，数据的质量直接决定着数据的价值。数据质量除直接影响数据价值外，还会对数据分析的结果以及经营过程中做出的决策产生影响。

目前，数据质量成为实现数据要素流通的关键，但也面临一些问题。数据作为生产要素，参与社会活动的数据量呈现指数级增长，收集和分析的数据类型也在增加，非结构化数据和结构化数据一样重要。伴随着数据规模的急速扩大，数据在获取、存储、传输和计算等过程中的错误率也在增加。数据数量的急速增加并不表示数据质量的提高，数据更新速度的加快会降低数据的时效性，并由此带来大量的数据不一致的问题，传统数据替换方法难以跟上数据更新速度。数据来源和形式的多样性会产生数据不准确、数据不完整、数据不一致、数据不及时和数据不真实等问题。

（一）准确性问题

数据的准确性是指数据采集值或观测值与真实值之间的接近程度，也叫作误差值，误差越大，准确度越低。数据的准确性是由数据的采集方法决定的。数据的准确性表示数据能准确反映客观事物的程度。常见的数据准确性错误有乱码，还有异常的大或小的数据。由于数据的多样性，单一的数据结构已经不能满足大量数据的存储需要。目前国内大部分企业的业务经营数据仍以单一的结构化数据为主，并采用传统的数据存储架构。对于非结构化数据，则是将其先转化为结构化数据，然后再进行存储、处理和分析。这种数据存储处理方式不能应对大数据数量庞大、数据结构复杂、变化速度快等特点，如果数据的转化方式不当，将会直接影响到数据的完整性、有效性和准确性。数据在不同环节之间进行传输，很多时候需要同时对数据进行提取分析和使用，如果数据在一个环节出现问题，将会对数据整体的准确性产生很大的影响。

（二）完整性问题

数据的完整性是应采集和实际采集的数据之间的比例，是指数据信息是否完整、是否存在缺失情况。数据缺失的情况可能是整个数据记录缺失，也可能是数据中某个字段信息的记录缺失。数据的完整性可以用记录数、均值、唯一值、空值占比等指标来衡量。完整性是数据质量评估的一项基础的标准，如果数据不完整，数据的可借鉴价值会大大降低。

造成数据不完整的主要原因有两种，一是收集设定和规则问题，包括系统未设定或设定了获取相关信息而在实际业务操作中未能完整采集，输入规则不科学或过于严格。二是数据源问题，大数据通常由不同的数据源产生，各种网站、系统、传感器设备等数据来源渠道繁多，这些数据源运行的稳定性和安全性会对数据本身的完整性产生影响，目前存在的网络攻击、恶意篡改等问题也严重威胁到数据的完整性。

（三）一致性问题

数据的一致性主要是指数据违反数据项语义规则的程度、系统内外数据

源之间数据的一致程度、数据是否符合逻辑。数据的多样性决定了数据来源
的复杂性，数据源众多会出现编码不统一、不协调的问题，大量不同数据源
的数据之间存在冲突、不一致或相互矛盾的现象。

产生数据不一致的主要因素包括：一是数据生成过程中的主观因素；二
是分布式、异构的数据系统缺乏适当的整合机制，导致其内部出现数据定
义、格式、规则和值的不一致；三是标准规范不一致，导致数据逻辑不一
致；四是一致性中逻辑规则的验证相对比较复杂，对从多个数据源获取的结
构复杂的数据进行整合是有很大难度的。

（四）及时性问题

数据的及时性是指数据能够在需要时得到保证、在进行数据分析和挖掘
时及时性的保障。不及时的数据将导致分析得出的结论失去借鉴意义。进入
数字经济时代，数据计算量和计算速度都飞速增加，数据的有效期变得越来
越短，数字经济对更新数据的收集速度提出了更快的要求，如果不能满足快
速收集的要求，收集到的数据将成为失效数据，对数据的质量产生很大的
影响。

数据的及时性与企业进行数据处理的速度和效率直接相关，为了提高数
据的及时性，很多企业采用管理信息系统，并在管理信息系统中加入各种自
动数据处理的功能，保证数据处理的效率。除了保证数据采集的及时性和数
据处理的效率外，从制度和流程上保证数据传输的及时性也是非常重要的。

（五）真实性问题

数据的真实性也是数据的正确性，取决于数据采集过程中的可控程度。
可控程度越高，可追溯的情况越好，数据的真实性越容易得到保障。若可控
程度低，数据造假后无法进行有效的追溯，数据的真实性难以得到保证。为

了提高数据的真实性，区块链会采用无人进行过程干涉的智能终端直接采集数据，能够更好地保证采集数据的真实性，减少人为干预、数据造假，使数据能更正确地反映客观事实。

二、区块链对数据质量的提升作用

数据准确性方面，区块链作为一种分布式系统，是由多个主机节点通过异步通信方式组成的网络集群，节点之间需要进行状态复制以保证主机达成一致的状态共识。区块链必须解决分布式场景下各节点达成一致性的问题，共识算法可以保证系统中不同节点数据在不同程度下的准确性。区块链中的私有链可以有效地防止机构内单节点故意隐瞒或篡改数据，即使发生错误，也能及时发现原因。

数据完整性方面，区块链本质上是分布式数据库系统，通过分布式数据存储的形式，区块链网络中的各个参与节点都能获得一份完整数据库的拷贝。区块链数据由所有节点共同维护，每个参与维护的节点都能复制获得一份完整记录。除非同时控制整个系统中超过51%的节点，否则单个节点对数据库的修改是无效的，也无法影响其他节点上的数据内容。此外，区块链不仅是数据结构，还是数据结构的计时机制，因此数据历史的证明很容易进行报告，面对审计、法规遵从性要求可以使用区块链技术改进数据完整性。区块链中的默克尔树为区块链提供了基于哈希值的体系结构，使其能够维护数据完整性，并提供了一种安全的方法来验证数据的完整性。

数据一致性方面，非对称加密技术是区块链安全性的重要技术，指的是利用私钥及公钥针对数据的储存及传输开展加密及解密操作。区块链通过非对称加密公私钥针对各节点开展信任构建操作，为确保数据的一致性奠定基础。区块链可描述成一个基于多节点共同构成的分布式数据存储系统，各节点均存在总账副本，保证交易数据的一致且不可篡改。确保同区块链一致，则区块链内全部的交易便可以组成一组链式结构，以确保数据的一致性。

数据及时性方面，区块链是一种去中心化的分布式账本，去中心化实现了点对点的交易，分布式账本保证了交易能够快速反应在每个交易参与者的账本中，实现了交易与清算的同步。区块链能实现去中介化，具有直接相关业务和数据交互的主体的信息系统可以进行有机整合，通过厘清业务边界、合理设计业务数据权限和控制、增加各方及时校验等业务环节的方式将多余的参与主体、操作环节、权限流程、外部交互进行简化，有助于提高数据的及时性。

数据真实性方面，从社会中假冒红酒、劣质奶源，到会计套票、虚假财务数据等，大量伪造的信息与数据充斥着整个市场，因为信息与数据在传递过程中会经过多次转手与转换，信息的真伪是无法考证的。虽然区块链无法解决数据源头存伪的问题，但是区块链中的数据区块顺序相连构成了一个难以篡改的数据链条，时间戳为所有的数据信息贴上一套不可伪造的真实标签，可以实现数据交易记录全网透明、难以篡改和可追溯，有助于解决数据追踪与信息防伪，保证数据的真实性。同时，区块链中的零知识证明能使证明者在不向验证者提供任何有用信息的情况下，让验证者相信论断的正确性，可以在不泄露数据的情况下证明数据的真实性。

保障数据安全

一、数据安全问题

在数字经济时代，社会中的每个主体都是数据的生产者，商家通过我们的数据信息可以对我们的行为进行分析并产生预测，数据存在于各项社会活动中。数据活动的增多自然会存在数据安全的问题，但是数据安全管理的法律法规目前还不完善，个人信息安全和国家信息安全都不能得到保障。

1. 公民个人的信息和隐私安全问题

个人信息泄露事件频繁发生，公民个人的信息和隐私安全无法得到保障。随着国家大数据战略和"互联网+"行动的加快实施，数字经济飞速发展，大数据应用规模日趋扩大，云计算、移动互联网、工业互联网等新兴领域汇聚了海量数据。万物互联下，网络攻击正逐步向各类新型网络、业务系统及联网终端渗透，伴生性安全威胁和传统安全威胁交织呈现。如高级持续性威胁（Advanced Persistent Threat，APT）类新型高级网络攻击持续挑战传统数据保护技术，并以存储海量数据的互联网数据中心、云平台和重要信息系统为主要攻击目标，造成大规模用户信息泄露事件接连发生。据安全情报供应商（Risk Based Security，RBS）在2019年第三季度的报告，2019年1月1日至2019年9月30日，全球披露的数据泄露事件有5183起，泄露的数据量达到79.95亿条。2019年7月，智能家居公司欧瑞博（Orvibo）的数据库泄露涉及超过20亿条物联网日志，包括了从用户名、邮件地址、密码到精确位置等内容。泄露的数据会导致公民个人的隐私、安全、财产等权利受到侵害。

公民个人信息泄露会引发诈骗等下游犯罪行为。大量、频繁个人信息泄露给个人信息非法交易提供了温床，被窃取的公民个人信息经过加工、转卖，被大量用于网络诈骗、敲诈勒索、暴力追债以及滋扰型"软暴力"等违法犯罪，严重威胁了公众财产和人身安全。犯罪形式包括：实施电信诈骗、网络诈骗等新型、非接触式犯罪活动；直接实施抢劫、敲诈勒索等严重暴力犯罪活动；实施非法商业竞争；以各类"调查公司"和"私家侦探"的名义调查婚姻、滋扰民众。

数据作为一种新的生产要素，成为各方竞相争夺的重要战略资源，对数据的过度收集、非法交易等行为造成信息"裸奔"严重。对数据的过度收集包括数据收集隐蔽化、数据产权化、数据利用黑箱化。数据收集隐蔽化是企业通过各种隐蔽的手段，大量收集用户各方面的数据，这些数据与企业产品的功能应用可能有关系，也可能没有关系。这种隐蔽化收集数据的形式，使企业可以收集到用户的各种数据，通过相关数字技术对数据进行处理，可以对用户的行为进行预测，增加了用户对企业产品的依赖度。数据产权化是指网络运营商对用户数据进行收集后，将其视为自己的个人数据资源，在对数据进行分析使用的基础上，将数据作为可进行交易的资产进行买卖。数据利用黑箱化是指企业对其如何使用数据，使用数据的规则不进行公开，将其使用数据的整个过程黑箱化，用户无法通过公开的信息了解自己的数据被使用情况。数据利用的黑箱化过程，既包括数据的相关主体不知道其数据会如何被应用、应用到什么地方，也包括企业利用其数据，进行不正当竞争或者对用户进行欺诈等行为。2020年5月15日，工业和信息化部信息通信管理局公布了《关于侵害用户权益行为的App通报》（2020年第一批），其中，当当网、e代驾、WiFi管家、好医生等16款App因私自收集个人信息，超范围收集个人信息、私自共享给第三方、过度索取权限等原因被通报。非法交易方面，受强大的经济利益驱动，违法犯罪分子大肆倒卖和披露公民个人信息，已逐渐形成庞大、完整的黑色产业链，甚至出现了"第三方担保平台"，个人信息买卖的市场规模大到了需要细分配套产业的地步，侵犯公民个人信息犯罪日趋专业化、产业化。

2. 行业和企业数据安全问题

数据安全问题失控会严重打击全社会对数字经济的信心。近些年，航空售票系统、医疗卫生系统等由于遭受黑客攻击或内部管理不善，导致个人信息泄露事件发生，降低了相关企业甚至行业的公信力，影响了行业的健康和可持续发展。

网络运营商之间无序竞争引发激烈争端。海量用户数据已被视作企业的核心资产，拥有的用户数量及处理数据的能力，已逐步成为企业的核心竞争力。"互联网+"时代，各种产业不断融合，原本处于不同产业及利益链条的企业之间出现业务交叉，产业间竞争日益加剧，出现顺丰与菜鸟之争、腾讯与华为之争、京东与天天快递之争、苹果与腾讯之争等事件。另外，一些企业肆意倒卖数据，获得了竞争优势，形成了"劣币驱逐良币"的恶性竞争状态，严重破坏了行业发展生态。

3. 国家安全威胁问题

国家之间围绕数据占有和利用的博弈日趋激烈，数据窃取、滥用等问题日益突出，严重威胁了网络安全乃至国家安全。

一是美国等发达国家利用其掌握相关核心技术的优势，大量获取他国的敏感信息。棱镜门事件充分暴露出美国利用核心技术优势实施网络窃密的事实。

二是针对关键信息基础设施的国家级有组织的网络攻击持续发生，对我国基础数据和海量用户信息的窃取，基于规模化个体信息的加工分析，可形成对国家安全的严重威胁。

三是支撑网络的基础物理设施和技术规范被私营数据寡头掌控，拥有海量用户数据的数据寡头企业利用其技术支配力和市场垄断力，侵害用户的合法权益。

四是大规模数据跨境流动威胁国家安全，国外大型互联网企业对我国大数据资源搜集、跨境输出并深度挖掘，窃取国家重要敏感数据和海量用户信息，严重威胁我国国家安全。

二、区块链对数据安全的保障作用

区块链是一种基于新思维、复合型的技术，具有去中心化、信息不可篡改、公开透明、可追溯、自治性等特点，这使得区块链拥有与其他技术不同的优势，作为一种新的数字技术，区块链能为数据安全提供保障。

区块链通过加密算法对身份信息和交易数据进行隔离。区块链上的交易数据，包括交易地址、金额、交易时间等数据都是公开透明并可以进行查询的，但是交易地址对应的用户身份是匿名的。区块链的加密算法可以实现用户身份和用户交易数据的分离。数据上链之前可以对用户的身份信息进行哈希计算，将得到的哈希值作为该用户的唯一标识，链上保存的是用户的哈希值并不是用户的真实身份数据信息。用户的交易数据与哈希值相关联，而不是和用户的身份信息联系在一起。用户在交易过程中产生的数据是真实的，而获取数据并进行分析时，由于区块链的不可逆性，所有人不能通过哈希值还原出用户的姓名、电话等个人隐私数据，可以有效地保护数据隐私。

区块链的加密存储和分布式存储能更加有效地保护数据安全，区块链基于非对称加密算法生成公钥和私钥的密钥对，公钥用于数据信息的加密，对应的私钥用于对数据的解密。加密存储意味着访问数据必须提供私钥，私钥具有很高的安全性，几乎无法被暴力破解。即使拥有揭秘单条数据的私钥，也无法知道交易对手在现实世界中的身份。除非拥有密钥，否则交易数据是非共享的。分布式存储的去中心化特点在一定程度上能降低数据全部被泄露的危险，而传统的中心化数据库存储一旦数据库被黑客攻击入侵，数据极易被全部盗走。对于区块链技术本身来说，联盟链技术由于交易结构的复杂性和数据的庞大，更多地采用数据指纹上主链、原始数据链下或侧链的方式，从访问控制的角度来说，区块链的去中心化特点可以进一步加强数据安全保护。

区块链的共识机制能防止数据被篡改。共识机制是用来解决区块链中各节点对某个提案或记录达成共识的过程。由于在点对点的网络中，网络延迟现象较为严重，区块链中各节点看到事务发生的先后顺序可能不一致。共识机制可以保证最新的数据区块被准确地添加到区块链中，节点存储的区块链信息具有一致性，可以抵御恶性攻击。区块链中所有的用户对数据拥有平等的管理权限，避免了个人犯错的风险。共识机制能解决数据去中心化的问题，在公开的去中心化系统中保护用户的数据安全。

区块链的零知识证明能保障数据隐私安全，零知识证明是一种基于概率的验证方法，包括宣称某一命题为真的证明者和确认该命题确实为真的验证者。零知识证明指的是证明者能够在不向验证者提供任何有用的信息的情况下，使验证者相信某个论断的正确性，即证明者既能充分证明自己是某种权益的合法拥有者，又不把有关的信息泄露出去，即给外界的"知识"为"零"。应用零知识证明技术，可以在密文情况下实现数据的关联关系验证，在保障数据隐私的同时实现数据共享。

促进数据开放共享

一、数据开放共享

数据时代，数据的价值通过流动实现，如果数据不能实现开放共享，数据就会成为信息孤岛。数据共享能够提高数据的利用率，对于实现数据的价值具有重要的意义。

参与数据共享的相关责任主体包括数据提供方、数据使用方、平台管理方、服务提供方和监管方。数据提供方主要指生产或收集数据，并提供数据进行共享的各类相关主体，包括各政务部门或企业。数据使用方是指通过数据共享获取、应用共享数据的各政务部门或企业。平台管理方是指负责建设、管理和运营数据共享平台，在数据开放和数据交易中为数据提供方和使用方提供平台服务的政务部门或企业。服务提供方是指为数据提供方、使用方或平台管理方提供数据存储、数据分析处理、数据安全保障、数据保护能力测评等技术和安全服务，对平台管理方的工作提供支撑的企业或专业机构。监管方是指依照国际法律法规和政策文件的授权，对数据共享进行指导、监督管理的政府部门，包括网信、公安、安全、保密等部门。

数据共享的方式主要有数据开放、数据交换和数据交易3种。数据开放是指数据提供方通过数据开放平台为数据使用方提供开放数据资源的在线检索、下载及调用等服务。目前我国的数据开放主要是政府数据面向公众开放，在2020年4月9日公布的《中共中央、国务院关于构建更加完善的要素市场化配置体制机制的意见》中提出"推进政府数据开放共享""研究建立促进企业登记、交通运输、气象等公共数据开放和数据资源有效流动的制度规范""提升社会数据资源价值，培育数字经济新产业、新业态和新模式，支持构建农业、工业、交通、教育、安防、城市管理、公共资源交易等领域规范化数据开发利用的场景"。《2020中国地方政府数据公开报告》显示，目前，我国54.83%的省级行政区（不包含港澳台）、73.33%的副省级和32.08%的地级行政区已推出了政府数据开放平台，2020上半年已有130个行政区推出政府数据开放平台。数据交换是指数据共享各方之间在政策、法律和法规允许的范围内，通过签署协议、合作等方式开展的非营利性数据共享。数据交换有两种情况，一是为信用较好或有关联的实体之间提供数据交换机制，由第三方机构为双方提供交换区域、技术及服务，这种交换适用于非涉密或保密程度比较低的数据。二是针对敏感数据封装在业务场景中的闭环交换，通过安全标记、多级授权、基于标准的访问控制、多租户隔离、数据族谱、血缘追踪和安全审计等安全机制构建安全的交换平台空间，确保数据可用不可见。数据交易是指数据提供方通过交易平台为数据使用方提供有偿数据共享服务，数据使用方付费获得数据或者服务调用权限，也可以付费获得平台的相关数据服务。目前国内已经有贵州大数据交易所、上海数据交易中心和钱塘大数据交易中心等交易中心，确保数据流通和交易的安全性、规范性。

数据共享目前还处于发展中，但也存在一些业务上的痛点。一是数据隐私保护难，存在数据泄露风险。不管是政务数据还是企业数据都涉及大量公民、企业的敏感信息，数据的来源广泛，同时也存在业务办理人员、系统管理人员、数据库管理人员等多方串通对系统中某些数据进行篡改、泄露，或不法分子通过攻击政务系统、企业网络获取数据并滥用的情况，这会对个人隐私、数据可信度造成严重的影响。二是数据确权难。数据在流通和共享的过程中，很容易被复制。如果不能对数据确权，明确数据的产生者、使用者、管理者和受益者，就无法很好实现数据的精准授权，会对数据共享产生

阻碍作用。一旦数据在使用过程中出现问题，数据使用方和数据提供方之间
往往相互推诿，因此需要明确数据的归属权、使用权以及事项的责任归属。
三是政府部门或者数据共享平台之间共享难。政府的政务数据具有数据量
大、增长快速、数据异构等特点，由于数据被不同领域的不同部门保存并管
控，数据共享非常困难、信息孤岛情况严重，进而降低工作效率。平台是由
多个机构共同建设的，很难界定平台的主导方，任何一方机构主导都会产生
争议或不满。四是缺乏数据共享的激励机制。传统的数据集中很难对每个数
据共享者的数据贡献大小进行量化，因此不存在很好的共享激励机制。对于
参与方来说，不管共享的数据数量的大小和数据质量的差异，最终获得的收
益都是一致的。如果没有设定一个良好的数据共享激励机制，每个参与方都
不愿对自己的数据进行共享。

二、区块链对数据共享的促进作用

区块链通过加解密授权和零知识证明等密码学技术可以实现在保证数据
的隐私安全下进行数据共享。基于区块链的数学加密算法，如哈希、非对称
加密、证书颁发机构（CA）签名等，实现终端用户对自身数据的掌控。即
在未获得用户授权时，机构不得共享用户的数据，只有在获得授权时才能共
享。应用零知识证明技术，可以在密文情况下实现数据的关联关系验证，在
保证数据隐私的同时实现数据共享。以金融机构经济遭遇的重复融资为例，
通过组建联盟链、利用零知识证明技术可以实现对重复融资预警，即在不透
露企业在其他银行融资情况的前提下，企业能够向银行证明此标的物没有在
其他银行融资。

区块链的分布式账本、不可篡改的特点可以有效地实现数据确权。数据
的产生者和使用者都可以作为节点加入区块链网络中，利用区块链详细记录

数据产生、流转、交易等环节，通过节点标识每笔数据对应的产生者以及使用者身份。区块链会对数据本身进行记录，也会记录数据的原始上传方以及数据被访问的全部历史，实现数据确权和精准授权，促进数据的共享和流通。

区块链的分布式账本技术可以实现数据的透明、安全和高效，去中心化的特点可以保证每个参与方都有一份账本，没有中心化的机构进行集中维护。通过哈希、时间戳、非对称加密等数学算法保障账本数据不可篡改，增加账本可信度并降低了审计成本，解决政府部门或者数据共享平台之间共享难的问题。

区块链的智能合约可以实现数据共享激励，智能合约是部署在区块链上的合约实例，目的是设计互联网上陌生人之间的电子商务协议。可以通过设计积分机制激励用户的数据共享行为。

第五节

推进数据交易

一、数据交易

随着数字经济的发展，市场对于数据的需求不断增加，数据交易市场日益活跃，数据交易成为数据要素流通的重要途径。数据交易基于数据的使用权和增值权，数据通过数据交易实现价值，企业也在交易过程中获得收益。数据交易是通过对数据提供者和数据需求者的供需进行匹配，实现数据、资金和权力流转的活动。交易的数据应该符合脱敏脱密要求，并在保障个人数据隐私安全的情况下，基于规范的市场交易规则，以合法的交易过程实现数据流通。数据交易的数据来源主要有四种，一是政府和事业单位的公开数据；二是企业在运营过程中积累的数据，主要由各类企业内部数据组成；三是数据供应方提供的数据，这些数据主要是通过第三方数据交易平台进行流通；四是网络爬虫数据。

我国的数据交易发展较晚，但是发展速度较快，国内数据交易市场于2014年兴起。基于当时数据需求量的增加，数据市场产生，但是数据的供需之间不能得到较好的匹配，存在数据流通不畅的现象，2014年北京大数据交易服务平台、数海大数据交易平台上线，国内的数据交易市场开始发展，但还是存在交易体系不够完善、交易成本较高、交易质量无法得到有效保障等问题。2015年，我国印发了《关于促进大数据发展行动纲领》，明确了大数据交易的相关要求。2015—2016年是国内大数据交易服务平台建设的快速成长期。2015年，贵阳大数据交易所、武汉东湖大数据交易中心、优易数据、华中大数据交易所、河北大数据交易中心等11个大数据交易平台上线，其中贵阳大数据交易所是首家国际性大数据交易市场；2016年，上海大数据交易中心、九连环大数据平台、哈尔滨数据交易中心、武汉长江大数据交易中心、数据宝等7个大数据交易服务平台建成。数据交易市场纷纷建立，数据交易体系不断完善，各个交易平台也在不断探索交易规则并发布标准文件，例如上海大数据交易中心发布的《流通数据处理准则》《数据互联规则》等文件。大数据交易平台业务范围也在不断扩大，部分交易平台还提供个性化服务，增加用户体验。随着数据交易市场的发展，越来越多的第三方公司开始利用自身的技术优势和资源优势建立数据资源交易平台，如京东万象、数据堂等平台。

二、数据交易中存在的问题

1. 参与数据交易主体多

数据交易是一个复杂的过程，包括数据采集、数据处理、数据交易等众多的环节，每一个环节中都有大量的交易主体参与。参与主体包括数据的产生者、数据的提供者、数据的需求者、数据交易平台、网络服务提供商和相关的交易监管部门。各参与主体在数据交易过程中的权利和义务是交错的，这会导致交易中多主体问题的产生。同时以各个数据资源交易平台为中心形成交易圈，在交易圈中，参与主体可以自由进行数据交易活动，但是不同的交易圈之间的数据交易活动会受到市场竞争等因素的影响，不利于数据交易市场整体的发展。

2. 数据孤岛

数据交易需要数据实现流通，但是由于数据交易市场是一个复杂的生态环境，参与主体在数据交易中存在地位不平等问题。对于很多企业来说，通过分析用户行为记录得到的数据资源是很重要的企业资产和竞争优势，为了保持企业的优势地位，这些企业在参与数据交易过程中会倾向于不交易关键数据，因此很容易产生数据孤岛问题。

3. 数据安全性低

与土地、资本等生产要素相比，数据的复制成本很低，复制后的数据资源和原始数据不存在差异，因此数据交易过程中存在数据安全问题，会产生侵犯隐私等外部性问题。目前对于数据资源及权属问题并没有一致的定义和标准，数据的安全性很难得到保障。在数据交易过程中，数据拥有者通过强制或非强制手段获得用户数据授权后，对数据拥有所有权，但是在交易过程中会存在数据泄露的风险，对数据主体的利益造成损失，为了降低风险，需要对交易过程进行完整的记录。

4. 数据资源无法追踪

当很难对数据交易中数据本身以及数据权利的转移进行完整记录时，会存在交易后的数据资源在数据流通过程中无法追踪的问题。一旦数据在流通过程中出现数据泄露、数据盗用等侵权行为，则无法通过溯源得到数据在交易过程中的权力让渡记录，也无法对侵权行为进行维权。因为在数据交易过程中，存在众多的交易主体，数据资源处于不断交易的过程中，如果发生侵权行为，将不利于维持数据交易市场的良好秩序，也不利于实现数据价值的最大化。

三、区块链解决数据交易问题

去中心化和联盟链可以解决数据交易主体多的问题。区块链的去中心化可以使链上所有节点的权利和义务都是均等的，系统中的数据被所有节点共享并由有维护功能的节点进行维护，任何节点的故障不会影响整个系统的运行，这种技术特点可以帮助数据交易实现联盟化市场的建立。区块链的联盟链通过授权允许新节点加入网络，根据权限参与链上的活动。基于联盟链的特点，可以建立数据交易联盟，该联盟由市场中数据交易平台和公司组成，这些成员在联盟链中承担共识职责，联盟中心主体共同进行数据交易市场和联盟链的维护，监管机构也可以加入联盟链中对数据交易市场进行交易监管。基于联盟链和监管审核的存在，可以解决数据交易市场主体多引起的交易复杂问题，便于数据交易的规范化进行。

区块链是一种不可篡改的分布式数据存储技术，能帮助打造分布式数据库，保证数据的透明、安全和高效。区块链可以使参与数据交易的所有主体作为链上的一个节点，各节点共同参与记录和验证数据，及时共享数据交易数据。基于区块链可追溯的特性，数据从采集、交易、流通的全过程都能完整存储在链上，可以规范数据使用、提高数据质量、获得强信任背书，数据在链上实现可信流转，极大地解决了数据交易中的数据孤岛问题。

基于联盟链和区块链不可篡改的特点，可以改善数据交易的记录问题，由于链上的每一个节点都有一份相同的副本，并且要对副本进行任何改变需要所有节点的共识，通过广播实现全链条副本更新，因此对于区块链中的记录内容的修改是很难的。区块链可以对数据交易过程记录进行储存并保证数据的真实性。区块链的联盟链形成交易联盟后，可以通过一定的规范方式对每一份想交易的数据进行详细描述，并进行链上储存，这样能在一定程度上保证链上交易数据的唯一性。

联盟链可以实现数据资源在链上交易的完整信息记录，可以保证数据的唯一性，在此基础上还可以实现对数据的溯源追踪。区块链是区块按时间顺序生产、以链的方式结合在一起的分布式账本系统，一旦新区块完成共识并加入区块链，则该数据记录就再也不能被改变或删除，保证了数据库的完整性和真实性。区块链利用时间戳、共识机制等技术手段，保证了溯源环节上各企业节点上链数据的真实不可篡改。当用户对数据交易有疑问时，可以通过访问区块链上某个用户、某个数据或某个时刻的交易记录进行认证。

助力数据跨境流动

一、数据跨境流动基本情况

1980年，经济合作与发展组织（以下简称"OECD"）首次提出"跨境数据流动"的概念。随后，OECD于1985年发布了《数据跨境流动宣言》，首次对数据跨境流动做出法律解释，即计算机化的数据或者信息在国际层面的流动。联合国跨国公司中心做出的定义：跨越国界对机器可读的数据进行处理、存储和读取等活动。跨境数据流动的主体是可被识别的个人数据，数据流动需要突破地理界限，并且包括对数据进行一定的处理储存等相关操作。数据跨境流动的主要方式和目的，是数据收集者和处理者将数据提供给第三方，第三方访问数据取得利益，具体表现在跨境金融、跨境电商、跨境医疗等各项国际贸易活动中。麦肯锡全球研究院（MGI）的《数据全球化：新时代的全球性流动》报告指出，2008年以来，数据流动对全球经济增长的贡献已经超过传统的跨国贸易和投资，不仅支撑了包括商品、服务、资本、人才等其他几乎所有要素的全球化活动，还发挥着越来越独立的作用，数据全球化成为推动全球经济发展的重要力量。

数据跨境流动的价值主要体现在促进经济增长、提高创新能力、推进全球化发展和保障用户数字权利等方面。首先，促进经济增长方面。数据的跨国界流动可以帮助企业更直接、更合理的利用全球要素资源，可以支撑起包括商品、服务、资本、人才等其他几乎所有要素的全球化活动，也发挥数据自身的作用。跨境数据流动能有效地降低全球交易成本，提升企业在全球范围内的国际竞争力。思科公司的分析数据表明，数据跨境流动可以改善企业流程并产生巨大的经济价值，2015—2024年跨境流动潜在的最低价值估计为29.7万亿美元。由此可以看出，数据跨境流动将带来全社会经济总体效用的提升，对国家和企业经济增长具有积极意义。

其次，提升创新能力。数据跨境流动表示信息和知识的传播与共享，自由流动的数据是实现创新的重要支撑。目前，几乎所有行业都依赖于跨境数据的流动和实时数据分析的能力，以此作为其供应链、运营和商业模式创新的推动力。数据跨境流动使创新性的想法在全球扩散，使全球的互联网用户都可以接触、利用最新研究成果和技术，并激发更多创意，催生新业务、新模式和新企业，实现国家创新能力的整体提升。

再次，推动全球化发展。数据是企业经营的"血液"，跨境数据流动极大地推动了企业面向全球的商业拓展。跨境公司和跨境贸易的开展都需要跨境数据流动，企业在数据流动过程中可以对全球范围内的经营和贸易情况进行分析并制定相关的战略，有助于企业的全球化发展，帮助企业融入全球供应链。同时，企业跨境数据流动降低了企业贸易和交易的成本，使得公司在国际贸易过程中不会因为体量的大小受到影响。

最后，保障用户的数字权利。根据思科预测，2021年全球云数据中心流量将达到每年19.5ZB，全球将有628个超大规模数据中心。基于云计算的跨境数据流动模式弱化了存储地理位置的约束，而由用户根据服务内容、质量、成本等在全球范围内灵活地选择云计算服务商，可以提升用户服务水平和体验、保障用户合理的数字权利。

欧盟和美国针对跨境数据流动都出台了相关的法律法规，欧盟于2016年由欧洲议会和欧盟理事会通过《通用数据保护条例（GDPR）》，该条例2018年生效，成为由欧盟成员国统一实施的单一法令，主要目标是消除成员国数据保护规则的差异性，推动欧盟范围的数据资源自由流动。2016年以来，美国严格限制涉及重大科学设计及基础领域的技术数据和敏感数据的跨境转移，并通过"长臂管辖权"和庞大的情报网络加以执行。近年来，我国数据跨境流动管理制度正在制定和完善中。我国《中华人民共和国网络安全法》第37条明确了信息和重要数据的本地存储、出境评估等法律义务。国家互联网信息办公室（以下简称"国家网信办"）于2019年公布了《网络安全审查办法（征求意见稿）》《数据安全管理办法（征求意见稿）》《个人信息出境安全评估办法（征求意见稿）》等法规。前期的行业管理实践主要集中于关键信息基础设施所处重要行业领域、信息通信服务领域。法规主要规定了对数据存储限定是否必须在境内、数据留存时间的最短时限以及对数据出境禁止性规定。2020年6月28日，第十三届全国人大常委会第二十次会议初次审议的《中华人民共和国数据安全法（草案）》第2条、第22条、第23条、第24条、第33条，分别从域外适用效力、数据安全审查制度、数据出口管制、数据对等反制措施和数据跨境调取审批制度等不同角度，初步确立了我国针对数据跨境流动的基本法律框架。

二、数据跨境流动的风险分析

由于各国的数据隐私保护政策不同，经济和技术发展水平不一致，数据跨境流通在数据保护、数据主权和跨境数据自由流动之间难以达成一致。因此，数据在跨境流动中可能存在国家安全、个人数据安全、技术安全和知识产权方面的风险。

1. 国家安全

数据时代，国家拥有数据的规模、流动、利用等能力是国家综合国力的重要组成部分。数据不仅是国家软实力的体现，更涉及情报、军事和国防等国家安全领域。数据对于维护国家主权具有重要的意义，是国家安全与发展的重要战略资源，具有很重要的主权保护价值。但是由于各国数据产业发展之间存在差距，在国际上，数据产业竞争力弱的国家的用户成为数据的主要提供者。因此，对于在数据产业方面处于劣势的国家，如果拒绝数据跨境流动，将使国家被排除在世界网络体系之外，将损害数据经济发展机遇和公民福利，但是放任数据自由流动则将会引发国家安全威胁，给国家主权的完整性带来严峻挑战。同时，随着数字基础设施的发展，智能化终端被广泛应用，采集了大量的外界数据信息。随着大数据技术的发展，这些信息经过处理和加工，很可能被他国掌握。2013年的"棱镜门"事件，显示出美国通过大数据获取他国的情报，许多国家需要在数据跨境流动中考虑如何保障数据主权，以保障国家安全利益和国家主权。

2. 个人数据安全

个人是数据的主要生产者，数字经济的发展加速了个人数据在全球范围的流通和融合。个人数据的价值和重要性决定了个人数据在跨境流通中存在很高的危险性，全球数据黑色产业链日益成熟，离境数据被恶意利用和买卖的现象频发，个人数据泄露事件不断发生，对个人隐私、财产甚至人身安全造成威胁。同时，各国对于个人数据保护的标准不一致，造成数据在全球范围内不受限制地流动，缺乏安全可信的在线环境。保护标准较高的国家质疑其公民个人数据流向保护标准较低的国家将导致数据隐私和安全风险。2020年4月，网络安全公司Cyble发现，有2.67亿脸书（Facebook）用户信息被盗，包括姓名、邮箱地址、电话、社会身份、性别等，这些信息在"暗网"上以仅600美元的价格出售。

3. 技术服务安全

首先，数据的采集、流通和共享都需要网络技术的支持，网络技术的崩溃会直接影响到相关企业的正常运行。其次，网络"黑客"通过电信诈骗、木马病毒以及钓鱼网站等网络技术进行违法犯罪行为，并且多通过境外服务器加以操作或者直接在境外实施对境内的犯罪活动，以此增加侦破案件的难度，企图逃避法律规制。随着网络技术的不断发展，以及数据价值不断提高，网络黑灰产的攻击者从单独的黑客发展到具有特定目标的专业团体，攻击目标从个人设备扩展到包括关键信息基础设施在内的各类网络终端、设备和硬盘，攻击方式不断升级，呈现多样化、智能化、隐蔽化趋势。

4. 知识产权安全

随着互联网技术的发展，网络版权侵权问题日益严重。许多网络创作都是通过组合多部原创作品而产生的，不具备原创性，但是这种侵权行为也很难进行界定及取证，增加了维权难度。同时数字形式的知识产权内容随着跨境数据流动进入其他国家和地区，往往会带来预料之外的争议或侵犯输入国的知识产权人，跨境争议解决程序也给维权增加难度。随着经济和技术的发展，会产生新的维权问题，但是现有的法律更新速度不能及时解决新出现的问题，给各国司法机关带来了压力。

三、区块链对数据跨境流通的推动作用

区块链加密技术和储存方式可以提高数据的安全性。区块链技术通过非对称加密算法，达成数学共识，使用分布式储存方式，要求系统内所有节点对已验证的数据进行存储备份，实现去中心化，确保每笔交易的数字记录的完全一致，并实现记录储存的永恒性，彻底消除数据篡改和删除的可能。在公开链中，现有数据是完全透明的，任何网络用户均可访问，建立具有恒定客观的"分布式共享加密数据库"，其存在的公共信息存储库性质可简化现有的信息记录和储存模式，不再需要国家或者第三方中介等中央机构来确保数据的精确性。同时利用混币原理、环签名、同态加密、零知识证明等加密技术，实现对隐私数据的保护。

区块链的共识机制可以维护数据主权。在去中心化的分布式对等网络中，所有的节点都有权利和机会保存数据，并获取区块构建的能力，这种共识机制可以确保区块链体系中每个节点都能识别区块的构建和发展。基于共识机制，在数据资源产生或流通之前，正确有效地绑定并登记存储确权信息和数据资源，这样全网节点可同时验证确权信息的有效性，并识别数据资产的权利所属者。通过对权利数据的确认，建立全新的、可信赖的大数据权益体系，为数据交易、公共数据开放以及个人数据保护提供技术支持，为维护数据主权提供有力保障。同时，全自动化智能合约在数据确权中发挥着重要的作用，在使用大数据建立应用程序的时候，可以使用合约预先确定分配方案，而在大数据系统获取权益的时候，直接激活智能合约来进行利益分配，避免纠纷。对于数据资产权利的确认，区块链技术已经被证明是一个用于存储永久性价值数据的理想解决方案，并已经被应用于真实性验证、股权交易、土地所有权登记等现实场景中。

利用区块链和可信时间戳对知识产权进行存证，能够对每个知识产权生成独一无二且不可篡改的存在性证明；另外，知识产权区块链通过链接司法机关，让司法机关成为知识产权区块链节点，能够为链上存证提供强大公信力，修复后续用权、维权与确权的断层。知识产权通过确权环节已经实现数字化和上链，通过区块链上的信息可以快速明确产权主体。产权人可以通过智能合约实现对产权的良好管理，提升产权变现效率。产权人可以通过为知识产权设定对应的智能合约，将产权人的诉求写入智能合约，并通过私钥进行签名。只要需求人满足产权人写在智能合约中的诉求，那么智能合约就可以自动为需求人授权，并在授权期限到期时将授权停止，甚至可以实现对同一知识产权匹配不同的诉求和开放权限。知识产权的确权行为在链上完成，链上保存有知识产权的完整信息，配合无法篡改的时间戳，能够真实反映知识产权的历史存在证明。并且通过链上信息，能够明确追溯知识产权的拥有人，也能够快速确定知识产权的权利界定。另外，产权人可以通过调用知识产权区块链上的侵权取证、固证功能，对相应的侵权行为进行固证，将侵权行为写入区块链，并同时明确侵权主体，借用区块链无法篡改的特性，使侵权行为一旦发生就无法抵赖。

第五章

区块链
推动产业数字化

数字经济下的产业数字化发展

区块链赋能实体经济发展

区块链提升民生领域信息化成效

数字经济下的产业
数字化发展

数字经济是继农业经济、工业经济之后的新经济形态，数据是数字经济发展的关键生产要素，并在整个经济链条中发挥基础性作用。数字经济的发展推动人类社会生产方式和生产结构的变革，数字科技的创新加速经济社会形态和运行模式的变革。在数字经济发展的大背景下，传统的产业发展需要借助于数字技术和数字基础设施进行数字化转型升级以提高产业竞争力。

关于产业数字化的概念，欧盟委员会认为产业的数字化转型应该让技术为人服务，打造公平和有竞争力的经济环境，实现开放、民主和可持续发展的社会。中国信息通信研究院认为产业数字化是传统的第一、第二、第三产业由于应用数字科技所带来的生产数量和生产效率的提高，其新增产出构成数字经济的重要组成部分。国务院发展研究中心将产业数字化转型定义为利用新一代信息技术，构建数据的采集、传输、存储、处理和反馈的闭环，打通不同层级与不同行业间的数据壁垒，提高行业整体的运行效率，构建全新的数字经济体系。

数字经济下产业数字化的发展主要表现在传统产业改造、新兴产业形成和需求端重塑三个方面。首先，数字经济对传统产业的改造方面，数字经济具有高渗透性的特点，通过互联网、电子商务和云计算等方式，数字技术、数字服务和数字信息渗透到传统产业的生产、经营、销售的各个环节中，能提高产业效率，提升产业的数字化水平，帮助传统产业完成数字化改造，实现产业结构的优化升级。数字经济的发展也会改变传统产业的生产方式，推动传统产业向智能化和个性化的方向发展，将数字技术和智能设备应用到生产中能提高传统产业劳动生产率和资源利用率，提高传统产业的智能化和数字化发展水平。数字技术能推动传统产业的内部流程再造，提高产业效率。数字经济发展也会对产业组织方式带来变化，激发产业的创造力。其次，数字经济对新兴产业的形成方面，数字技术在数字经济的发展背景下不断地成熟完善，随着数字技术的创新和变革，产业分化的速度加快，各产业间的融合进程也将大大地提高，不断形成新产品、新服务、新业态和新模式，重构企业生态。数字经济对新兴产业的促进作用体现在数字技术能打破产业边界，促进产业间融合。数字经济产业具有高创新性和强渗透性的特点，可以加速向其他关联产业的渗透融合，形成新模式、新生态，促进产业结构调整。数字技术加快产业链上下游产业融合速度，形成新的生产类型和部门，增加产业层次。最后，数字经济重塑需求端方面，数字经济的发展改变了传统的消费习惯和消费方式，重塑需求端，为相关产业的发展带来了巨大的市场需求，市场需求的变化驱动产业结构的改变。数字经济产业的发展会提高产业运行效率，降低产业生产和经营成本，并进一步降低产品的价格。产品价格的下降会提高产品的市场竞争力，刺激消费需求，进而带动相关产业的发展和产业结构的调整。

根据中国信息通信研究院的统计数据，2019年我国产业数字化向更深层次、更广领域探索，产业数字化增加值规模达到28.8万亿元，同比名义增长16.8%，占数字经济的比重由2005年的49.1%提升至2019年的80.2%。2019年各省、自治区、直辖市产业数字化占数字经济的比重均超过60%，新疆、青海、内蒙古等西部省、自治区、直辖市产业数字化占比甚至接近95%，产业数字化已成为地区数字经济的关键支撑。从总量来看，广东、江苏、浙江产业数字化增加值规模均超过2万亿元，上海、北京、福建、湖北、四川、河南、河北等省市产业数字化增加值规模也超过1万亿元。三大产业（第一产业、第二产业和第三产业）中，2019年服务业数字经济增加值占行业增加值比重的37.8%，同比提升1.9%，显著高于全行业平均水平。2019年，工业数字经济增加值占行业增加值比重的19.5%，同比提升1.2%，增长幅度正快速逼近服务业。农业数字化转型需求相对较弱，2019年农业数字经济增加值占行业增加值比重为8.2%，同比提升0.9%，但仍显著低于行业平均水平，数字化发展潜力较大。

区块链赋能实体
经济发展

一、金融业

（一）金融行业信息化发展现状

　　金融业是指经营金融商品的特殊行业，包括银行业、保险业、证券业、信托业和租赁业。随着我国经济水平的不断提高，金融行业的规模也不断扩大。经济的快速增长，人均国内生产总值的增加，都为金融业提供了良好的发展空间。随着我国数字经济和数字技术的快速发展，我国金融行业呈现出多种发展趋势，在相关国家政策的激励促进下，经历了从电子化到数字化再到智能化的阶段。在电子化阶段，金融机构利用信息技术实现业务电子化、自动化；在数字化阶段，金融机构创新金融产品与流程，改变服务方式；在智能化阶段，金融机构运用人工智能技术，用机器模拟人的体力劳动和脑力劳动，特别是脑力劳动，对金融服务实施决策和控制。2015年起，为了推动金融科技在支付结算、资产管理、消费金融、供应链金融等领域的创新应用，在中央和地方各级部门的行动下，出台了一批促进金融科技行业发展的政策法规。中国人民银行在2019年8月印发的《金融科技（FinTech）发展规划（2019—2021年）》表示将在2021年之前建立健全金融科技发展的"四梁八柱"，明确了云计算、大数据、人工智能、区块链四类技术在中国金融科技体系中的战略性地位。

信息化技术有力地推动了我国金融业的发展。根据中国人民银行调查统计司的数据，2019年，我国金融业机构总资产达到318.69万亿元，同比增速8.6%。其中银行业仍然占据绝对比重，达到290万亿元，同比增速8.1%。证券业和保险业占比虽然较低，但增速分别达到16.6%和12.2%。2019年，金融信息化行业市场规模达到2314.2亿元，从用户类型来看，银行业仍是金融行业中对信息化建设投资规模最大的用户，2019年我国银行整体信息技术投资规模达1245.4亿元左右，占整体市场的65.37%。2019年，金融信息化用户对信息服务的需求规模为632.8亿元，在整体市场规模中的比重为25.2%。

智能金融是在数字化基础上的升级与转型，代表着金融业数字化的发展趋势，将成为金融业的核心竞争力。智能金融的发展有利于推动金融机构提高效率、降低成本、提高业务流程的效率；有利于增强金融产品和服务的灵活性、适应性和普惠性；智能金融也能提高风险防控能力，同时智能金融的深入应用还将不断推进人工智能技术的突破与发展。

（二）金融行业信息化的痛点

票据领域。虽然电子票据的应用提高了票据市场的安全性和规范性，但是票据领域仍存在票据伪造、信用风险和市场风险等问题。市场存在票据伪造现象，票据交易流程中存在多种伪造形式和手段。在去产能、去库存和去杠杆的政策下，部分中小微企业的资金链可能断裂，产能过剩行业可能出现破产风险，进而增加票据市场的信用和违约风险。票据电子化在快速发展中，但是整个票据市场未形成统一模式，仍存在市场风险。并且电子票据系统实行中心化模式，一旦中心服务器出现安全风险或被恶意攻击，整个票据交易市场可能瘫痪并造成巨大的损失。

跨境支付领域。跨境支付业务是各国间资金融通过程中的基础环节，也是国际间商业贸易交易的重要保证。跨境支付存在的问题主要在于成本及效率涉及多个交易主体和交易中介，经历支付发起、资金转移、资金交付和支付之后4个阶段，并且交易各方都有自己的中心化账本，为了保证交易的正确性和安全性，各个交易主体之间的结算对账需要消耗大量的时间和成本，因此现有的银行跨境支付模式成本较高且效率低下。

银行支付清结算领域。银行在商业的交易、支付和清结算环节中起到非常关键的作用。但是整个银行交易过程要经过开户行、对手行、清算组织、境外银行（代理行或本行境外分支机构）等多个组织及较为烦冗的处理流程，并且机构的系统都是中心化的，机构之间信息共享和传输不及时，数据不透明且不易追溯，机构之间缺乏信任，会降低清算效率，增加成本。

保险领域。在产品设计环节，产品创新不足，同质化严重，不同的公司之间拥有的数据相互独立。在产品定价环节，当前我国信用体系不健全，保险机构对客户风险水平的评估变得困难，存在不准确的问题。保险的销售环节存在较大的道德风险，部分保险公司为了公司的利益，会做出轻率承保的行为。理赔环节存在流程长的问题，信息孤岛现象严重、信息传输不畅通、效率低、各个理赔环节透明度差。

供应链金融领域。首先，供应链信息难共享，供应链上环节的增多，使供应链上下游企业的企业资源计划（ERP）系统不互通，企业之间的信息难以共享，供应链条上的信息难以传递，会使企业存在信息孤岛，资金流、信息流、物流和商流难合一。其次，产业链信用传递困难，供应链金融依托核心企业的信用，服务上下游中小企业，核心企业的信用不能跨级传递，只能传递至一级供应商企业。再次，贸易背景真实性审核难度大，供应链金融依托于核心企业的信用，但金融机构为核实贸易背景的真实性仍会投入大量的人力、物力，降低了供应链金融的业务效率。最后，存在履约风险，供应商与买方之间、融资方与金融机构之间的支付和约定结算取决于各参与主体的契约精神和履约意愿，只依靠合同约束会使得融资企业的资金使用和还款情况不可控。

（三）区块链技术在金融业的应用

1. 解决业务痛点

票据领域。基于区块链分布式的存储机制可以降低传统的票据中心化机构的信息安全风险，解决集中模式下服务器崩溃或被黑客恶意篡改的问题。基于区块链不可篡改的特点，可以保证链上票据和交易信息的真实性和可追溯性，降低票据业务的信用风险和造假风险。共识机制可以提高信息的核对和资金的清算效率，有利于参与机构满足监管合规的要求。区块链的智能合约可以保证数字票据交易系统对应交易的有效执行，避免交易对手违约产生的损失。

跨境支付领域。区块链可以实现点对点直接交易，避免复杂、低效、高成本的中介流程，帮助跨境支付的交易参与方节省成本并提高交易效率。区块链具有信息不可篡改、共识机制维护账本、隐私加密等特点，加强了跨境支付信息和资金的安全性和可追溯性。交易过程中链上所有网关共同维护的验证支付交易信息的正确性，如果有节点否认该交易信息，则交易无法进行，降低了跨境支付中的信息错误或资金流失风险。基于区块链技术的分布式账本，所有交易信息按照时间顺序进行完全记录，需要时可以被清晰查找，提高了金融机构的监管效率。

银行支付清结算领域。区块链是分布式账本，链上每个节点都有一份账本，数据共享透明。同时是去中心化的结构，区块链平台节点由各机构参与并维护，有共识容错机制，区块链平台数据不会丢失。交易记录不可篡改，区块内交易记录以哈希摘要的方式进行记录，如果交易记录被修改，整个区块的哈希会发生变化，不能通过其他节点的验证。区块链的所有交易记录都可以被追溯，每笔交易都记录在区块链平台上。

保险领域。区块链有助于推动理赔流程自动化、防范保险欺诈和释放数据价值。区块链利用智能合约实现保险合同执行代码化，促进合同承保和理赔等流程的自动化处理，降低运营成本和出错概率。利用数字签名和可追溯性提高投保人的可信度，防范保险欺诈行为和多重索赔风险。此外，区块链信息分布式存储能够提高保险公司和投保人的信息共享，利用加密技术以可控的方式进一步释放数据价值。

供应链金融领域。区块链是一种不可篡改的分布式数据存储技术，能帮助打造一个分布式数据库，保证数据的透明、安全和高效。基于区块链可追溯的特性，数据从采集、交易、流通的全过程都能完整存储在链上，可以规范数据使用，提高数据质量，获得强信任背书，数据在链上实现可信流转，极大地解决了供应链金融业务中的信息孤岛问题。区块链技术可将核心企业的信用拆解，通过共享账本传递至供应链上的供应商及经销商。借助于区块链架构，多维的供应链交易信息（如采购信息、物流信息、库存信息等）可共享上链，供应链金融的参与主体可以自行查询交易信息，免去信息真假核验环节，降低运营成本，同时出资方、担保方等可多维度印证数据真实性。区块链智能合约的应用能确保贸易过程中交易双方或多方能如约履行义务，避免违约事件的发生，促进交易顺利进行。

2. 应用场景

（1）供应链金融。区块链是去中心化网络结构，开放化、透明化、可视化应用模式可有效解决传统供应链金融中存在的诸多痛点，助力供应链金融打破瓶颈、创新发展。

整个供应链金融系统既包括核心企业及其供应商，也包括经销商、银行、保理公司、券商、担保机构和鉴定机构等金融、背书、鉴定机构。区块链技术的加入能够促使供应链金融各方建立"技术信任"体系，并将这种信任模式传递到供应链末端中小微企业中，从而解决中小微企业融资难、融资贵的问题。供应链金融形成的订单、合同、发票、税票、仓单及债券都能够通过区块链账本进行共享存储，有权限的企业机构能够查阅并办理相关数据及业务。区块链智能供应链金融系统框架如图5-1所示。

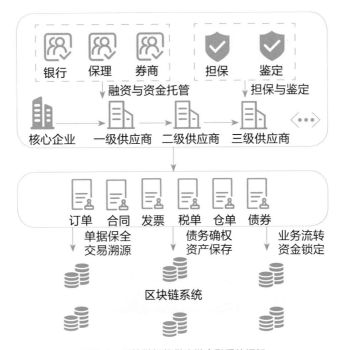

图5-1　区块链智能供应链金融系统框架

（2）资产证券化。目前国内的资产证券化市场存在基础资产信息的真实性、透明性、及时性和流通性的问题，如果这些问题没有得到有效解决，资产证券化产品将难以脱离强主体增信依赖度。区块链技术作为分布式账本数据库技术，具有不可篡改性、可追溯性和可验证性。将区块链技术应用到资产证券化业务中，区块链的分布式账本技术在各交易方之间达成业务信息共识，清晰业务流程，有效地提高交易方之间的协同效率。对资本方来说，区块链技术有助于降低操作及合规成本；对于资金方而言，区块链技术可以实现动态实时的信息验证渠道，能提升投资者的信心，减少沟通成本。区块链技术可以将资产的形成过程实时更新上链，实现对资产的穿透式管理，有效解决信息不对称的问题，区块链不可篡改、可溯源的技术特点能降低交易中的信用风险和定价风险。区块链有利于监管穿透，实时监控，降低资产证券市场的监管难度。国内（不含港澳台）目前运用了区块链技术的资产证券化产品发行规模超过了800亿元，产品类型包括企业资产支持证券（ABS）、信贷资产支持证券（ABS）和资产支持票据（ABN）。基于区块链的资产证券化基本框架如图5-2所示。

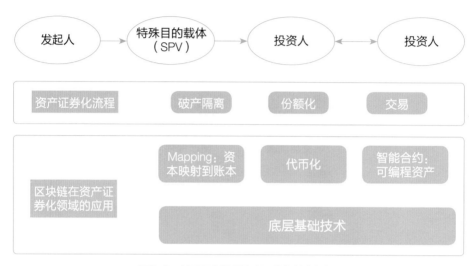

图5-2　基于区块链的资产证券化基本框架

二、农业

（一）农业信息化发展现状

现代农业的发展从以人力和畜力为主要生产力量，到机械力量在农业中广泛应用，再到单一信息技术的应用，然后是现在多项信息技术应用在农业的生产经营活动中。现代农业已经进入数字农业发展阶段，数字农业本质上就是将数字技术应用到农业的生产、加工、运输、销售和服务等各个产业链环节中，充分发挥数字技术促进农业发展的重要作用，不断提高现代农业的数字化水平，从而推进乡村振兴发展。数字农业的发展推动农业经济增长，数字农业的建设使农户可以通过电商平台进行产品销售，并借助现代物流运输进行农产品更大范围的输送。数字农业利用大数据、云计算、物联网等现代信息技术，为其提供相关信息，分析得到精确的市场销售和需求数据以及预测走势。数字农业可以借助于数字技术实现农业生产的系统化管理，建立起从生产到销售全流程完善的网络化系统，推动农业生产的实时记录和追踪，同时充分利用农业电子商务的契机，积极推进建立农业与电子商务的对接，提高农业生产的标准化水平。

2019年，中共中央、国务院出台了《数字农村发展战略纲要》，并明确提出要发展农村数字经济，推进农村数字化转型。发展数字农业能进一步解放和发展数字生产力，是农业现代化发展的必由之路。农业农村部等部委印发《数字农业农村发展规划（2019—2025年）》中也明确提出：到2025年，数字农业农村建设取得重要进展，有力支撑数字乡村战略实施。《数字农业农村发展规划（2019—2025年）》明确了新时期数字农业农村建设的思路，要求以产业数字化、数字产业化为发展主线，强化顶层设计、普惠共享，多方参与合力共建，打造科技农业、智慧农业、品牌农业为实现乡村全面振兴提供有力支撑。

（二）农业信息化存在的痛点

农产品质量安全溯源问题。农产品追溯体系是农产品质量安全的重要保证，可以实现农产品产业链的透明化和可追踪。目前农产品质量安全溯源存在以下问题，一是农产品生产链条的数据不透明，存在数据壁垒，不能实现数据的有效共享。二是农产品质量安全追溯系统为中心化系统，农产品质量安全追溯依赖于某个机构或企业，同时全国目前并未形成统一的农产品质量安全溯源系统，仍然是分行业、分地区溯源的情况。

农产品供应链数据共享问题。农产品的供应链具有环节多且参与主体多的特点，存在的问题首先在于各参与主体之间的信息不对称，由于农产品供应链长并且复杂，各参与主体之间并未建立起信任关系，各参与主体为了保障信息安全，维护自身利益，缺乏进行信息分享的积极性，信息不对称会造成产供销不平衡的情况。其次，供应链的运转效率低的问题，整个农产品供应链上的参与者彼此之间信息不对称问题的存在，会使得链条上的商流、信息流、物流和资金流不能可信的流转，从而增加供应链的管理成本，造成供应链运转效率低的状况。

农村金融发展问题。国家一直致力于发展乡村振兴战略，但是农村地区贷款难的问题一直没有得到有效解决。由于农村信用体系建设目前还不完备，农村借款人主要以农权作为抵押进行贷款，整个贷款流程涉及银行等多个不同参与主体，各参与主体之间存在信息不对称，银行等金融机构不能对抵押物进行贷前、贷中和贷后有效的资产风险管理，因此会增加农村借款人的贷款难度。

农业保险问题。保险可以转移财产损失风险，农业保险是保障农业财产安全的重要手段。国家非常重视农业保险的发展，在2019年9月发布的《关于加快农业保险高质量发展的指导意见》中明确指出，到2022年，基本建成功能完善、运行规范、基础完备，与农业农村现代化发展阶段相适应、与农户风险保障需求相契合、中央与地方分工负责的多层次农业保险体系。但是目前农业保险仍存在灾情数据掌握不准确、灾损评估方法不合理、理赔时间较长等问题，导致农业保险的赔付效果大大降低。

（三）区块链技术在农业中的应用

1. 解决业务痛点

实现农产品质量安全溯源。区块链具有分布式存储、不可篡改、可追溯等特点。区块链技术可以将农产品的种植过程、加工过程、存储过程、运输过程及销售过程中的相关数据上链存储，可以实现农产品从种植到消费的全链条的透明化监管。相关数据一旦上链，便难以进行篡改，进一步保证了数据的真实性和安全性。消费者通过条形码、二维码等方式可以对农产品的原产地、施肥用药情况、化学成分等核心信息进行查询，并进而建立起对农产品质量安全的信任。对于相关监管部门，相关责任主体会对链条上的数据进行数字签名并附上时间戳，农产品一旦出现质量问题，监管部门可以将责任追溯到相关主体。区块链通过共识机制和智能合约，构建了统一的规则体系，使得各经济主体能够以较低的成本实现数据的互联互通，有助于加快全国统一的农产品质量安全溯源系统的构建。

帮助农产品供应链管理。首先，区块链具有分布式记录和存储的特点，可以将农产品供应链上的农业生产者、农资企业、分销商、零售商、监管机构和消费者等参与主体连接起来，整个供应链上的所有数据由所有参与主体进行共同验证和维护，能保证农产品生产、加工、运输和销售等环节的透明化，保证数据的真实性，并有效地解决参与主体之间的信息不对称问题。参与主体根据市场的需求情况进行生产和销售，可以保证产供销平衡。然后，区块链的非对称加密技术和时间戳技术能保证交易过程中数据的安全性和唯一性，各参与主体可以建立信任关系。智能合约技术可以保证交易双方的承诺条件一旦得到满足就可自动执行合同。区块链技术可以实现农产品供应链系统上商流、信息流、物流和资金流的可信流转，并当交易双方达成共识后，即可触发合同的自动执行，大大降低供应链的管理成本。

缓解农村贷款难问题。区块链技术将各经济主体之间的信任关系建立在"机器信任"之上，构建了"无须任何可信第三方"的信任机制，解决了金融机构和农权主管部门之间的信任关系。区块链的加密算法、多方安全计算等隐私加密和隐私计算技术，可以解决数据在共享和流通过程中的安全和隐私保护问题。区块链可以将林地承包经营权、农村承包土地经营权等资产数字化，在参与主体之间实现可信流转，银行作为链上的一个参与节点，能有效降低放贷风险。

区块链使农业灾损评估更合理。区块链的分布式记录、非对称加密和可追溯的特征可以保证农产品数据的透明化和真实性，可以实现对农业过程所有环节数据的追溯，有助于保险公司得到真实的灾情数据，对农业灾损进行合理的评估。智能合约技术可以实现农业保险赔付过程的智能化，如果灾害发生在保险范围内，系统将自动发出智能理赔合约，可以缩短理赔时间，提高理赔效率。

2. 应用场景

（1）农产品质量安全溯源。基于区块链技术构建起来的农产品质量安全溯源系统的体系框架，是以区块链的系统层次机构为基础，同时叠加农产品质量安全溯源体系的运行规则。区块链可以为溯源系统提供良好的数据存储方案，结合物联网技术对农产品的状态进行跟踪。整个溯源系统包括物理层、核心层、数据层和应用层。区块链技术主要应用在核心层和数据层。整个农产品溯源系统以物理层为基础，通过信息采集，将商品纳入区块中；以核心层为保障，通过智能合约与共识机制保证前端消费者、溯源信息提供者和监管机构三类管理主体之间的目标兼容性；以数据层为重点，避免出现信息孤岛问题，通过分布式管理提高了系统的溯源精确性；以应用层为根本，通过B/S技术架构实现"人物绑定、借物管人"。基于区块链的农产品追溯系统架构如图5-3所示。

图5-3　基于区块链的农产品追溯系统架构

（2）农村金融。基于区块链技术的去中心化思想作用于农村金融，构建农村金融智慧平台，能保证分布式系统中的各节点无须相互信任，实现基于去中心化信用的点对点交易、协调与协作。数据加密、时间戳和经济激励等手段可以解决中心化机构存在的高成本、低效率和数据存储不安全的问题。区块链的可追溯特征可以解决农业生产中各参与方信息缺失的问题。区块链的密码学能保证平台中的所有数据几乎无法篡改。基于区块链的农村金融智慧平台包括数据层、网络层、共识层、激励层和智能合约层。数据层在最底层，包括数据区块哈希函数、默克尔树以及非对称加密、链式结构等技术；网络层包括P2P网络、数据传播机制和数据验证机制；激励层包括经济激励的发行机制和分配机制。金融机构针对不同的供应链可以设置不同的智能合约。基于区块链的农村金融智慧平台能在一定程度上缓解农村贷款难的问题，实现农业金融的信息化、数字化和可追溯化，助力于农业的发展。基于区块链的农村金融智慧平台架构如图5-4所示。

图5-4　基于区块链的农村金融智慧平台架构

三、物流业

(一)物流业信息化发展现状

物流是指物品从供应地向接收地的实体流动过程中,根据实际需要,将运输、储存、装卸搬运、包装、流通加工、配送、信息处理等功能有机结合起来实现用户要求的过程。物流业是物流资源产业化形成的一种复合型或聚合型产业,是一个涉及运输业、包装业、配送业、仓储业、物流咨询服务业、物流研究和物流装备制造业的综合性服务产业。随着经济和技术发展的物流业,具有网络化、专业化、信息化、标准化、集约化和协同化的特点。我国的物流业相较于国外发达国家发展较晚,进入21世纪以来,国内物流发展迅速,经过30多年的发展,物流业成为国民经济的支柱产业和重要的现代服务业。随着我国经济发展方式的转变,产业结构的优化升级,数字信息技术的发展,以及国家对物流业颁布的相关政策,我国的物流业不断发展。

社会物流需求总量保持平稳增长的趋势,但增速有所趋缓。从总量来看,2019年我国(不含港澳台)社会物流总额达到298万亿元,增速方面,2019年全年社会物流总额可比增长5.9%,增速比上年回落0.5%。由于我国近年来进入经济转型时期,经济增长保持稳定增长仍会拉动物流行业的刚性需求。2020年1—7月,全国社会物流总额为149.7万亿元,同比增长0.5%。物流需求结构优化调整,新产业、新模式形成的新动能推进物流业出现新变化。2019年,消费相关物流需求仍保持平稳较快增长,单位与居民物品物流总额同比增长16.1%,增速比社会物流总额高出10.2%。2019年,直播电商、社交电商等新业态的快速发展,推动了对物流的需求。全国实物商品网上零售额比上年增长19.5%,增速比社会消费品零售总额高11.5%,实物商品网上零售额的贡献率超过45%。快递业务量完成630亿件,同比增长24%。

物流技术水平有所提高，物流行业信息化建设使得物流集成化和自动化水平有较大的提升。高速公路、铁路、港口等物流基础设施完善。物流业与大数据、区块链、物联网、云计算等信息网络技术融合，向智能物流发展，软件系统实现ERP系统的集成化，并进一步发展到供应链管理一体化。无人驾驶技术、立体仓技术、无人仓技术、自动存储和自动分拣技术、及时配送等技术应用在物流业中。

根据中国物流与采购联合会的统计结果，2019年，国务院及有关部门出台的物流相关政策文件超过100个，范围涉及物流业多个领域和重点环节，包括推动物流高质量发展，降低物流成本，调整运输结构，强化物流基础设施建设，高速口、运输车辆治理，加快农村物流发展，加强物流安全管理，推动物流智能化发展、协同发展和绿色发展等。2019年11月，交通运输部印发《推进综合交通运输大数据发展行动纲要（2020—2025年）》，旨在深入贯彻落实习近平总书记关于网络强国的重要论述和国家大数据战略部署，积极推进交通运输治理体系和治理能力现代化，提升综合交通运输服务水平，加快建设交通强国。

（二）物流业信息化存在的痛点

信息泄露的风险。物流业存在信息泄露的风险，首先在物流运输之前，用户需要将个人信息填写完整，随后个人信息会存在于运输、周转以及配送整个物流过程中，因此会有信息泄露风险，使用户难以保护个人信息。物流信息系统也存在容易被攻击、侵入的风险，导致信息被泄露。用户个人信息被泄露也可能是因为存在企业或个人买卖用户信息，侵害或诈骗用户个人利益的非法行为，给用户的合法信用权益和财产造成损失，甚至可能危及公众和社会安全。

物流征信无标准。物流业在征信方面没有形成标准的信用体系，信用体系不健全。完整的物流生态中存在大量的信用主体，包括个人、社会和物流设备。当前大多数物流企业需要解决的问题是如何在信用主体间构建高信任的生产关系。诚信的环境能促进优质企业的发展，保证行业健康发展。

物流金融难获得。物流业还处于发展之中，在整个物流产业链中存在很多企业主体，在这其中也包含很多中小微企业。中小微企业的资产规模有限，企业的信用等级也较低，有的企业甚至没有信用评级。因此在进行企业融资时，很难让银行或其他金融机构相信这些企业的还贷能力，因此难以获得融资和贷款服务。

物流溯源难保证。商品在整个物流传输过程中可能存在货物无法溯源的风险。首先是无法保证商品中某一方提供的信息是否真实，当产品出现质量或安全问题时，难以判断责任主体，无法追踪溯源，导致信息不通、监管不及时现象的发生。当存在非法交易的物流活动时，即便查出问题货物，通过填写虚假的发件人信息，监管部门及公安系统难以追根溯源。

（三）区块链技术在物流业中的应用

1. 解决业务痛点

区块链能防止物流信息泄露。基于区块链非对称加密、零知识证明等加密技术的使用，所有物流链条上的数据信息都会保存在区块链中，链上的数据不可篡改，在充分实现数据共享的同时也能保证物流主体个人信息隐私，最大限度地保证物流数据的安全性，有效地防止物流信息被泄露，保障个人权益。同时基于复杂的加密算法，使数据难以被攻击和篡改。

区块链能建立良好的物流信用生态。区块链的分布式账本、加密计算、点对点传输等技术，能避免恶意篡改账本，并重新构建产业链条中参与主体之间的社会信任机制，让多方参与者在没有中介机构的情况下进行安全的信任化交易，尤其是在需要多方参与协同的物流领域中。区块链技术可以创建信任优势，确立征信体系信用主体，以信用主体为中心采集可信交易数据，促使各个物流企业成立人员征信平台，并可以制定出物流从业人员信用评价体系及考核标准，真正建立以数据信用为主的物流信用生态。

区块链可以帮助中小微物流企业提高融资能力。基于区块链上可信任的存证数据，如企业的固定资产、应收账款等，企业可以向金融机构证明交易的真实性，帮助企业解决融资难问题。金融监管部门可以作为物流金融联盟链中的监管节点，帮助企业规避金融风险。区块链技术应用到仓储方面，可以搭建数字仓单，基于区块链不可篡改的特点，避免人为造假的风险，为链上的参与主体提供信任。

区块链可以实现物流中的溯源监管。区块链在对等网络环境下，通过透明和可信规则，构建可追溯的块链式数据结构。区块链技术、物联网和云计算等技术结合可以搭建区块链商品溯源平台，制造商、分销商、零售商、消费者和监管部门在互信的基础上，在平台中进行信息共享，同时商品的制造、运输、存储、分销的全周期流转过程全部实现可视化，基于区块链保证数据真实性的特点，提高查询效率、监管力度，保证物流链条的整体效益。

2．应用场景

（1）物流信息追溯。区块链技术的物流信息追溯系统是一种去中心化的分布式数据存储技术，所有数据信息都会存储在多个节点或全部节点中，保证交易数据的真实性和透明化，防止交易数据被篡改，自然地建立起安全无中心的信用体系。通过区块链技术，可以连接产品、产地、校验、监管、消费等各个环节，将产品信息上链，可以记录产品生产、加工、运输、销售等过程的真实情况，实现全流程的透明化，提升产品安全质量，利用区块链分布式账本以及不可篡改的特性，保证数据的真实可信，还可以建立全流程的可追溯，其中包括源产地、生产环节追溯、质量控制与质量监测权威机构追溯、质检报告追溯、相关视频或图像信息追溯（海量的数据）、流通与物流环节及最终销售环节等全程追溯功能。基于区块链的物流溯源业务架构如图5-5所示。

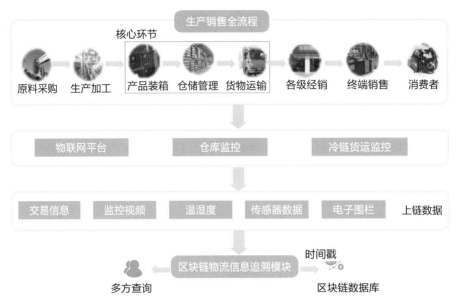

图5-5 基于区块链的物流溯源业务架构

（2）物流征信。区块链技术可以构建信用主体，围绕主体累积可信交易数据，联合物流企业共同建立区块链征信联盟，构建物流行业从业者的信用评级标准，形成以数据信用为主的物流信用生态。区块链技术可以为每个参与主体构建一个数字身份，该数字身份将关联到权威证书颁发机构（CA），因此数字身份在参与社会活动时具有法律效应，通过信用钱包对数字身份关联的属性进行定义，并运用权威机构进行背书。区块链技术可以建立物流行业征信评级标准，物流行业的信用评级标准需要行业内企业的共同参与，通过智能合约编写评级算法，并发布到联盟链中，利用账本上真实的交易数据进行评级。区块链的自治性可以使系统在无须人为干预的情况下自动执行评级程序，采用基于联盟节点之间协调一致的规范和协议，使整个系统中的所有节点都在信任的环境自由安全地交换数据。基于区块链的物流征信架构如图5-6所示。

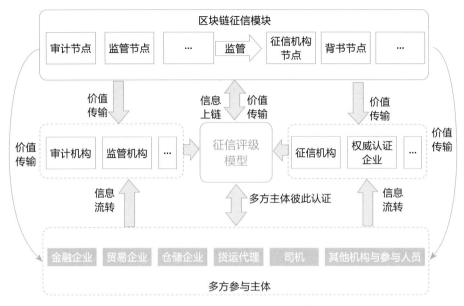

图5-6　基于区块链的物流征信架构

四、制造业

（一）制造业转型现状

　　制造业是工业的重要组成部分，也是实体经济的重要支柱，一国经济的发展需要制造业的支撑。中华人民共和国成立70多年来，从一个农业大国发展到世界最主要的加工制造业基地，拥有完整的产业体系和完善的产业设备。2016年，国家开始推行供给侧结构性改革，我国制造业进入新的发展阶段。2019年，我国制造业增加值增速呈现"稳中趋缓"，根据国家统计局的数据，2019年我国制造业增加值为269175亿元，同比名义增长5.2%。截至2020年5月，我国已经建成16个国家级制造业创新中心，涉及基础材料、核心器件、关键工艺、重大装备和软件5个领域。制造业的发展需要企业、行业和政府的协同合作，更好地发挥优势，提高我国在全球产业链中的地位。"十四五"时期，全球产业链布局和贸易格局调整，我国制造业发展进入从规模增长向质量提升的重要阶段。2020年政府工作报告提出，推动制造业升级和新兴产业发展，发展工业互联网，推进智能制造。

智能制造提高生产效率。智能工厂是智能制造的核心载体，以全生命周期相关数据为基础，将生产过程扩展至生命周期。工业软件是智能制造的软件基础，是连接智能制造不同环节及板块的关键。在生产制造和品控环节，智能工厂利用数据优化生产计划和生产实践，灵活应对订单变化与故障，提高生产效率；同时利用机器视觉和传感器等手段进行质量监测，及时处理故障，高效完成质检，提升产品质量。在决策环节，工厂智能化改造有助于提升决策效率，在研发设计环节，智能化改造能缩短周期、匹配消费需求。在数字技术和数字经济发展的背景下，制造业向数字化和智能化发力是我国制造业发展的重要趋势。

工业互联网可以为制造企业提供转型新路径，基于互联网的分布式研发可以推动研发模式由串行异构向并行协同，利于企业缩短研发周期；制造企业依托工业互联网平台，对产品进行全生命周期实时监测，支持远程运维、故障诊断等增值业务；工业互联网生态中包含金融企业，企业可围绕产品探索融资租赁、供应链金融等新服务。2019年，我国工业互联网产业经济规模达2.1万亿元，5G+工业互联网正加速向企业生产核心环节延伸，标识注册总量突破55亿，进入工业互联网平台的工业设施已达到4000多万台。从行业看，工业互联网已覆盖制造业主要工业门类，向能源、交通、医疗等领域拓展，应用企业提质降本增效成果显著。从区域看，我国目前已形成长三角、粤港澳、京津冀、东北老工业基地、成渝等产业集聚区。在应对新冠肺炎疫情中，工业互联网为物资保障、供需对接、复工复产等都提供了重要支撑。

我国可持续发展推动绿色制造的发展，绿色制造是综合考虑环境影响和资源效益的现代化制造模式。我国的绿色制造体系正在逐步建立，包括绿色设计产品、绿色工厂、绿色工业园，绿色供应链等。制造企业也将从绿色制造实践中获得可见的财务和环境利益，包括降低能耗成本、提高盈利能力、增强品牌知名度并建立公众信任、应对法规限制、发现机遇以及可持续的业务与成功。

（二）制造业转型存在的痛点

生产设备管理问题。设备是企业生产的基础，如果没有对生产设备进行有效的管理，可能会因为生产设备突然出现问题影响生产计划的进行。制造企业进行数字化转型改造中，因缺乏对改造技术的深刻理解，可能会出现各类系统匆匆上线和走入形式主义的误区。生产设备没有得到充分利用，设备的状态也未进行有效管理。在生产过程中，会出现设备故障造成非计划性停机的问题，影响生产。企业缺少对生产设备故障的预警机制，对设备的管理仍然停留在实时的状态数据监测阶段。对复杂设备的维护没有结合生产设备厂商以及各方专家的意见，导致设备维护不当。

数据孤岛问题。智能制造涉及智能装备、自动化控制、传感器、工业软件，如数据采集与监控系统（SCADA）、实时数据库系统（RTDB）、生产制造执行系统（MES）、产品生命周期管理软件（PLM）、企业资源计划系统（ERP）、先进生产排程（APS）、能源管理、质量管理等领域的供应商，集成难度很大。在数据方面，存在企业内部设计和制造系统存在信息更新不同步、数据整合难、业务协同难的问题，难以保证企业数据的一致性和信息实时共享。自动化孤岛问题，是制造企业的自动化生产线没有进行统一规划，生产线之间还需要中转库转运。各个系统间数据闭塞，企业只能通过传统的手段进行数据交互，增加质量隐患和无价值活动的浪费，导致生产效率低下，没有形成真正的自动化、智能化监管。

网络信息安全问题。制造业数字化后的网络信息系统实现了虚拟空间和实体经济的交织，使网络安全隐患延伸到制造环节，必须进行网络安全技术的创新。制造业控制系统存在安全漏洞，且漏洞的成因多样化特征明显，存在极大的信息安全风险。制造业的数据资源具有体量大、种类多、价值分布不均等特点，在制造业进行数字化转型升级和设备改造过程中，可能存在用户信息、企业生产信息等敏感信息泄露的危险，数据交易权属界定不明确、监管不足等问题依然存在。制造企业进行工业互联网建设实现数字化转型，工业互联网数据种类和保护需求多样化，数据流动方向和路径复杂，也会导致数据泄露。

（三）区块链技术在制造业中的应用

1. 解决业务痛点

区块链的公私钥机制可以为工业设备提供可信标识。区块链中公私钥机制能够有效地与工业设备标识相结合，对区块链公私钥进行统一的分发、管理和权限设置能够为工业设备提供可信的标识认证。利用区块链技术进行企业重要生产设备的管理可以实时有效地监控生产设备核心参数，并将数据共享到企业相关部门、设备生产商、政府监管部门等机构进行信息共享和综合评估。采用轻量级区块链架构能够大大降低传统数据共享所消耗的巨大成本。

区块链能够打破传统智能制造各个独立系统间的数据孤岛。区块链技术可以将智能制造中数据采集、生产控制、生产计划、企业管理、能源管理、客户管理、物流供应链管理、进销存管理等环节进行系统信息安全共享。在不改变原有信息化系统的前提下，将各系统数据导入区块链分布式数据库，通过身份核验和节点权限划分规范各节点行为，利用可溯源和不可篡改的特点，保证企业内部各部门的协同办公有迹可循，结合数字签名和智能合约的优势，为企业内部责任追究提供凭据。

利用区块链技术建立分布式多冗余的数据存储机制，能够对研发数据、设备管理数据、工业生产数据进行安全化存储。加密技术能够防止数据泄露，且难以被破解。区块链技术可以看到文档和流程链，供应链上的合作伙伴可以在任何阶段对产品和流程的真实性进行检查。每一笔交易活动都可以进行审计和追踪，在分布式网络中攻击单个节点是没有意义的，区块链中每一次数据的存储或插入都会创建一个新的区块，当黑客入侵时，也会创建新的区块，并容易进行追踪，因此可以有效解决网络安全问题。

2. 应用场景

（1）智能化设备管理。基于区块链技术进行企业生产设备的管理可以有效地监控生产设备核心参数并将数据共享到企业相关部门、设备生产商、政府监管部门等机构进行信息汇总和综合评价。同时，区块链技术其本质是分布式数据库，利用区块链技术可以存储重要生产设备的重要参数的历史数据，可以对设备进行故障诊断甚至故障预警，提高设备的使用寿命。传统的工业物联网信息化系统自下而上分为数据层、控制层、业务层以及应用呈现层四部分，基于区块链技术生产设备管理系统应该位于控制层中数据采集监控系统（SCADA）与生产制造执行系统（MES）之间。设备管理系统通过与外部各个节点共享分布式数据库，实现设备的综合管理和智能管理。需要注意的是，现场的工业生产网络应该与实际办公网络进行隔离，如有必要进行通信，可以允许开放相应端口进行限制性通信。基于区块链的智能设备管理系统框架如图5-7所示。

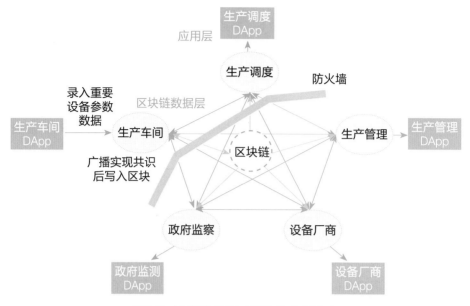

图5-7 基于区块链的智能设备管理系统框架

（2）工业产品全生命周期溯源。工业产品生产过程包括工厂产品设计、流程设计、生产数据、产品测试、产品维护、质检、流通等环节，在这一循环的生产过程中需实现数据的实时采集、实时传输及处理。基于区块链技术的工业产品全生命周期溯源包括角度信息管理、产品信息管理、产品交易管理和溯源查询管理等。溯源过程基于所有权实现，首先需要进行产品拥有者绑定。区块链对权属信息进行确认并将生产者信息、防伪信息特征等信息存储上链，并加入时间戳等信息。链上节点对链上信息进行安全可共识交易，并将授权信息和交易信息存储上链，商品交易数据基于商品信息管理合约和交易信息合约获得。商品的初始交易哈希值为字符"0"，发布操作哈希与初始交易哈希映射形成第一级链，后续交易哈希值均与上一步的交易哈希值映射并组成整个商品的交易链。在工业产品全生命周期过程中，链上所有节点的数据同步更新，并实现所有链上信息的实时监控，实现工业产品追溯查询。基于区块链工业产品全生命周期溯源架构如图5-8所示。

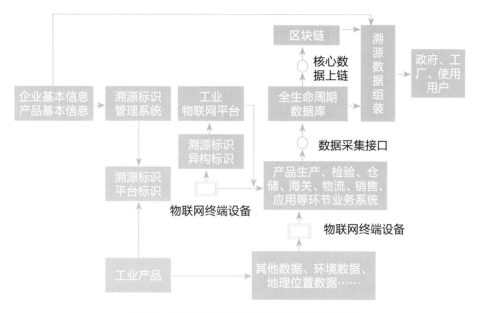

图5-8　基于区块链工业产品全生命周期溯源架构

五、能源行业

（一）能源业信息化发展现状

能源是人类活动的物质基础。我国的能源百科全书将能源定义为可以直接或经转换提供人类所需的光、热、动力等任意形式能量的载能体资源。能源是国民经济发展的重要物质基础，能源的开发和有效利用程度以及人均消费量是衡量生产技术和生活水平的重要标志。能源既包括常规能源也包括新型能源。常规能源是指利用技术成熟、使用比较普遍的能源，包括一次能源中的可再生的水力资源和不可再生的煤炭、石油、天然气等资源。新型能源是新近利用或正在着手开发的能源，包括太阳能、风能、地热能、海洋能、生物能、氢能以及用于核能发电的核燃料等能源。

中华人民共和国成立70多年来，我国的能源行业发展由计划经济向市场经济、由粗放型向集约型、由常规能源结构向新能源结构方向发展。我国能源总体消费增速与宏观经济增速保持稳定，2019年全年能源消费总量48.6亿吨标准煤，比上年增长3.3%。其中，煤炭消费量增长1.0%，成品油消费量增长6.8%，天然气消费量增长8.6%，电力消费量增长4.5%。能源消费结构方面保持继续优化的趋势，2019年，煤炭消费量占能源消费总量的57.7%，比2018年下降1.5%；天然气、水电、核电、风电等清洁能源消费量占能源消费总量的23.4%，上升1.3%。根据国家能源局发布的《2020年能源工作指导意见》，全国能源消费总量不超过50亿吨标准煤，煤炭消费比重下降到57.5%左右。

随着信息技术的快速发展，通过利用先进的互联网思维和技术对传统能源行业进行改造，产生了能源互联网。能源互联网是能源和互联网深度融合的产物，能源互联网的主要发展目标包括能源市场化、能源高效化和能源绿色化。基于信息互联网，能源互联网能为市场参与者和用户提供开放平台，降低进入成本，提高交易的效率。能源互联网也能实现多类能源的开放互联和调度优化，大幅提高能源的综合使用效率。能源互联网在交易方面能够实现交易主体多元化、交易商品多样化、交易决策分散化、交易信息透明化、交易时间即时化和交易管理市场化。2019年，中国能源互联网市场规模达9420亿元，预计2019—2023年复合增长率约为8.55%。

（二）能源业信息化存在的痛点

电力能源分布问题。首先是能源消耗，新能源大量并网对电力系统的稳定性造成影响，风能、水能等资源分布不均匀、各地电力需求也不均匀，因此会产生能源匹配不均的问题。随着电动汽车数量的增加，电动汽车充电桩数量问题也随之产生，为解决充电桩问题而建立的公共充电桩也面临选址、统筹管理和有效利用的问题。私人充电桩商业化会面临私人利益和公共利益冲突、主体之间的信任问题。随着更多的主体参与到电力市场中，各主体之间会产生信任问题。

能源交易风险问题。在电力市场交易中，不管是现货交易、短期交易还是中长期交易，供需双方都要承担一定的风险，因此需要考虑降低交易风险。交易主体的多样化和交易量的增加都会产生大量的数据，对信息内容的及时性和安全性也提出挑战。分布式能源是能源交易市场中的主体，但是在交易过程中存在很多信任问题，如用户骗取补贴，售出电量和接受电量不符等问题。在我国的绿证交易和碳排放市场中存在交易数据安全性不足、认证过程成本高、交易记录追溯困难等问题。

能源互联网信息安全问题。能源互联网存在通信网络安全、系统运行安全和智能终端安全的问题。通信网络安全是信息在基础设施中传输过程的安全问题，能源互联网的通讯传输网络复杂多样，对应的攻击方式也多种多样。在能源互联网中增加了多样的用户体验，提高了系统的信息化程度，这些操作会带来系统攻击的可能性。能源互联网将大量的移动端用户引入其中，互联网中存在的软件漏洞、病毒、恶意接入、仿冒身份信息等安全问题也会对智能终端的安全造成威胁，终端数量种类的多样性也增加了安全风险。

（三）区块链技术在能源业中的应用

1. 解决业务痛点

区块链技术可以应用于电力能源方面。区块链具有信息开放透明、去中心化和采用加密技术的特点，能够将能源系统的多方主体连接起来，实现多地信息共享，减轻系统调度的不稳定性，高效完成新能源并网调度分配，减少弃风、弃光率，有效解决新能源的消纳问题。运营商、电动汽车用户可以加入区块链中，掌握同样有效的信息，通过区块链选择合理区域建设电动汽车充电桩，为充电用户合理分配已有的充电桩，缓解电力系统压力。同时，可以有效地提升各主体交易时的信任度，帮助私人充电桩商业化。区块链技术可以实现交易各方信息的透明共享，市场各主体可以清晰地知道对方的成交量和信用度等信息，区块链的可追溯性和信息不可篡改的特点降低了交易过程中的潜在风险，增强了交易主体间的信任。

区块链的分布式账本和去中心化的特点实现了交易不需要第三方机构的参与，保护了交易过程中的信息，降低了交易风险。区块链的非对称加密技术中的私钥识别增加了交易的安全性，即使在交易过程中出现公钥泄露也无法解密。区块链具备的交易透明、分权化和可追溯性的特点可以解决分布式能源交易存在的问题。区块链的不可篡改性可以保证数据的真实性，使得绿色证书的认证流程更加高效，提高证书的流动性、降低认证成本。可追溯性保证了所有的交易路径均可被追溯，可以有效避免重复交易，维护市场主体的利益，有利于市场公平公正地运行。

区块链的高冗余存储、去中心化、高安全性和隐私保护等特点使其特别适合存储和保护重要隐私数据，以避免因中心化机构遭受攻击或权限管理不当而造成的大规模数据丢失或泄露。区块链技术透明、可审计并且可操作，可以将参与能源活动的主体联系起来，能够有效地跟踪和溯源。因此，基于区块链的数据安全技术可提升能源互联网的信息安全。

2. 应用场景

（1）分布式能源交易。分布式能源是一种综合能源利用系统，具有资源/环境效益高的优势，代表着能源交易的未来发展趋势。区块链的去中心化特征使得各用户节点无须相互信任即可完成交易，加密算法进一步保障双方在无第三方监管的情况下，参与交易的安全性和可靠性，降低了信用成本和管理成本。区块链为交易提供了一个可信的广播和存储平台，该平台的用户可以进行点对点直接交易，增强了能源供应商与需求侧用户之间的互动，改变了用户参与交易的形式。区块链中的数据具有可追溯性，消费者能够知道自己购买的电力是常规能源电力还是绿色能源的风电、光伏电，从而拥有更多的能源选择。区块链是能源P2P交易的支撑技术，将政府、电网企业、负荷集成商、绿色能源服务商、金融机构、电力用户、监管部门、新能源开发商作为节点，接入区块链网络，并保证任何节点都可以实现互联和P2P交易，且通过数字签名、共识机制、智能合约、非对称加密算法等关键技术保证交易的安全性、公开透明性和数据可靠性。基于区块链的分布式能源交易总体架构如图5-9所示。

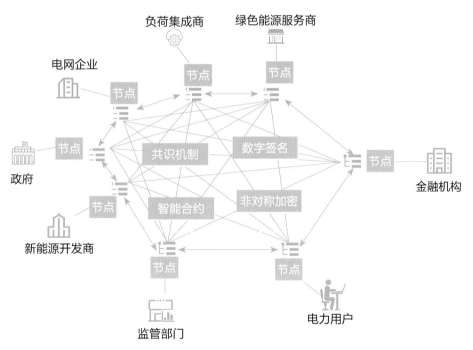

图5-9　基于区块链的分布式能源交易总体架构

（2）碳排放权交易。目前我国的绿证交易及碳排放市场存在交易数据安全性不足、认证过程成本高、交易记录追溯困难等问题。基于区块链技术的碳排放权交易利用了区块链不可篡改性、可追溯性的特点，有效地解决上述问题。区块链的不可篡改性保证了数据的真实性，使得绿色证书的认证流程更加高效，提高了证书的流动性，降低了认证成本；区块链的可追溯性保证了所有交易路径可被追溯，可以有效避免重复交易，维护市场主体的利益，有利于市场公平公正运行；通过市场主体的历史排放率及减排策略确定其信誉值，并对市场细分机制、基于信誉的价格筛选机制及优先权值顺序机制进行了设计，不仅可以减少碳排放权交易过程中的欺诈行为，还可以鼓励市场主体对减排技术进行投资。基于区块链的碳排放权交易模型如图5-10所示。

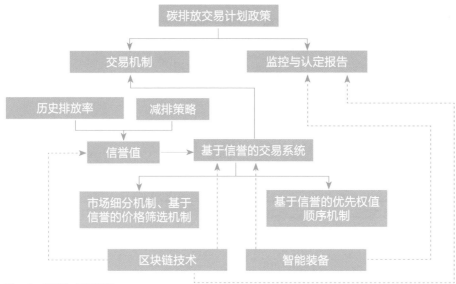

注：1. 实线为实际流程。
　　2. 虚线为技术和设备支撑。

图5-10　基于区块链的碳排放权交易模型

第三节

区块链提升民生领域
信息化成效

一、教育行业

（一）教育行业信息化现状

教育信息化是指运用现代化信息技术手段革新教育领域包括教育管理、教育教学和教育科研领域的过程，使教育手段科技化、教育传播信息化、教学方式现代化。教育信息化的基本特征是开放、共享交互与协作；技术特点是数字化、网络化、智能化和多媒体化。教育信息化能有效提升教育质量、促进教育公平。一方面信息技术手段使优质的学校、教师和教材资源实现高效集聚以及跨区跨校的传播共享，有效缓解我国教育资源分布不均的现状。另一方面，信息技术手段将教、学、练、管等环节信息化，使教育环境突破时空限制，加强课堂与现实世界的联系，帮助教师通过数字化的方式获得多层次更全面的学生反馈，提高教学效率与质量，同时帮助学生通过智能教学设备构建的丰富多样的学习环境、增强学习能力和兴趣。

2016年，国务院印发的《"十三五"国家信息化规划》首次将区块链列入我国的国家信息化规划，并将其定为战略性前沿技术之一。近年来，教育信息化受到国家相关政策的大力支持，国务院于2019年2月颁布了《中国教育现代化2035》和《加快推进教育现代化实施方案（2018—

2022）》。2019年，中共中央总书记习近平在主持学习时强调，区块链技术的集成应用在新的技术革新和产业变革中起着重要作用。要把区块链作为核心技术自主创新的重要突破口，明确主攻方向，加大投入力度，着力攻克一批关键核心技术，加快推动区块链技术和产业创新发展。2020年3月4日，教育部办公厅印发《2020年教育信息化和网络安全工作要点》，要求深入实施《教育信息化2.0行动计划》，发展"互联网+教育"，利用人工智能和网络教育的优势，建立更加灵活开放的教育体系。相关政策的逐步推出为教育信息化的发展、数字化校园的建设提供了良好的外部环境。

我国网络教育市场发展迅速，2018年中国网络教育市场规模达到3734.1亿元人民币，同比增长49.24%，根据中文互联网数据资讯网（199IT）发布的数据，2019年网络教育市场规模约为5265亿元，同比增长41%。与此同时，网络教育的用户数也在持续增长，2019年我国网络教育市场用户规模达到约14410万人，同比增长9%。虽然受新冠肺炎疫情影响，2020年我国网络教育用户数也在持续增长。

（二）教育行业信息化的痛点

教育数据易泄露。当前，教育数据泄露事件频发，成为网络信息安全严重威胁之一，美国的教育数据存储机构INBOOM运行15个月便被关闭，主要原因是教育数据开放过程中导致数据泄露，造成数据安全问题。教育数据采集过程中的数据泄露主要是因为个体通过个人计算机或便携式终端等方式进行教育数据录入时，连接互联网留下的教育数据信息，经探索或结合其他特征后，隐藏的信息被还原，而教育数据泄露极有可能会对教育机构或政府教育部门造成危害，威胁其信息安全。现如今教育数据的溯源和安全预警能力弱，教育数据泄露问题有待解决。

教育数据隐私保护水平有待提升。教育数据涉及庞大规模的教育者和受教育者群体，对于这些人群，隐私保护至关重要。教育数据共享加剧了个人身份信息泄露、个人行为信息泄露、个人偏好信息泄露等问题的发生。商家利用受教育者和教育者的隐私数据，通过短信、电话等形式进行产品推销和广告投放，对该群体的财产和安全构成威胁，影响他们的日常生活和学习。当前我国尚未建立健全教育数据共享隐私安全管理架构，法律也尚未明确在教育数据中公开数据和私有数据的边界，教育数据隐私保护问题有待完善。

教育数据共享授权访问机制不完善。教育数据的共享程度、范围以及对象还未进行深入论证，在一定程度上，不能确保教育数据的使用是合法的，而共享对象的使用权和所有权也尚未有规范的标准。随着教育信息化的发展，各教育机构产生了大量的教育数据，提高数据的准确度和真实性已经成为当前教育数据存在的较为严重的问题。传统的数据访问机制是通过开发数据接口来提供数据访问服务的，定制开发接口和提供视图或备份的方式是通过定制开发来满足用户的特定需求，但接口共享不能保证共享后的数据隐私和再次共享，缺乏安全性。而如果基于教育数据规范化进行开发，提供的数据在教育层面上具备更好的通用性，但数据接口缺乏灵活性，在实际教育场景中，无法满足复杂灵活的数据需求。

教育数据共享监管能力严重不足。教育数据产业规模不断扩大，需要对教育数据安全进行更严密的监管，尽管国家通过了《教育部机关及直属事业单位教育数据管理办法》等法律法规，对教育数据的安全监管做出了规定，但保护条款多为原则性规定，监督方式显得较为单一，不利于完善教育产业体系的构建。目前，教育监管目标尚不明确，没有形成独立的监管条例，可操作性不强，不能将监管范围覆盖至整个教育数据链，不利于教育数据的可持续稳健有序发展。监管部门对教育数据的把握程度较低，缺乏针对教育数据安全监管的规范体系，分业监管的方式使得各教育部门容易形成各自为政的局面，对教育数据的安全难以做到高效监管。

（三）区块链技术在教育行业的应用

1. 解决业务痛点

解决教育数据隐私保护问题。利用区块链技术可以有效解决教育数据在共享过程中的隐私泄露问题。基于区块链的去中心化特性，不需要在教育服务器中存储账户和密码等敏感信息，能够有效避免传统服务器被攻击而导致的教育数据隐私泄露问题。基于区块链非对称加密、零知识证明等技术的使用，所有的教育数据都保存在链上，只有拥有对应私钥的用户才可以访问用户的数据信息，在充分实现教育数据共享的同时也能保证个人隐私，最大限度地防止教育数据隐私泄露，保障教育者和受教育者的权益。

建立教育数据授权访问机制。传统教育数据系统通常采用一种集中化的授权机制实现数据共享，这种方式难以满足目前教育数据共享的多样化需求，同时存在着中心节点被攻击的风险。利用区块链技术的数字签名和代理签名能够有效地保护教育数据在共享过程中的安全，区块链技术中共识的算法，实用拜占庭容错算法可以帮助用户在互不信任的网络中达到记账的公平性和一致性，解决访问控制中集中化管理问题。利用区块链去中心化存储的优势，做出一个加密的访问控制机制，该机制将数据的访问控制权归还给数据提供者，将访问策略公开存储到区块链网络中，利用智能合约对数据申请和授权进行全网监督。帮助用户处理教育数据在共享过程中的数据授权访问环节，减少传统教育数据管理系统中的人工成本和时间成本。

提升教育数据共享监管水平。基于区块链的分布式账本以及去中心化的特性，对教育数据采集过程以及管理过程进行监控，区块链上的每一条教育数据信息可利用时间戳进行追踪溯源，且不会被删除，可实时查看教育数据信息。而教育数据都被存储在区块链上，通过共识机制得到即时验证，共识机制的验证方相互独立，保障了教育数据的真实性、准确性及客观性，保证教育数据监管的有序高效。区块链分布式账本通过点对点的方式，实现教育数据的共享。基于区块链去中心化方式，各机构平台间在教育数据共享过程中人力资源等方面的投入，从而减少平台间的协作共享成本，避免烦琐的查询过程。

2. 应用场景

（1）线上学习成果认证。线上学习成果认证多用于非正式学习场合，能够在在线环境下认证学习者取得的成果、技能，或为有质量的工作和学习提供证明。这种学习认证尤其适合成人在职学习者。学习者在区块链系统平台上将自己在不同场合获取的学分进行汇总，平台上记录学习者学习内容的完成情况，利用互联网进行公布。基于区块链技术的在线学习认证的框架包含证书记录查询平台和底层区块链分布式账本两大部分。在线学习认证框架的核心是证书记录查询平台，而底层区块链分布式账本技术是整个框架的技术基础，通过全网广播和数字加密技术实现分布式账本记录的不可撤销性和安全性。将线上学习认证与区块链技术体系相结合，能够突破在线学习领域学习成果认证技术上的难点，并且达到优化整个体系的效果。使用者通过用户接口对某一学习者的学习经历进行查询，能够查询完整的线上学习过程以及成果，实现线上学习的全过程追溯。基于区块链的线上学习成果认证平台如图5-11所示。

（2）教育资产数据共享。教育资产数据是教育数据的来源之一。当前学校教育资产数量庞大、各部门管理过程不透明、数据共享不及时，时常会发生设备闲置、重复采购以及领用人遗忘等问题。区块链技术可以解决各部门间数据共享不及时、不透明的问题，实现全民监督、人人共享教育资产所产生的教育数据。利用区块链技术的分布式记账本及数据溯源技术，将采购过程中信息和流程公示，确认采购的一致性和准确性。区块链下的每个节点都独立保留交易以及使用记录等的所有教育资产数据信息，利用区块链的时间戳功能连续性追溯，管理员可以实时掌握教育资产的使用情况、利用

图5-11 基于区块链的线上学习成果认证平台

率以及设备技术参数。基于区块链技术可以增强教育资产管理的信任度和透明度，有效解决教育资产共享和管理过程中效率低下的问题，减少人工成本，工作效率大幅提高。区块链在教育资产管理中的应用平台如图5-12所示。

（3）学生综合素质评价。随着考学和就业竞争的加剧，越来越多的用人单位和教育机构看重学生的综合素质。学生综合素质评价主要依靠教育教学活动过程中直接产生的数据（课堂教学、考试测评、毕业证书等）和学生直接产生的数据（思想品德、身心健康、兴趣特长等）来评测。基于区块链技术构建学生综合素质评价系统，将学生的代表性事件、获奖情况以及学生活动数据采用非对称加密等技术传输在分布式账本上，智能合约确保了教育数据信息的安全与不可篡改，利用智能算法编写评价算法，根据分布式账本上的教育数据进行个人评价，通过共识机制完成各类用户在评价过程中的交易请求，而非中心化的认证机构完成，确保了综合素质评价过程难以被欺骗，维系系统的持续稳定运行。学生综合素质评价系统可以促进学生教育数据共享，帮助用人单位或教育机构实时查询学生在校期间的教育数据以及评价，有利于推进教育数据共享过程中的诚信化，促进学生综合素质发展。学生素质评价平台如图5-13所示。

图5-12 区块链在教育资产管理中的应用平台

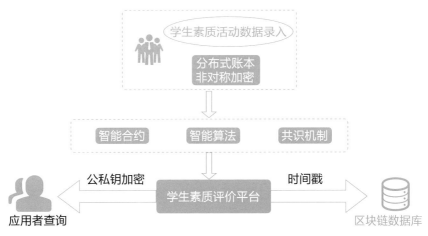

图5-13 学生素质评价平台

二、医疗行业

（一）医疗行业信息化发展现状

互联网医疗指以互联网为载体和技术手段的一种健康医疗服务，包含健康管理、自诊、自我治疗、导诊、候诊、治疗、康复、后续跟踪等一系列服务内容。基于互联网技术，互联网医疗为使用医疗健康服务提供了安全便捷的途径，很大程度弥补了我国分布不均的医疗资源与日益增长的医疗健康需求间的巨大缺口。此外，随着大数据分析以及人工智能等技术的不断进步，互联网医疗技术有望降低病患的医疗成本以及缩短传统诊疗程序，进一步减轻我国社会医疗保险的财政负担。

互联网医疗产品种类多，覆盖面广，现阶段从医生角度来看，可以提供医疗咨询、医患交流、医生服务等服务。医疗咨询主要指的是为医生提供医学界咨询，如行业重大新闻、专家讲座、病例讨论，以及用于提升医务人员技能的医疗知识、帮助医学专业学生的考试课程等，此类应用目前数量众多，同时竞争较为激烈；医患交流主要帮助医生管理患者信息，与患者及时沟通，提供随诊、跟踪等服务，以提高医疗服务的销量和质量，这类平台开发时间较长，优势差异较明显；医生服务主要以医生交流社区为起点，方便医生进行病例讨论、疑难解答、沟通学术知识和分享经验等，目前正在拓展更多的医生服务业务，以更全面的覆盖医生服务需求。从患者角度来看，互联网医疗提供主要包括问诊咨询、预约挂号、疾病管理和在线药房等服务。问诊咨询是患者可以在网上描述自己的症状，由医生在线进行诊断和交流；预约挂号指患者可以通过互联网医疗平台预约医院专家门诊等，减少了现场预约的烦恼；疾病管理主要是针对糖尿病、高血压等慢性病的管理，建立电子档案，实时记录患者的身体状况。在线药房指患者可以在线选购药品，由配送员直接送货上门。

互联网医疗与互联网的发展密切相关，总体而言，我国互联网医疗可以划分为个人计算机互联网阶段的1.0阶段，以移动互联网为代表的2.0阶段，目前处于2.0阶段向3.0阶段的过渡期，3.0阶段意味着向互联网医院方向完全转型。这一过渡期的主要特征是实现诊疗线上化，最终3.0阶段将实现全面的互联网医院，囊括诊断、远程治疗、处方药开具等服务内容。

2018年4月，国务院正式发布了《关于促进"互联网+医疗健康"的发展意见》，互联网+医疗再次成为我国医疗行业里的主流发展方向。2018年7月，国家卫生健康委员会、国家中医药管理局联合发布《关于深入开展"互联网+医疗健康"便民惠民活动的通知》，要求在医疗行业开展"互联网+医疗健康"便民惠民活动，并明确鼓励有条件的医疗机构推进"智慧药房"建设，互联网医疗也逐步被医院机构及群众所认可，2018年也成为互联网医疗发展的元年。

近几年，我国互联网医疗行业发展速度较快，市场规模不断壮大。随着处方药线上销售的解禁，医药电商的渗透率将进一步上升，据艾昆纬（IQVIA）已统计出的数据，2020年中国互联网医药B2C市场规模达到276亿人民币，预计2023年达到427亿人民币。随着政策规范以及互联网医保的赋能，互联网医疗市场将保持高速成长，互联网医疗市场在2020年突破940亿人民币。

（二）医疗行业信息化的痛点

医疗信息数据孤岛不利于实现数据互通和共享。目前，我国医疗机构大都难以做到信息共享。医疗记录分散，数据在流转过程中出现信息不对等现象。指标、规范等各类信息还没有实现标准化，数据互通性、可比性和使用性差，例如医疗保险数据，包括临床数据、个人数据、体征数据、行政数据等。现有数据特别是临床数据，存在格式不统一、内容不统一、存储分散等问题，不利于实现数据互通和共享。

处方药开具及售卖过程中违规行为难以监管。药品产业链主要包括三方面内容：制造、批发和各类药房，消费者通常是从各类药房或医院购买药物。目前"互联网+药店"作为假药交易的温床，使得贩卖假药者乘虚而入。患者或医疗服务机构很难追溯药品的来源。此外，医院内部处方药开具和售卖还面临一些问题，比如使用不可控——处方重复使用，不限时间地点；信息不同步——药店和医院分离，分发流程不透明；处方不可信——患者修改处方，医生滥开处方。

互联网医疗患者隐私泄露，安全性不足。患者隐私安全性问题至关重要，目前市场上各类移动医疗App沉淀着大量个人医疗数据，很多用户只看到了这些产品的工具属性或平台属性，却没人在意这些数据最终流向哪里，或被用到何处，信息共享和个人隐私的博弈始终在进行。

医联体无法充分发挥协同作用。医联体主要有4种组织模式，分别是医联体、医共体、专科联盟、远程医疗协作网。医联体若强制采用统一的标准来整合，需要花费的人力、物力成本相当昂贵，而且随着业务系统的调整，对标准化模板的后期维护任务也极其繁杂，必然导致运维成本增加、耗时长、导致"标准化"系统进程中断等风险。许多医疗机构出于数据安全性、医疗信息敏感性等因素考虑，并不愿意将医疗机构内部运营管理业务数据上传到"数据中心"。而且，建立大数据量的数据存储中心，是费时费力且成本较高的一项工程，如对技术的需求较高，后期运维投入成本也较大，再加上大数据量的数据存储中心需要大数据量的信息交换，对网络环境提出了一定的要求，甚至需要专用网络才能支持。

（三）区块链技术在医疗行业的应用

1. 解决业务痛点

医疗信息数据的互通共享。通过区块链赋能处方流转平台，可保障处方在外流过程中的真实可信，保障患者隐私前提下的全流程监管，做到过程可追溯、避免纠纷；基于区块链建立以患者为中心的转诊服务，可保证患者对个人健康信息的控制力，确保健康信息的完整性、安全性与连续性；使用区块链对用户身份、数据所有权进行管理，不存在超级管理员和特权用户，可确保安全与隐私保护。利用智能合约对科研流程进行自动化管理，避免人为干预，打造民主化的科研平台。

业务办理。保险清算类业务可通过区块链的智能合约完成患者、医院与保险机构之间的费用清算。避免复杂、冗长的人工处理与审核过程，在提高效率、降低手工出错概率的同时提升患者的用户体验，缩短医院的垫付周期；医保控费类业务通过区块链与疾病诊断相关分组（DRGs）相结合，根据疾病诊断相关分组，基于区块链的智能合约进行费用支付，可规避人为干预，保证付费过程的公正与透明；对于供应链管理类业务，通过区块链与电子存证相结合，可保证医疗供应链相关数据不可篡改、真实可信。链上信息透明，便于实时监管与审计。

行业监管。药品追溯可通过区块链保证药械从生产到销毁全生命周期的信息不可伪造、不可篡改。相关信息对参与方透明可见，便于追溯与监管；在医疗监管上，根据区块链分布式特性使得任意节点对全局数据可见、可追溯，无须数据上报、无须跨组织数据交换与集成，监管方可以实时或准实时地对全局数据和事件进行监控、追溯与审计。

隐私保护。在区块链技术体系下，存储的医疗信息摘要上链，数据的使用和改变会被记录，因此数据存储机构在用户不知情的情况下不再能随意使用用户数据，实现了存储和使用的权限分离。个体身份认证信息的分布式存储，避免了中心化存储被篡改、被盗用的风险。再通过区块链多私钥的复杂权限保管，将数据使用权回归个体。数据的使用须通过用户授权实现个体医疗信息的隐私保护。例如通过智能合约技术可以设置单个病历分配多把私钥，并且制定一定的规则来对数据进行访问，无论是医生、护士，还是患者都需要获得许可才能够访问数据。

医联体协同。医联体单位上链，在链上进行患者信息互通共享，当出现特殊病历时，可以开通病历共享权限寻求多家医联体单位专家、学者的意见。根据病情的轻重等情况及时地实现转诊，不断完善国家分级诊疗服务体系。利用区块链分布式机制，建立区（县）、市、省和国家级电子病历区块链，各家医院对于特殊病例予以公告并上链提交给上级单位处理。凡符合重大突发公共卫生事件的条件，采用区块链智能合约自动予以执行，推动关键数据的及时共享。区块链上存在的电子病历信息，结合大数据、机器学习、人工智能技术建立重大公共卫生事件的模型，还可以实现传染病感染人数预测和疫情拐点的预测识别。作为医疗体系行政管理部分涉及政府管理机构、医院、疾控中心等，将这些机构产生的重要疫情信息上链，则可以实现疫情重要节点信息及时发布和追溯，实现责任认定，确保信息真实和及时发布。区块链的链式结构、时间戳可以实现重要疫情信息发布追溯并进行验证，识别重要疫情信息误发、延迟的节点，予以追责。

2. 应用场景

（1）电子处方平台。利用区块链的去中心化、智能合约、共识机制、P2P通信等特点，联合患者、互联网医院、监管机构等多方角色，通过将处方信息、审方信息和处方核销信息的摘要信息上链，完整信息加密存储和传输的手段，实现线上处方的可信流转。医生、药师等C端用户使用轻节点进行区块链信息的接收和发送，可以做到方便、快捷的信息收发。互联网医院、药店等B端角色通过云部署的方式搭建区块链全节点，保存完整信息，保证安全可靠。通过智能合约，实现对线上处方流转的全流程监管，以及全链追溯。同时，基于加密令牌可为医生、药师、药店商家等多方角色用户建立信用体系，保证各参与方的平等互信。基于区块链的电子处方平台如图5-14所示。

（2）药品追溯区块链系统。为解决处方药开具及售卖过程中的违规行为，区块链技术可以链上实现药品追溯和处方监管。药品生产、仓储、配送、零售的数据进行上链，且记录药品在社会公共医疗机构的流通信息，利用区块链的链式结构实现药品的追溯。在社会公共医疗机构的医疗信息管理系统中获取处方信息并上链，区块链可追溯的特性可以实现第三方平台的监管和审核处方的工作，实现处方的审核和监管职能。药品、处方区块链追溯系统如图5-15所示。

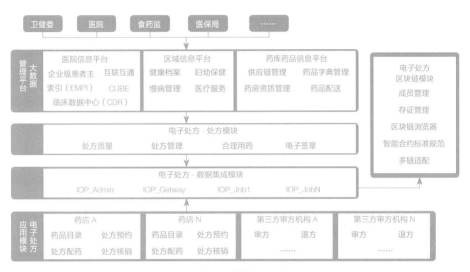

图5-14 基于区块链的电子处方平台

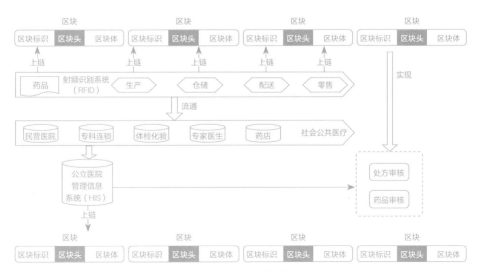

图5-15 药品、处方区块链追溯系统

三、公益慈善行业

（一）公益慈善行业信息化发展现状

近年来，随着互联网的普及与信息技术的发展，公益慈善事业与互联网结合在一起，互联网在善款支付、公益慈善观念传播这两方面有了突出进步，提供了人人都能参与的公益网络平台，推动慈善参与主体走向大众化。现代化的信息技术在公益慈善领域的探索应用，加快了我国公益慈善事业信息化发展步伐。不论是从公益慈善的信息化基础设备建设、社会支持环境，还是公益慈善参与度、资金规模以及公益慈善组织数量等都有了较大幅度的增长。

中央网信办开展了"网络公益工程"相关工程，建设了全国慈善信息统一平台"慈善中国"，通过网络对慈善组织开展的公开募捐活动进行备案，持续动态公开慈善募捐和慈善活动进展情况。为进一步规范互联网+慈善，在规章制度方面，出台或实施《慈善组织公开募捐管理办法》《慈善组织信息公开办法》《慈善组织慈善活动支出和管理费用标准》《慈善组织互联网公开募捐信息平台基本技术规范》等一系列慈善法配套政策文件。

我国公益慈善事业不断发展，公益慈善组织规模日益庞大。截至2019年12月，全国共有社会组织（包括公益社会组织与非公益社会组织）总数超过84万家，其中民办非企业单位约47万家，占比约56%，社会团体36万余家，占比约43%，基金会7516个，占比约1%。

公众公益慈善参与度持续增加，捐款金额日益增长。截至2018年年底，中国网民数量已达到8.02亿人次，其中手机网民为7.88亿人次，网民点击、关注和参与慈善超过84.6亿人次，一些基金会的网络募捐比例已经占到捐赠总收入的80%以上。全国注册志愿者超过1.2亿人，依法登记的志愿服务组织已有1.2万个，服务时长达到13.02亿小时。

在新冠肺炎疫情的大考验下，互联网公益在新道路上不断探索，提供了新思路的同时，也显现出一些新趋势，为互联网公益事业发展带来新机遇。一方面，跨地域、去中心化的民间参与成为公益力量的有益补助。移动互联网时代以微信、QQ、微博为主的社交工具连通线下隔离的个体，新冠疫情防控中，大量民间志愿者通过微信群、QQ群聚集，将群组变为信息沟通平台，完成信息对接、物资调配、通勤保障等工作，实现高效信息沟通和协作。非正式的民间行动相比正规机制下的应急动员更加灵活，且主动性高、行动力强。"朋友圈"式的民间参与，呈现跨地域、去中心化的发展趋势，成为政府、企业、社会组织等抗疫中坚力量的有益补充。另一方面，5G、区块链等新技术持续赋能互联网公益。互联网企业免费为抗疫科研团队开放AI、算力，通信服务商将5G技术应用于远程医疗、远程教育等领域，新技术、新应用被当作一种公益资源，用于保障公共卫生安全、惠及普通百姓生活，拓展了互联网公益的慈善边界。利用去中心化、可溯源的区块链技术搭建公益平台，为捐赠与受赠方免费提供物资确认、可信存证、信息查询等在线服务，为社会各界提供了公开透明、可追溯、可反馈的监督途径，使得公益行动更加透明高效，从而增强民众信任感，提升社会力量参与公益的积极性。互联网公益助力打赢疫情防控阻击战，战疫形成的新探索、新思考，也将持续推动互联网公益事业朝着更加高效、透明、安全的方向发展。

（二）公益慈善行业信息化的痛点

暗箱操作滋生信任危机。公益慈善领域一直以来由国家信任作为背书，然而这种中心化的互联网公益慈善管理机制建立起来的信任体系是短暂的、脆弱的，极易受到个别人或事件的影响（公益项目中善款去向不明、挪用、诈捐等暗箱事件），从而破坏信任体系。一直以来，公益慈善机构钱款的募集和使用过程难以透明公开，项目方可以轻松违规、挪用款项。这种现象大大降低了公益慈善机构的信任度和公信力，从而限制了社会公益慈善事业的发展。

监管审计乏力，公益造假严重。我国公益慈善保障体系一直不够完善，尤其是对受助者的条件审核和信息采集没有统一的规范标准。互联网时代，催生了互联网+公益慈善的产业发展，然而不完善的线上审核制度为部分受助者诈捐、骗捐提供了便利的通道。公益慈善项目由于其特殊的社会性质，需要严格完善的监管和审计机制。我国政府对网络慈善的监管乏力，从主体资格的认定到活动最终募集善款的余额去向，每一个环节都会出现监管漏洞。对公益慈善项目缺乏实时监管和审计导致了我国公益慈善事业屡屡出现公益项目造假的事件发生。2019年2月，公安查明了43个实施民族资产解冻类诈骗犯罪的虚假项目和组织，监管问题再次受到社会和媒体的关注，公信力急剧下降，恶性事件屡禁不止。

技术能力有限，审核不规范。我国互联网公益慈善的审核需要进行诸多人工干预审核的步骤，这注定在审核过程中存在着人为因素导致的不规范问题。在审核过程中，人工审核只是查看票据扫描件，技术能力的不足直接导致没有技术和权限核实相关材料信息真伪，更无法调查申请者财力状况，往往一个慈善项目的申请求助方案数额虚高，同时款项支配情况也不透明，甚至有的众筹平台审核不规范，屡屡出现诈捐、骗捐现象，极大地消耗了公益慈善的公信度。

信息确认困难，资金走向不明。受助人与捐助者的信息存储在中心化的系统中，数据安全得不到保障，中心化的公益慈善机构无法自证清白，严重阻碍了公益慈善事业发展。此外，捐助者还关注捐助的资金走向，中心化的系统无法做到资金的追踪溯源，导致捐赠资金去向不明，降低公益慈善机构的公信力。

个人信息泄露，隐私不安全。随着"互联网+慈善"的兴起，网络募捐和网络众筹更加便捷化、快速化和社会化，微博、微信等互动性较强、参与度较高的社交平台在推广网络慈善活动过程中起着越来越重要的作用。伴随信息传播的广泛性，通过网络平台进行捐款的项目，没有成熟的隐私保护手段，无法合理地保障捐助人相关信息及受助人员隐私敏感信息的问题日益突出。例如，网络项目需要涉及受助人家庭住址、个人身份、资产外漏，甚至包括家庭成员的个人敏感信息的外漏。近年来，出现许多案例因为一些莫须有的过往，被网民进行信息放大，甚至肆意编造，给受助人及其家庭成员带来了极大地社会舆论压力。但面对网络募捐成本低、传播快、效率高，让一些无法支付医药费的困难家庭，陷入不得不通过泄露个人信息得到社会帮助的窘境。

（三）区块链技术在公益行业的应用

1. 解决业务痛点

去中心化，降低操作成本。捐赠者通过区块链将款项捐赠给受助人，无须经过其他机构进行二次操作，降低了项目操作成本，杜绝了某一个组织或个人操控一个慈善公益项目为自己谋求利益的现象。

链上信息公开，防篡改。将公益款项的使用记录和流转过程都登记到区块链上存证，并将记录进行全网公开，区块链技术依托其分布式时间戳服务系统，保证了信息的不可篡改，做到整个公益慈善流程的高度透明，有效解决公益慈善过程中的暗箱操作滋生的信任危机问题，保证资金的安全。

可视监管，实时审计。通过区块浏览器的形式，链上的用户可以看到公益慈善项目的处理流程，实时动态，链上记录的相关信息。同时区块链能够为每一笔数据提供检索和查找功能，社会公众和监督机构可随时验证，保证公益慈善项目的公开透明，提高监管、审计力度。

规范审核，智能合约自动执行，降低管理成本。通过预先把相关的条件和要求设定后，智能合约就可以自动执行，有效弥补当前公益慈善过程中依赖人工审核的问题，规范了审核流程，避免了人工参与的影响，同时降低管理成本。

个人隐私保护，防泄露。区块链加密技术的应用，很好地保护了被捐助人和捐助人的隐私。只有持有项目私钥的人才可以看到项目有关个人敏感隐私信息，其他人无法获取个人公开信息外的其他信息，避免信息的泄露。

信息溯源，项目补救。运用区块链技术的可溯源、不可篡改、数据加密安全等特征，实现公益慈善过程中信息与行为的全流程存证、公益慈善全周期的阶段追溯与审计，一旦出现网络攻击或通过审核漏洞成立的项目，可通过区块链信息溯源，进行资产的回流，将资产通过原渠道返还给资助人，进行项目的补救。

2. 应用场景

公益捐助平台采用区块链的公益平台，从项目计划开始，到每一笔善款的产生，均写入区块链。由区块链根据项目计划自动执行，进行自动拨款或支付，所有凭据存证。整个过程实现参与方与资金流和物流的隔离，由最终受助方确认，完整捐赠实施。除捐赠人、公益机构、受助方之外，包括审计机构、监管机构、新闻媒体以及全民的监督，均可参与捐助流程，共同提升公益事业的透明度。

通过组建区块链联盟形式的组织方式，各方都可以更高效地参与到慈善公益事业中：审计机构可以即时发布审计报告；监管机构可以同步进行违规监管；新闻媒体可以获得原始信息进行传播。数据即时性与不可篡改等特性，使得快速发现公益行为中的不良现象并及时纠正成为可能。基于区块链的公益捐助平台如图5-16所示。

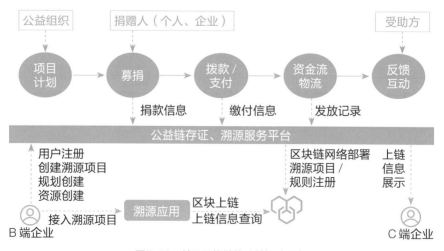

图5-16　基于区块链的公益捐助平台

第六章

区块链提升
国家治理能力

区块链提升政府治理能力
区块链助力新型智慧城市建设
区块链提升社会治理能力

区块链提升政府治理
能力

一、政府治理现代化发展的瓶颈

为适应数字化浪潮，立足数字经济发展的现实诉求，加快数字政府建设成为政府优化治理的重要实践，数字治理体系和数字治理能力成为政府治理现代化建设的重要内容。在"互联网+政务服务""最多跑一次""不见面审批"等政策的推动下，我国数字政府建设全面提速，深入运用数字化手段拓宽治理体系，提升治理能力的理念得到了进一步强化。通过充分挖掘规模化数据要素的潜力，释放大数据红利，促使政府治理朝着更加科学、便捷、高效的方向发展。

以往提及政府治理，人们总是会想到繁复的审批流程、低下的政府公共服务效率、落后的科学化决策程度以及不透明的政府数据开放程度等诸多问题。随着我国"放管服"改革的不断深化，当前群众对政府办事的满意度明显上升，对数字政府的认可度逐渐提高。但随着群众需求层次的不断升级，对政府服务的期望也越来越高，从衣食住行，到教育、医疗、养老等方面，不断向精神文化、生态环境、社会参与、公平正义等方面延伸，政务服务质量也需要进一步提高。如何进一步提升政府的经济调节、市场监管、社会管理、公共服务等领域的治理能力，促进建设法治型、服务型政府，成了政府治理的核心议题。互联网新技术的确给政府创新治理带来了机遇，同时也给政府现代化建设提出了挑战。

（一）政务数据质量低

随着我国产业数字化转型的不断推进，数据已成为重要战略资源和新的生产要素，基于数据分析的科学决策和治理机制成为决定政府治理方向、生产经营方式、经济政策制定重要考量。中心化、集中式的政务数据资源系统具有一定的稳定性，但其管理和维护耗费成本大，存在低效、迟缓、失真等问题，政务数据质量低成为开展政府利用数据的一大难题。一方面，由于新一代信息技术与经济社会各领域的深度融合，社会信息化系统的快速普及使数据量呈指数级增长，使数据体量大、来源多、价值密度低，非结构化数据高维、多变、随机性强。基础数据和过程性数据往往需要优化组合才能产生规律性信息，加大了高质量政务数据的采集、分析和应用的难度。另一方面，伴随着数据规模的急速扩大，数据在获取、存储、传输和计算等过程中的错误率也在迅速增加，更新速度的加快也使数据的时效性迅速降低，由此产生大量数据不一致的问题，传统数据替换方法难以跟上更新速度。

对此，政府在治理过程中，面对数据爆炸式的增长，如果不能提升甄别判断能力，在海量的数据中快速、有效地提取对政府决策有用的信息，不能科学地利用政务数据来判断数据的真假和蕴含在数据中的价值，很容易被虚假信息误导，做出错误决策。政务数据的真实性和有效性以及政府对网络数据的态度都在无形中决定着政府治理的质量和决策的精准性，考验着政府对数据的掌控和综合利用能力。

（二）政务数据共享和开放难

通过建立平台来实现政务数据资源的共享和开放，是当前电子政务使用政务数据资源最主要的形式。在维持政务系统管理和系统数据相对独立的基础上，统一的平台将分散的各个部门数据资源整合来实现政务数据资源的共享，但在实践中仍面临许多痛点，"信息孤岛""数据烟囱"壁垒问题仍是制约电子政府发展的主要瓶颈。

数据权属不清导致政务数据共享和开放难。在数据共享的过程中，需要明确数据共享范围和方式、数据的管理和使用权限，保障数据共享交换后数据存储的安全性和数据的完整性，并且在得到数据所有者授权前提下共享。在当前数据共享过程中，部门之间信息系统不联通、信息不共享，各类垂直系统普遍存在不愿意或者难以开放共享的现象。很多部门担心数据共享交换后会失去数据的所有权和管理权，因此不愿意将所有数据作为公共数据库分享给其他部门。目前虽然有些政务平台建立了一定的授权和认证机制，但由于中心化系统的数据存储依赖于数据管理中心或第三方服务平台，仍无法控制获得权限后对数据的操作行为，更多的是从工作层面由政府部门间协商解决信息共享的矛盾，难以形成有效、可靠、灵活的数据资源共享机制，这就阻碍政务数据共享、交换工作的推动。

关键数据和隐私信息难以保护，制约政务数据资源的共享和开放。随着大数据应用的深化，政务数据潜藏的价值受到了各种社会力量的关注。从发布"互联网+"的政策以来，国务院开始推动各级政府开放特定政府公共数据，允许第三方企业进行挖掘，以期提升政府服务质量。但政务数据包含组织机构的关键数据和公民的个人隐私信息，随着政务数据的开放这些数据面临了更大的风险。目前政务平台在进行数据开放过程中缺少关键数据和隐私信息的加密保护和追溯管理，组织机构不能完全控制数据资源访问、留存和转让，且中心化系统容易受到黑客和病毒的攻击，数据开放有过程中有泄露和被篡改的风险。虽然一些部门采取各种方法来实现关键信息的脱敏和匿名化处理，如用掩码形式将姓名、证件号码中的某些信息用"*"代替，但在社会大数据环境下不同数据库间的关联性高，通过数据分析很容易暴露真实信息，并不能完全保护隐私安全。因此，政府部门难以在数据开放过程中平衡数据利用与个人隐私保护之间的冲突，数据开放环节中还缺少隐私加密技术的应用，许多政府部门不敢、不愿将自己部门的数据开放，公众也面临着关键数据、个人隐私泄露和被滥用的风险，加剧了公众的不安全感和不信任感，制约了政务数据的有效利用。

（三）政府部门协同治理难

协同治理是推进政府治理现代化的实现方式。正确对待政府与社会（公民）、市场（企业）的关系，既要让政府在国家治理中发挥主导性作用，又要在一些具体的领域引入多元治理主体，完善有效的社会治理和市场治理机制，实现治理过程中各主体间既分工又有机协同的效果，从根本上弥补政府、市场和社会单一主体治理的局限性。政府作为一个政府治理体系的中心，管理着公共资源和数据资料，电子政务系统的建设往往是跨领域、跨地区的，各地区、各部门电子政务发展还不均衡、不充分，电子政务发展中出现各自为政、条块分割、协同治理难等问题，国家电子政务建设的统筹协调机制建设和工作力度有待进一步加强。

一是现有条块化和属地化的管理体制使得部门之间协调难。国家电子政务信息系统尚未形成条条联动、块块协同、标准一致、运维持续和信息安全的体系化格局，不同部门之间存在政策、标准要求等相抵触的现象，条块分割的垂直管理体制与跨界融合发展态势不适应，在战略规划和总体部署方面仍需加强统筹谋划；二是随着互联网的发展，政府的治理对象从线下转向线上，治理对象开始呈现出虚拟化、隐蔽化等特点，加大了线上和线下管理部门划分职责和实现协同治理的难度。三是由于责任分散和社会公平感缺失等原因，多元协同治理过程中还会出现"搭便车"现象，单个主体与其他参与者共同完成某项任务时，付出的精力往往少于单独承担任务时的努力，个体行为积极性与效率也随之下降。不同体制各有其独特的组织逻辑，不同逻辑的体制难以相互协调。当面临公共事务的复杂性高而各主体间职责又不清晰时，协同就更加困难。四是网上办事指南精细化程度不高，准确性、时效性和实用性不强的问题比较普遍，导致跨部门、跨地域事项难办理，行政成本高、行政效率受到影响。

（四）新技术产生监管缺陷

转变政府职能的核心是要切实做好放管结合，政府监管能否到位，关系到改革的成效。随着简政放权的深入实施，一方面，市场准入门槛大幅降低，激发了市场主体活力，增强了经济发展内生动力，提升了经济社会创造力和运行效率。另一方面，随着跨区域、跨行业经营的多元化市场格局形成，新技术、新业态、新产业、新模式不断出现，传统经验判断和普遍撒网的监管模式已经无法满足互联网时代的监管需求，随着监管数量的不断增多，监管难度逐渐增大。

（五）社会多元治理体系不成熟

社会治理的特点是突出人民群众在基层社会治理中的主体作用，让人民群众成为推进基层社会治理现代化的最大受益者、最积极参与者和最终评判者。特别是注重发挥基层社会组织的独特作用，激发基层的内生动力，让基层社会组织的微治理释放出巨大能量，充分发挥群众的主体性作用，最大限度把基层群众组织起来。

一是多方信息沟通不对称。良好沟通与协调是协同治理成功的重要保障。传统政府部门习惯由单一组织承担某项任务，组织内部结构关系和沟通渠道有助于信息流动。在多元主体参与的协同治理网络中，分权式组织结构和非制度化传播途径会带来种种沟通困难，不同参与主体间建立的信息壁垒进一步加剧了问题严重性。二是社会治理面临的痛点问题，需要在政府、企业、民众多方参与和努力下，不断地在发展中得到解决。政府门户网站虽然经常发布网上咨询投诉、民意征集、在线调查、结果反馈等信息，但企业、群众并没有积极参与进来，网站发布的信息大多是介绍政府的相关动态和工作，公众参与度低。

综上，这些新问题、新挑战迫切需要政府部门推进治理创新，用新思路和新办法服务、发展数字经济，全面支撑经济高质量发展。

二、区块链为政府治理带来发展的新契机

（一）区块链助力完善科学决策的数字政府

我国原始数据资源丰富，政务数据覆盖面宽、含金量高，数据是发展数字经济的核心要素，建设数字中国、发展数字经济，必须将推进数据资源建设放在首要地位。利用区块链可以建立健全政务数据共享和开放制度、建立健全数据治理体系，提升数据治理能力，进一步通过深度挖掘数据资源中蕴含的价值，实现政府决策科学化和公共治理高效化，加快推动数字政府建设，促进数字经济增长。

1. 区块链有助于实现政务数据共享和开放

区块链通过加强数据确权、保障数据安全推动和政务数据共享和开放，助推数据作为生产要素进入生产流通环节，提升社会数据资源的价值，加强数据资源整合和安全保护，增强电子政务发展的科学性和协调性。

第一，保障政务数据确权。从语义上理解，数据确权就是确定数据的权利人，该权利包括所有权、使用权、收益权等权利。可以从两个层面进行理解，一是从权利角度，数据确权明确了数据所有权、使用权、收益权等权利的主体；二是从义务角度，数据确权规定了数据使用者对数据保护的责任。数据确权的主要目的是明确数据的产权归属问题，从而规范数据采集、传输和共享、交易、开放等流程，推动数据资源的整合和利用，加速数据开放、数据共享、数据流通，从而降低数据交易的成本，激发大数据及相关产业的活力。在政务数据的共享和开放当中，主要是针对数据权利主体、数据来

源、获取时间、使用期限、使用方式、共享方式等属性进行规范，保证数据
交易各方正常完成共享过程，确保政务服务的顺利进行。目前，规范数据共
享和开放秩序的数据产权制度尚未建立，而区块链技术为数据确权提供解决
的新思路。

通过数字签名可以实现在访问信息过程中的身份授权，并保证数据的真
实性。数字签名与纸质合同上签名确认合同内容和身份证明类似，可以实现
在访问信息过程中的身份授权，并保证数据的真实性。利用区块链中非对称
加密技术，区块链中的每个节点都可以对其产生的数据进行加密，利用公钥
和私钥进行验证身份、加密和解密信息，以满足信息所有权的验证和签名，
提高数据的安全性，保障数据在共享过程中内容不被泄露。任何机构或组织
在访问数据前，都必须得到数据提供者的授权许可，再根据其权限到资源目
录中读取相应的数据。

此外，可以通过第三方证书认证机构签发和背书数字证书，规范各个系
统及用户的身份关系，建立安全有效的信任体系和责任划分体系。数字证书
是经证书授权中心数字签名的包含公开密钥拥有者信息和公开密钥的文件。
为了保证公钥信息安全可信，先对使用者身份进行核验，赋予使用者相应的
访问权限，避免数据权属的纠纷。区块链技术拥有分布式的共享账本，数据
的所有权都是写在链条上的，多个节点共同保存该账本，使用者无法随意修
改，一旦出现违反数据交易合约的情况，区块链技术可以确保合同的有效
性，减少传统情况下取证、仲裁、协调等人工干预环节。

第二，提高政务数据的隐私保护能力。区块链的可信任性、安全性和不
可篡改性，能够在保证数据可信、数据质量、数据隐私安全的前提下，充分
实现政务数据共享和数据计算，为区块链的应用在数据质量和共享层面提供
有力的支持。

区块链灵活地运用了密码学原理，包括哈希函数、非对称加密等加密算
法保护数据安全。在数据上链过程中，将原始数据的哈希值及数据的物理存
储位置写入区块链，且存储地址为公钥加密存储，只有具有特定权限的用户

才能够用私钥进行解密访问到相应区块链数据，进行信息校验或读取原始数据。区块链节点之间不需要直接共享原始数据，能确保数据传输和存储的数据安全，避免关键信息和隐私数据在共享和开放的过程中泄露，提高政务系统的安全性基于同态加密、零知识证明、差分隐私等技术能实现多方数据共享中的数据隐私安全保护，使得多方数据所有者在不透露数据细节的前提下进行数据协同计算，在保障数据隐私的基础上进一步挖掘数据价值，辅助政府决策和社会治理。

总体来说，区块链能够进一步规范政务数据的使用，精细化授权范围，有助于突破信息孤岛，保护数据隐私的前提下实现安全可靠的数据共享和开放。

2. 区块链有助于完善公共服务体系

数字时代，社会治理须透过海量数据发现问题。公共服务和社会治理模式的改革，是政府治理现代化的重点。通过区块链优化政府电子政务系统，围绕医疗、教育、社保、就业、住房等领域，构建一体化网上服务或一门式服务中心，为公众提供无缝对接的全流程服务，有效集成经济、文化、社会、生态等方面的基础信息，并通过大数据进行深度挖掘和交互分析，从而提升实时监测、动态分析、精准预警、精准处置的能力。对经济社会发展的热点领域提前判断，为推进供给侧结构性改革、防范化解重大风险等课题提供决策参考。围绕公共安全、市场监管、食品药品安全、社会治理创新、诚信监管等领域开展基于区块链的实时监测、动态分析、精准预警和处置的能力的精细化，进一步提升服务效率并降低信息系统运营成本和进一步提升政府公信力，优化营商环境和开放发展核心竞争力。

（二）区块链加速打造人民满意的服务型政府

我国在21世纪初提出建设服务型政府的目标，其特征主要表现在：服务型政府以人民为中心，转变政府职能，深化简政放权增强政府公信力和执行力，提高工作效率和服务水平，使广大人民群众的获得感更强、满意度更高。将区块链应用于政府信息和建设，是深化落实"互联网+政务服务"的重要举措，能优化再造政务服务、融合升级政务服务平台渠道，有效推动治理格局多元化、透明化，助推政府职能转变，增强政府治理的协同性，提高政府公信力和执行力，建设人民满意的服务型政府。区块链中的共识机制、智能合约等技术，能助力打造透明可信任、高效低成本的应用场景，从而优化政务服务、城市管理、应急保障的流程，提升治理效能。

1. 区块链推动治理格局多元化

习近平总书记在党的十九大报告中强调，要"打造共建共治共享的社会治理格局"，这就要求政府加快推进从"一元管理"向"多元治理"转变。多元主体间的多向度的合作，要求从传统的政府单一管制模式转向政府、企业、社会组织和公众多元协商共治，体现了政府治理理念的转型和升级，与区块链的"去中心化"特性不谋而合。

区块链技术的数据可靠性允许每个参与节点都拥有一份完整的数据备份，并且由多个节点共同参与维护，解决了去中心化的核心问题，实现政府内部之间以及政府与市场、社会公众之间的数据信息资源共享的同时，保证数据的安全性，提升政府部门的公信力和市场、社会公众参与社会公共事务管理的积极性，对于政府逐渐摒弃传统的单一管理角色，逐步向政府、市场和社会公众等多个主体共同参与的多元治理格局转变有切实的推动作用。

2. 区块链促进治理过程透明化

随着数字经济的快速发展，人们对数据的需求和认识也越来越高，社会公众对政府信息公开与信息资源共享的关注度也日渐提高。政府治理过程的透明与否不仅会影响社会公众对政府服务的满意度，还会严重影响政府部门的公信力。因此，建设透明的、可信任的政府是我国行政体制改革的内在要求，也是我国政府治理创新的必然选择。

区块链能很好地解决协同治理过程中社会、企业、人民对政府的信任问题，这种依靠技术背书建立起来的信任机制用技术信用增加了政府信用。一方面，区块链基于加密算法、数据结构等原理解决了传统的中心化信任问题，确保平台上多方的信息记录、传输过程和存储结果都是可信的。在区块链中通过时间戳给区块链网络中的每一条数据都加盖上时间标记，且所有用户都无法对时间戳上记录的信息进行修改，保证了数据记录的真实性和有效性。通过区块链特定的链式结构，使得区块链上的数据依次相连，环环相扣，修改其中任何一环都需要重复之前的工作，保证了过程的不可逆。将区块链应用到政府信息公开等工作领域，在实现政府部门内部之间以及政府与企业、社会公众之间的数据共享的同时，还能提高数据的社会利用价值，最大限度地利用资源，更好地满足公信力要求，形成政府、市场、社会互相监督的治理格局，在创新政府治理工具的同时还能有效推动政府治理过程的透明化。

3. 区块链有助于推动政府职能转变

区块链的智能合约技术凭借自身代码（即法律、自治性机制和数字化资产等）特点和优势，已经在金融、物流、医疗等众多领域发挥着重要作用，而在未来的政府治理中，政府部门也可以充分利用智能合约技术。政府作为资源的供给方，在进行诸如精准扶贫、行政审批、公益管理、教育、养老等工作时，通过智能合约代替纸质合同和人工验证及审批工作，可以简化办事流程，实现跨部门的无纸化审批，为标准化的公共产品或公共服务提供自动化流程，实现合约基于数字代码的自动执行及监督，减少人为的干预和繁杂冗长的审批环节，提升政府部门内部运行效率和处理行政事务的效率，优化政府服务水平。

（三）区块链优化健全依法行政的法治型政府

党的十八大将"基本建成法治政府"确定为建成小康社会的各项目标之一，党的十九大报告又进一步对全面推进依法治国做出了更多、更具体的要求。党的十九届四中全会指出，要深化行政执法体制改革，最大限度减少不必要的行政执法事项，继续探索实行跨领域跨部门综合执法，提高行政执法能力水平，健全强有力的行政执行系统，提高政府执行力和公信力。而法治政府的建设既需要内生动力的支持，也需要技术创新从外界提供推动力。区块链多节点共同维护、数据不可篡改的区块链体系能够对公共权力的运行过程和公共服务的供给过程进行有效的监督和约束，依法利用政务信息资源，增强了公众参与的合法性。

区块链技术可以记录政务数据全生命周期的痕迹，从数据产生、传输，到数据流转、交易等全部数据操作，区块链都可以进行记录，任何人在区块链网络中，不能随意篡改数据、修改数据和制造虚假数据。区块链上所有区块一经形成便无法更改，可以提供数据的全程记录；区块链技术建立的点对点分布式的信任体系为实现政务数据完整性提供架构保证。区块链中的所有节点都会承担网络路由、构建新节点、验证区块数据、传播区块数据等功能，通过访问数据系统，将数据使用过程的日志、对数据访问和使用行为等信息在短时间内大范围地进行全网广播、匹配、核查和认定，保障数据存储、读取、执行过程透明可追踪、不可篡改。通过在区块链增加数据访问日志，并将日志上链从而形成对数据全生命周期的交互留痕。结合智能合约取代传统的数据协议，通过在区块链的制定合约中写入指定、统一的代码，根据代码推断合约的实现条件，满足合约代码可实现全自动化流程。例如当某些部门数据残缺或者未及时上报时，智能合约自动在全网发送实时警告，并将警告记录和相关部门的答复记录在区块链上，便于追溯问责。

在司法、执法等领域，区块链技术与实际工作具有深度融合的广阔空间。例如，运用区块链电子存证，解决电子数据"取证难、示证难、认证难、存证难"等问题。将区块链技术与司法执行工作深度融合，把区块链智能合约嵌入裁判文书，后台即可自动生成未履行报告、执行申请书、提取当事人信息、自动执行立案、生成执行通知书等，完成执行立案程序并导入执行系统，有助于破解执行难的问题。通过推进区块链技术与法治建设全面融合。把"区块链+法治"作为"数字法治、智慧司法"建设新内容，立足现有基础，结合各地实际，借鉴先进经验，统筹推进、重点突破，不断提升人民群众在法治建设领域的获得感、幸福感、安全感，为国家治理体系和治理能力现代化提供有力法治保障，加快依法治国进程。

（四）区块链推进技术融合的智慧型政府建设

建设管理和服务质量更好、效率更高、成本更低的数字政府，在促进国家治理能力和治理体系现代化的进程中有着特别重要的作用。当前电子政务中广泛使用大数据、物联网、人工智能等技术，新技术手段为政府治理和国家治理现代化提供新的支撑。随着信息技术的不断发展，学科交叉融合不断加速，区块链技术与新一代信息技术融合，逐步成为各行业深化信息技术应用的方向，催生出一系列新产品、新应用和新模式，推动政府的经济调节、市场监管、社会管理、公共服务等领域职能转变，推进了政府治理模式创新。

一是区块链与大数据结合，能提供安全数据存储、分布式数据管理、加密通信、智能合约等新型数据管理模式，极大提升区块链数据的价值和使用空间，有助于推进数据的安全共享和数据的确权交易，提高政务数据的利用价值。二是区块链与人工智能结合，保证人工智能引擎的模型和结果不被篡改，降低模型遭到人为供给风险；在计算能力层面，基于区块链的人工智能可以实现去中心化的智能联合建模，为用户提供弹性的计算能力满足用户的计算需求，有助于提高政务领域人工智能应用的安全性。三是区块链与物联网结合，可通过多中心、弱中心化的特质降低中心化物联网的运维成本，数据加密、安全通信的特质将有助于保护用户隐私数据。身份权限管理和多方共识有助于识别非法节点，及时阻止恶意节点的接入和作恶，促进公共信息资源的横向流动和多方协作。四是区块链与5G结合，将大幅提高区块链网络的性能和稳定性，链上数据可以达到极速同步，提高了共识算法的效率；5G驱动智能设备数据更多上链，对基于物联网的区块链应用提供有力支持，实现稳定的数据溯源和分布式点对点交易功能；区块链能为5G应用场景提供数据保护能力，通过应用密码技术为网络实现安全可信的互联。

因此，在利用区块链技术的基础上，充分融合物联网、大数据、人工智能、5G等新兴技术，挖掘现有政务数据的价值，扩展政务服务应用场景，提升政务服务质量，不断推动电子政务向智慧阶段发展。

三、区块链在政府治理中的应用

（一）政务数据共享

1. 数字身份

数字身份是将真实的身份信息压缩为数字代码，以便对个人的实时行为信息进行绑定、查询和验证，不仅包含出生信息、个体描述、生物特征等身份编码信息，也涉及多种属性的个人行为信息。在电子政务系统中实现公民数字身份认证，能方便市民办理公证业务，解决政务虚假信息查证的问题，从而建立诚信、真实的信用环境，简化公证流程，提高公证效率。

传统的数字身份在认证过程中往往伴随着信息泄露的风险，在认证和查询的过程中企业和第三方机构能轻易获取用户的个人信息，并且政务系统间的相互认证又需要经历非常复杂的流程，难以进行协同管理。基于区块链的数字身份应用，能确保用户对个人身份数据享有绝对的自主权，保障了用户对个人数据进行选择、授权、删除和恢复的权利。在数据上链之前出具权威的信用背书，基于区块链不可篡改的特性，保证链上身份数据在网络上的完整和安全可追溯。通过在各大平台之间搭建联盟链体系，依靠相应的智能合约、共识机制以及激励制度可以有效地驱动不同部门共享数据，促进行业信息流通和整合。数字身份场景示意图如图6-1所示。

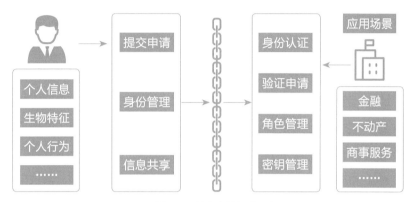

图6-1　数字身份场景示意图

基于区块链的数字身份认证是电子政务的通用基础设施，有助于打破机构内部以及机构之间的信息壁垒，大幅度提高社会的运转效率、信息共享以及互信程度，推动政府治理和公共模式创新。2017年4月，广东佛山禅城上线了国内首个区块链政务应用——智信禅城智能多功能身份认证（IMI）平台，实现了公证档案电子化、数据共享区块链、群众办证零跑腿的目标，多达40多项认证项目实现在线办理。2019年9月，由中华人民共和国公安部（以下简称"公安部"）、中华人民共和国国家互联网信息办公室、中华人民共和国工业和信息化部、中华人民共和国国家发展和改革委员会、中国人民银行等多部委直属科研机构和学术研究机构共同支持成立了专注于公民数字身份产业化的合作组织——公民数字身份推进委员会组织。

2. 电子证照

电子证照是以数字方式存储、传输的证件、执照、批文等审批结果信息，具有法律效力和行政效力，日益成为市场主体和公民活动的主要电子凭证，是支撑政府服务运行的重要基础数据。我国电子证照的应用还处于起步阶段，电子证照数据库存在着证照安全管控弱、办理流程复杂、汇聚共享难等问题，难以满足企业诸多业务对接及发展的需求。

采用区块链技术后，企业或个人只需出示电子证件码，获得持有人授权，办理部门通过区块链电子证照库查验比对，简化办理部门的查验过程，实现办事过程全程公开、实时获取。证照信息可以拆分为目录信息和证照详细信息，分别放在目录链和信息链上，实现快速检索，能够为电子证照信息的安全性提供有效保障。可以将电子照从开出到每一次信息变更的全量信息及流程进行安全地记录，包括办照前主体信息、登记信息、变更信息、审批信息、财税信息、信用监管信息等，增加数据的可信性和完整性。通过对每个证照进行单独加密，有独立的解密私钥，防止信息泄露，解决电子证照安全管控弱的问题。构建去中心化的证照目录体系和认证机制，实现跨区域、跨部门的证照数据逐级集中，可降低政府数据开放的运行成本，从而解决电子证照汇聚共享难的问题，提高部门间协作效率。电子证照场景示意图如图6-2所示。

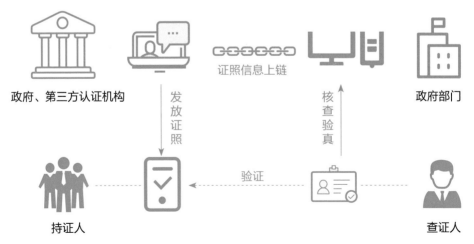

图6-2　电子证照场景示意图

（二）电子发票

区块链技术应用于电子发票，以其特有的分布式去中心化、全流程追溯、不可篡改等技术特点，可以破解增值税专用发票虚开、重复报销抵扣等痛点、难点。利用区块链技术记录专用发票的票面信息，以及发票开具、勾选认证、作废冲红等状态，可以大幅提升交易效率，降低交易成本。基于区块链去中心化、不可篡改等特质，受票方可随时在本地节点查询区块链上真实的发票信息，用以校验发票真伪及状态，准确无误地进行自动对账操作，提高财务运行效率。开票方可有效节省人工及流通邮寄成本等综合管理费用。另一方面，在区块链中，通过密码学手段的限制，每个企业只能查看与自身有关的信息，有效保障了发票信息的隐私性和安全性。区块链电子发票是区块链和税收治理基于海量数据的完美结合，具有简化税收流程、推动税收可持续发展的优点，使用者"无须纸质发票，无须专用设备，全程手机自助操作，交易即开票，开票即报销"。电子发票场景示意图如图6-3所示。

图6-3　电子发票场景示意图

（三）政府监管

　　由于社会分工的精细化，不法商贩利用生产→供货→销售→消费各个环节中的漏洞和信息不对称，制造假冒伪劣商品，给国民经济、企业品牌、消费者都带来很大损害。由于传统生产方式的限制，相关人员很难通过技术手段来开展产品的溯源和防伪。区块链技术结合物联网、防伪标签、物流跟踪等产品防伪溯源的手段，防范供应链中以次充好的原材料供给，防范销售渠道中出现的各类假冒伪劣商品。区块链技术的去中心化、共识机制、不可篡改、信息可追溯等特点，可以有效地解决上述问题。

　　通过企业联合，将产品生产的原材料、加工信息、仓储物流信息、交易信息整合记录在区块链网络中；通过追溯码，将信息串联并展示给消费者，让消费者清晰地看到每一件商品的流转过程，提高产品质量问题追踪定责的管理能力。将产品原材料、生产、进出口、仓储出入库、订单、物流等信息写入区块链，将全程品质追溯信息展现给消费者，让消费者放心购买。防伪溯源场景示意图如图6-4所示。

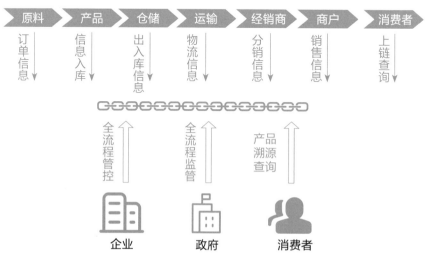

图6-4　防伪溯源场景示意图

第二节

区块链助力新型智慧城市建设

一、新型智慧城市发展概述

（一）新型智慧城市的内涵和外延

新型智慧城市的内涵提出。"智慧城市"源于2008年IBM提出的"智慧地球"理念，传统意义上的智慧城市概念涵盖硬件、软件、管理、计算、数据分析等业务在城市领域中的集成服务。但是随着云计算、大数据、区块链、5G等新兴技术的不断涌现，传统智慧城市正向着新型智慧城市逐步演进，即以为民服务全程全时、城市治理高效有序、数据开放共融共享、经济发展绿色开源、网络空间安全清朗为主要目标，通过体系规划、信息主导、改革创新，推进新一代信息技术与城市现代化深度融合、迭代演进，实现国家与城市协调发展的新生态。

智慧城市不断演变和发展。智慧城市经历了以技术驱动为代表的1.0阶段，该阶段以工具式的技术集成方案为主。接下来经历了以城市主导为代表的2.0阶段，该阶段侧重解决具体城市问题的算法和应用。如今，智慧城市已发展到以创新共享为代表的3.0阶段，该阶段以高度互动性和不断发展的精细化解决方案为主。智慧城市的发展不仅是对基础设施和技术的升级改造，更是推动各领域发展和抢占新一轮发展机会的手段。

智慧城市的技术参考标准逐步建立。随着智慧城市的不断推进与完善，我国制定了相应的智慧城市技术参考标准，根据国家标准《GB/T 34678—2017 智慧城市技术参考模型》，智慧城市的应用和运营系统需要"物联感知""网络通信""计算与储存""数据与服务融合""安全保障"等技术要素的支撑；智慧城市的总体架构涉及业务架构、数据架构、应用架构、基础设施架构、安全体系、标准体系、产业体系等内容。

新型智慧城市的外延不断丰富。智慧城市在基础设施和通信、网络层、支持系统层为代表的"操作系统层"的基础上，演变出多种应用类型。在此基础上，随着城市场景中的服务需求不断复杂化，有越来越多的产品和服务能够且需要由市场提供更高的效率和品质。借助一大批"新基建"、新技术，新型智慧城市的外延也在不断拓展，主要包括智慧家庭、智慧物业、智慧照明、智慧停车等基础设施服务，智慧养老、智慧医疗、智慧教育、智慧零售等民生服务；智慧安防、智慧应急、智慧消防等城市安全服务；智慧交通、智慧运输、智慧出行等城市交通服务。

（二）新型智慧城市的发展现状

目前，我国智慧城市建设如火如荼，随着中华人民共和国住房和城乡建设部（以下简称"住房城乡建设部"）发布第三批智慧城市试点名单，我国智慧城市试点数量稳步提高，覆盖区域加速遍布各个省份、地区；智慧交通、智慧安防、智慧社区等智慧城市应用领域成为智慧城市发展的热点。同时在"新基建"的赋能下，为智慧城市的建设与精细化、智慧化治理提供了有力的技术支撑。

1. 试点建设如火如荼，覆盖范围快速扩展

自住房城乡建设部于2012年启动智慧城市试点工作以来，我国智慧城市数量不断增加、覆盖范围不断扩大，截至2020年，我国智慧城市试点已接近800个，其中住房城乡建设部公布的前三批国家智慧城市试点数量合计

达到290个。目前，我国智慧城市试点范围基本涵盖华东、华北、华中、华南、东北、西北、西南等全国大部分省、自治区、直辖市。主要试点城市集中在环渤海经济带、珠三角地区和长三角地区，其中广东、山东、上海等地在全国智慧城市试点领域走在前列。据住房城乡建设部前瞻产业研究院调查显示，目前山东省智慧城市试点数量最多，为27个试点，比同为华东地区的江苏省多7个试点；安徽和浙江两省分别为15个试点和14个试点；上海市目前仅有浦东新区被住房城乡建设部确立为智慧城市试点；在华北地区，河北省拥有13个试点，北京市凭借全国政治与经济核心的地位拥有11个试点；华中地区，湖南省以16个试点领先，河南省与湖北省各有11个试点；西南地区以四川省为主，共拥有包括成都、宜宾、雅安等城市在内的12个试点。

2. 智慧交通、智慧安防、智慧社区三大领域脱颖而出

依托政策支持、成熟的技术和基础设施，智慧交通、智慧安防和智慧社区逐渐成为落地较快、产业链较为完善的核心应用场景。智慧交通方面，根据中国智能交通协会的数据统计，2017年我国智能交通市场规模上升至515.9亿元，在国家政策的大力支持下，我国各省市纷纷投资智能交通市场，2020年我国智能交通市场规模已达到千亿元的水平。新冠肺炎疫情期间，全国多地制定了交通状态分级与交通控制策略响应解决方案，最大程度降低了行车延误、减少了停车次数、保障了行人安全。智慧安防方面，根据欧洲通信产业商业公司（Juniper Research）的研究报告数据，全球智能安防市场规模将从2018年的120亿美元增长到2023年的450亿美元，年复合高达30.26%。在2019年的全球智能安防50强榜单中，中国企业表现亮眼，海康威视和大华稳居榜单前两名。另据中国安全防范产品行业协会的预测，未来几年我国对安防技术产品的基本建设需求、系统的升级换代需求以及新业态的拓展都将保持稳定增长的趋势，到2020年行业经济总收入将达到8000亿元左右。智慧社区方面，智慧社区作为智慧城市的重要承载体，在"新基建"风口下迎来了全新的发展，特别是在新冠肺炎疫情防控期间，智慧社区

在实时警告、隔离控制、安全防疫等方面发挥了重要作用。

3. "新基建"将推动智慧城市建设快速发展

"新基建"将进一步推动智慧城市领域各类融合应用平台落地实践，促进5G、人工智能、区块链、大数据等基础技术基础设施在智慧城市建设中的深度应用。5G作为城市智慧化转型的关键基础技术，新型智慧城市可依靠高可靠、低时延、大带宽等特性，高效地将城市的系统和服务打通、集成，提高资源运用的效率，优化城市管理和服务，改善市民生活质量。人工智能作为智慧城市建设的核心技术，将有力支撑城市运营治理，智慧化调控、调配公共资源和公共服务，自动代替市民进行业务办理，自动完成全市资源和业务的流转，实现全业务智能化运行。区块链既能有效推进城市数据的共采共享与可信流转，又能充分保护数据安全与收益权，将强有力地推动新型智慧城市向更深层次、更高水平发展。高密度数据中心与边缘中心将为智慧城市提供更高的信息处理效率和智能化决策，有助于提升智慧城市分析能力。

4. 精细化、智慧化治理成为新型智慧城市建设的核心目标

在政府、开发商、集成商、服务运营商和第三方服务机构的共同努力下，围绕以人为核心的智慧城市建设生态已经逐渐形成，更加高效、精细、智能的治理模式日渐成熟。同时新一代信息技术的不断发展与创新应用，使智慧城市的精细化、智慧化治理更加数字化、网络化、智能化。智慧治理通过云计算、5G、区块链等技术的融合应用，智慧城市的精细化、智慧化治理布局更加完整。平安科技、阿里巴巴、华为等互联网科技巨头企业纷纷推出精细化治理解决方案，利用智能感知、智能云脑等核心技术和产品提升治理能力和分析能力，建立广域覆盖的城市神经网络，可以对整个城市进行全局实时分析，自动调配公共资源，修正城市运行中的问题，最终核心技术和产品将进化成为能够治理城市的超级智能大脑。

（三）新型智慧城市存在的问题

新型智慧城市经过几年的发展，已有长足进展，仍存在一些根本性问题，包括发展路径不清、数据共享不足、应用体验不佳以及体制机制不完善等问题。其中在技术层面，围绕数据的"可用""可享""可管""可信"等问题较为突出。

1. 城市基础设施转型需求迫切

一是城市信息基础设施急需实现协同共用。随着我国城镇化的快速发展，城市人口和产业承载能力不断提升，城市信息基础设施将拥有超过百亿级传感终端。当前，单一传感终端获取所需信息相对片面，而不同传感终端所属不同提供商，设备间信息协同需聚合至统一平台，信息协调效率低，且存在较高商务壁垒。此外，智慧城市发展遵循以人为重，应面向自然人、法人、城市三大对象提供全方位服务。但当前，各地仍缺乏"云、管、端"一体化协同发展的信息基础设施，导致针对不同对象、使用不同载体的信息交互协同能力薄弱。二是城市传统基础设施亟待加强运行管控。在能源方面，城市内、城市间能源传输网络已基本建成，以电力为例，随着城市用电量持续上升、城市峰值用电差日益显著，城市内、城市间电力运营调度及电力公司与民电供电交易管理等方面矛盾日益突出，能源设施运行管理能力亟须提升。此外，在城市管网方面，供水、排水、燃气、热力、电力、通信、广播电视、工业等地下管线已成为保障城市健康运行的重要基础设施，而随着城市快速发展，地下管线建设规模不足、管理水平不高等问题凸显。建成统规划、统建设、统管理的地下综合管廊运营管理系统，同样面临参与主体多、数据规模大等挑战。

2. 城市数据治理亟待攻坚克难

一是城市数据流通共享难。电子政务应用不断发展深化，产生大量的政

务数据，数据资源有效共享成为提升城市治理能力的关键，但目前政务数据
面临着"纵强横弱"的局面。一方面，行政区域形成天然屏障。政府部门存
储着个人、组织及活动等大量数据，这些数据分散保存在不同部门的不同系
统，条块打通困难。此外，政务系统重复性建设，缺乏标准统一的数据结构
与访问接口，业务数据难以实现跨部门流通共享。另一方面，政务协同共享
缺乏互信。在"谁主管、谁提供、谁负责"和"谁经手、谁使用、谁管理、
谁负责"的政务信息共享原则下，当前技术手段难以清晰界定数据流通过程
中的归属权、使用权和管理权，政府部门之间缺乏行之有效的互信共享机
制。二是城市数据监督管控难。在城市治理中，对于政府重大投资项目、重
点工程与社会公益服务等敏感事项，政府监管出现纰漏或政策约束力不足，
容易造成不良社会影响。一方面，伪造篡改导致监管乏力。如政府投资重大
项目建设过程中，建设主体出现违法违规操作，谎报或瞒报关键活动信息，
如挪用资金、事后篡改文件或伪造证据。这些漏洞如不能及时发现，容易导
致监管缺位。另一方面，存证不足造成追责困难。在现有政府信息资源管理
框架下，业务监管的数据采集、校核、加工、存储及使用的全过程管理体制
仍不完善，缺少基于数据信息的全流程可追溯手段。一旦发生违法违规事
件，证据缺失将给调查取证带来困难。三是数据安全有效保障难。在智慧城
市建设与发展进程中，人与人、物与物、人与物将加速联结，智能化产品和
服务将不断涌进城市管理活动和人们日常生活，产生大量的公共数据和个人
数据。城市数字化发展形势下的隐私保护，成为城市数据治理不可规避的重
要问题。用户作为数据的生产者，在本质上缺少数据所有权和掌控权，数据
往往未经用户同意就被第三方平台采集和出售，导致用户隐私数据大规模泄
露事件频发。此外，数据授权使用举步不前。数据授权使用尚无明确规范，
数据安全使用缺乏保障措施，潜在风险难以评估，我国在推进政务数据授权
使用方面进展缓慢。

3. 城市智能应用亟须创新突破

一是多主体参与信用体系建设成本高。新型智慧城市是城市发展的高级阶段，城市智能应用要为不同主体提供跨层级、跨地域、跨系统、跨部门、跨业务的一体化协同服务。城市智能应用涉及政府、企业、市民等多个参与主体，各参与主体间相互协作建成信用体系成本高，创新智慧城市应用亟须建立良好的社会信用体系，解决多主体之间的信任问题。二是事故发生问责难。城市正常运行涉及方方面面，大量日常事件与突发应急事件持续发生，相关事件具有所属类型多、来源渠道多、涉及部门多、处理流程长等特点，一旦发生事故，涉事多方各执一词，原因追溯与追责通常比较困难。因此，在智慧城市建设过程中，要实现城市规划、建设到管理的全生命周期、全过程、全要素、全方位的数字化、在线化和智能化，做到事故原因可溯、责任可追。

二、区块链赋能新型智慧城市建设

（一）区块链提升城市设施智能水平

新型智慧城市已进入数据驱动的统筹推进期，结合区块链技术，城市信息基础设施、交通基础设施、能源电力基础设施将不断提升智能化水平。

在信息基础设施方面，区块链提升城市物联网设备的通信效率和可信水平。信息基础设施主要是指基于新一代信息技术演化生成的基础设施，比如以5G、物联网、工业互联网、卫星互联网为代表的通信网络基础设施，以人工智能、云计算、区块链等为代表的新技术基础设施，以数据中心、智能计算中心为代表的算力基础设施等。随着物联网普及，城市中部署的终端设备数量将呈现爆炸增长，传统的中心化系统面临严重性能瓶颈和安全风险。将区块链与城市感知网结合，可以在确保安全的前提下构建分布式物联网，大大提升城市物联网设备之间的通信效率和可信水平。

在交通基础设施方面，一是区块链提升车联网信息安全。通过在车联网系统中引入区块链，可以极大地提升现有车联网的安全性，黑客难以篡改安全协议，提供安全可靠的认证存储服务。已有汽车制造企业开始尝试将智能网联汽车与区块链结合，共享驾驶数据，构建面向自动驾驶汽车的数据市场，同时利用区块链技术提升车辆数据安全保障能力。二是实现电子不停车收费系统（ETC）的互联互通。ETC目前存在兼容性差、车载电子标签（OBU）信息的安全性、结算数据不完整等问题，而区块链可以有效解决ETC数据共享最基础的信任问题和兼容问题。存储在区块链上的ETC数据更可信，区块链具有不可篡改特性，同时其分布式的多节点存储结构可以有效保证数据不会丢失。区块链的共识机制确保ETC数据的有效性与一致性。基于区块链的分布式网络，ETC的各方使用都将是一个统一的数据来源，有效解决地区间信息不兼容的问题，大大提高了汽车出行过闸交费的便利程度，缓解堵车问题。

在能源电力基础设施方面，一是区块链实现能源主体数据共享。国家电网专门成立区块链公司，国网青海电力公司建立了共享储能区块链平台，通过区块链技术将电力用户、电网企业、供应商等设备连接起来，实现不同主体数据共享。二是区块链在能源领域的应用，还有望延伸到能源金融、碳排放交易、电动汽车等场景。据国网区块链科技有限公司负责人王栋透露，目前，山东电力公司多个园区已开展相关试点应用，通过构建区块链分布式能源交易平台，实现了微网内光伏、储能、风电、电网等不同主体之间的购售电交易。其中充电桩设计容量降低57%，综合用电成本下降7%，光伏收益增加12%，减少了电网设备投资，提高了交易透明度，降低能源交易成本。

（二）区块链助力数据治理可信可溯

城市数据的开放与共享需要明确各方利益相关者，围绕"数据"为主体来制定制度规则和标准规范，这个规则和规范并不局限于法律、法规和规划层面，也可以通过技术手段来实现。数据治理不是单一组织的工作，需要构建覆盖全国、统筹利用、统一接入的数据共享大平台。同时，依托现有的管理架构，明确各机构的数据治理职责，实现跨层级、跨地域、跨系统、跨部门、跨业务的协同管理和服务。

大数据时代，传统城市管理方式正向基于数据流通共享的数据治理与服务创新转变。区块链有助于促进多方政府部门达成共识，形成高效协作，优化城市治理。一是构建共享数据基础。运用区块链技术，按照预先约定的规则同步数据，建立新的数据更新规则，构建了流通共享的数据基础。二是建立协同互信机制。政府各部门通过本地部署区块链节点，实现共享数据的本地化验证，确定数据来源和真实性，上链信息并不涉及原始的完整数据，从技术角度实现不依赖第三方的数据共享互信。基于区块链数据共享机制，可在金融创新、政务公开、产权登记、协同治理等领域开展应用。

在城市治理中运用区块链独特的共识机制和数据结构，有助于确保数据质量，确保数据难以篡改，提升政府治理能力。在数据治理过程中，任何有关治理活动的信息更新只有经区块链的多数或全部节点校核认可后，才能完整地写入区块链。当任何节点试图单方篡改或伪造数据时，由于未达成节点共识，将被其他节点同步覆盖，从而保证数据的完整性和稳定性。时序区块结构保证数据全程可溯。按照区块链特殊的数据结构，上链数据的区块头都标有时间，用于标记区块生成时间和区块连接顺序，这些数据和时间戳将被永久保存且不被篡改。当任意节点发现链上不合理问题，都可随时随地通过区块数据和时间戳查证，实现事件追踪的可追溯。基于区块链的数据治理，可广泛应用于政府重大工程监管、食品药品防伪溯源、电子票据、审计、公益服务事业等领域。

（三）区块链推动惠民服务水平提高

新型智慧城市建设更加注重以人为本，区块链技术为提高惠民服务便捷性提供了新手段与解决方案。

在"区块链+智慧扶贫"方面，在现有大数据帮扶平台基础上引入区块链技术，将帮扶双方确认并记录，利用智能合约匹配帮扶项目与资金，通过共识机制保证对社会扶贫资金募集、申请、使用、效果评估等进行管理。实现扶贫对象精准识别、扶贫资金精准管理、扶贫对象精准退出、社会扶贫资金全流程管理，从上至下贯彻扶贫政策，建立诚信扶贫系统，形成有效工作网、监管网，防止弄虚作假、徇私舞弊，激励社会各方积极参与扶贫行动，助力搭建高效、透明、公正的精准扶贫平台。

在"区块链+智慧医疗"方面，将医疗物联网设备数据、患者电子病历等信息记录在区块链上，可在医疗事故的追责过程中为确定责任主体提供相关证据。利用区块链技术创建药物、血液、器官、器材等医疗用品的溯源记录，有助于医疗健康监管，使公共健康生态更加透明可信。针对医疗领域存在的数据孤岛难题，授权公共医疗机构或者医疗研发机构提取所有节点的非身份信息，既解决了医疗领域数据孤岛难题的同时，也保护了个人的隐私。通过区块链存储医疗健康数据，创建安全、灵活、可追溯、防篡改的电子健康记录，可以对用户身份确认和健康信息进行确权，并将权属信息等存证在区块链上，确保个人健康信息使用的安全合法。此外，利用智能合约自动识别交易参与方，结合用户对健康信息的使用授权，不仅可以优化医疗保险的快速赔付，还可以方便第三方健康管理机构基于全面的医疗数据提供精准的个人健康管理服务。

（四）区块链提升城市精准治理水平

城市治理精细化、精准化发展，越来越依赖城市数据质量、共享效率、安全能力等方面。

在"区块链+司法存证"方面，利用区块链在电子证据的生成、收集、传输、存储的全生命周期中，对电子证据进行安全防护、防止篡改并进行数据操作留痕，同时联合司法鉴定、审计、公证、仲裁等权威机构进行多方存证，实现证据固化和永续性保存。在存证环节，区块链技术给电子证据加了可信的时间戳，据此可以认定电子证据的产生环境和产生时间，为电子证据的存储提供了高质量的数据源，规范了数据存证格式，保证了数据存储安全和流转可追溯。在取证环节，区块链中的数据经由参与节点共识，独立存储，互为备份，可用于辅助电子数据真实性认定。在示证环节，可采用智能合约自动取证示证，用区块链浏览器示证，也可将区块链存证与公证电子证据出函流程打通，由公证参与示证。对于质证环节，因区块链优化了取证和示证环节，从而让质证可以聚焦于质询证据本身对案件的影响，提高司法效率。

在"区块链+数据共享"方面，基于区块链共识机制，国土、税务、民政、公安、房产、社保等部门可以实现电子证照信息共享，节约部门之间的沟通成本，减少办事群众材料重复提交。区块链技术满足"互联网+政务服务"中的信息公开、政府职能扁平化、安全互信等需求，其非对称式加密技术、公私钥机制，可有效解决数据开放共享所衍生的信息安全问题，消除各方对隐私泄露的顾虑。

在"区块链+房屋租赁"方面，区块链技术正在智慧租房领域逐步展开探索。在"区块链+智慧租房"方面，通过将政府监管、租赁企业、中介机构、出租方、承租方、运营企业与金融机构等多主体连接起来，实现信息共享，通过多方验证防篡改，有望解决房源真实性问题，打造透明可信的房屋租赁生态。例如，雄安新区管委会以住房租赁积分为切入点，探索住房租赁管理新模式。运用区块链、大数据等前沿技术，建立科学、有效的住房租赁积分全生命周期管理机制，营造活力、健康、有序、可持续的住房租赁生态。个人将拥有属于自己的租房诚信账户，记录个人租房相关信息为公共房屋资源分配、社会治理提供坚实的参考依据。

三、区块链在新型智慧城市中的应用

智慧城市的主要建设目标是运用信息技术感测、传进、整合和分析城市运行核心系统的各项关键信息，实现城市智能化。新型智慧城市则以创新、协调、绿色、开放、共享的理念，实现服务的全程全时，城市治理的高效有序、数据开放的共融共享、经济发展的绿色开源、网络空间的安全清朗等城市建设目标。力图以信息主导、改革创新，推进新一代信息技术与城市现代化深度融合、迭代演进，实现城市协调发展。在城市治理方面，基于大数据实现各类数据的高效、安全、共享交换，而区块链技术可较好地提供解决方案。

（一）区块链重构新型智慧城市数据共享基础设施

区块链的去中心化、信任机制、共享账本以及信息可溯源特征，能够有效助力新型城市数据共享。

去中心化部署。新型智慧城市的城市数据共享网络采用分布式的布局，即区块链所强调的数据去中心化管理，降低了数据被破坏的风险以及易被漏洞攻击的危险。去中心化、可共享的分布式交易记录系统，可不依赖额外的第三方管理机构对数据进行管理。去中心化的构建结构，对新型智慧城市数据安全性进行了保障。

建立信任机制。区块链具有多元化的特点，即在整个区块链的内部，会存在诸多种类的协商一致的规范，这类共识机制的建立，使用户能够利用不同节点数据进行验证，并通过这个过程让数据交换变得更为安全。不会因为单个节点影响系统的功能和安全，并确保数据交换的真实性和可验证性。该特性表明区块链技术具有智慧城市建设安全性保证的突出优势。

数据交换过程透明。区块链采用非对称的公钥私钥、哈希算法等密码学工具，确保各主体身份和共有信息的安全交易数据进行加密，用户的身份或其他隐私信息可以得到较好的保护，使得数据更具可靠性，整个区块链能够在保证不可篡改的同时保证教据交换过程，交换记录在一定程度上公开透明，数据交换过程中的每个参与者都可以参加到内部数据库的记录过程中去，保证公平公开公正。

数据可溯源，有效解决数据确权难题。由于数据的可复制性，信息所有权认定一直是个难题，而区块链技术提供了有效的解决方案。其在明确数据所有权的基础上，基于区块链系统的共享账本以及信息可溯源性，打消数据使用的顾虑，促进数据共享。同时，区块链可记录保存各项数据写入时间，实现数据所有权与使用权的分离，有效保证数据所有权，实现数据资产化。

（二）智慧交通

1. 智慧交通现状

随着工业4.0和中国制造2025战略的推进，我国制造业正朝着智能化方向发展，交通领域也正经历着一场深刻的变革。城市智能交通系统在基础设施和集成应用方面取得了显著的成效，智能交通已经成为城市建设不可分割的重要组成部分。智慧交通是在智能交通的基础上，充分运用物联网、云计算、互联网、人工智能、自动控制、移动互联网等技术，使交通系统在区域、城市甚至更大的时空范围具备感知、互联、分析、预测、控制等能力，充分保障交通安全、提升交通系统运行效率和管理水平，为通畅的公众出行和可持续的经济发展服务。

智慧交通已成为智慧城市建设的重要突破口。从应用成熟度看，视频监控是对图像和视频数据进行语意化和结构化处理最成熟、最完整、应用深度最深的领域，智慧交通可能是现在新兴技术和应用领域里，率先突破数据应用瓶颈的一个技术领域；从技术角度看，包括大数据、云计算的技术架构，最先在智慧交通领域落地，智慧交通也必将引领整个智慧城市各个子模块的技术潮流和走势；从使用者与应用者关联的角度看，交通的智能化，最终会影响到每一个人骑车、驾车、公交出行的感受，良好的交通秩序体验需要智慧交通的技术方案去支撑实现。目前，众多巨头企业在交通运输领域积极布局，新业态、新产品不断涌现。例如，腾讯在智慧交通领域的探索已覆盖停车场无感支付、共享单车、腾讯乘车码等；阿里巴巴集团也推出了支付宝扫码乘车，并宣布升级汽车战略，利用车路协同技术打造全新的"智能高速公路"；华为、百度等公司也从无人驾驶、车路协同、智慧城市、智慧高速等多个角度抢滩布局智慧交通市场。

2018年，智慧交通市场规模为2570亿元。从公路网布局上看，目前我国已初步形成多节点、全覆盖的综合交通运输网络。截至2018年底，全国公路总里程已有484.65万千米，公路密度50.48千米/百平方千米。智慧交通作为智慧城市建设中的主要组成部分，信息技术建设支出占比约为27%。2019年，中国智慧交通技术支出为432亿元左右，预计到2024年，中国智慧交通技术支出规模将达到840亿元左右。

2. 智慧交通存在的问题

（1）交通数据安全问题。当前交通系统中，不论是交通管理部门还是交通运输部门的数据库都采用了中心化架构。中心化的交通数据库能够被相关职能部门修改，这是目前交通系统中存在的严重问题。传统的交通系统数据库主要是交通系统中各部门自建的数据库或者系统技术服务方提供的云数据库，数据控制管理权集中在职能部门。因为交通数据是作为裁定违法行驶或交通事故纠纷的重要证据，所以存在篡改交通数据，使数据失真的可能性。当发生违章行驶或者交通事故时，当事人对交警判罚产生异议时，可以对交通数据进行修改或者删除，存在故意删除违章行驶记录或者使交通证据偏袒一方的漏洞风险。

身处大数据和互联网时代，数据正在迅速成为全球宝贵的资源之一。目前交通数据一般存储在中心化架构的数据库中，由各交通部门独立维护。交通数据记录交通领域各个方面的信息，具有极大的价值。当面临外部风险时，存在黑客攻击系统数据库的安全隐患，黑客将盗取的数据用于违法乱纪的活动或者进行非法商业交易对交通系统管理和民众的隐私会产生很大危害。

（2）交通数据孤岛问题。目前，通过交通基础设施采集的数据种类繁多，包括天气情况、交通指示灯信号、道路车辆数量以及道路车辆移动速度等，交通部门各自独立采集和存储管辖区内的数据，导致交通信息碎片化、信息利用率低且融合程度差。与此同时，各地区之间、政府之间尚未形成一套有效的数据共享机制，目前存在数据库软硬件效率较低、尚未形成统一的数据加密与传输标准等问题，对数据传输和共享造成障碍，信息孤岛问题严重，各部门缺乏有效的信息沟通和资源共享。

（3）交通数据信息透明问题。现行的交通数据主要用来诱导车流量分流、查处违章行为、实时监控路况、不停车自动缴费等交通管理操作，如交通管理部门通过交通数据对违法车辆进行罚款，对高速路口车辆实行自动缴费等。罚款去向不明、违章申诉求证难、自动缴费无提示等问题导致民众对交通执法部门不信任，同时交通系统各部门间信息的不透明也会导致行政监管不力、追究责任主体难等管理问题。

（4）交通数据隐私保护问题。当下公众频繁使用各种手机应用程序和电脑端应用程序，出行软件常常会申请手机的各种权限来获取联系人信息、用户位置信息、用户出行规划等数据。在获取到有价值的信息后，某些不法软件运营商会售卖交易这些用户隐私信息，损害用户隐私。尽管中央网信办、公安部等政府部门出台了《网络安全法》用于保护个人信息的安全，但从实践中可以看到仍有大量应用程序在打法律的"擦边球"。

3. 区块链技术在智慧交通中的应用

（1）保证交通数据的完整性、真实性和不可篡改。在传统的交通数据存储过程中，信息采集按照中心化的存储方式，各交通部门独立维护数据中心，监管部门监督力度不强，驾驶主体与交通管理部门信息沟通性弱，并且交通数据在特定的背景下会发生经济利益可能存在数据准确性的问题，数据篡改和删减问题一直存在。

区块链是一种开放的分布式账本，具有天然的去中心化的特性。其根据区块生成的时间进行有序排列，并且每个区块会根据前个区块的哈希值作为参数来生成当前区块的哈希值，也就意味着一旦新区块达成共识加入区块链中，数据信息则无法进行修改或者删除，从而保证了数据存储的完整性与真实性。区块链通过时间戳、共识机制、对等网络等技术，确保交通数据在区块链中真实不可篡改。其去中心化分布式账本的特性将所有交通信息公开记录在各个节点上，每个节点都具备公共账本的全部记录，使上链的交通数据无法在单个节点中，实现对整个数据库的修改，并且通过复杂的加密算法使交通数据难以被篡改和攻击。

传统中心化交通数据都存储在唯一的数据库中，当数据库面临外部攻击时，攻击者只需通过盗取、修改中心化数据库就能完成信息数据的攻击。而中心化数据一旦被篡改常常因没有备份数据库而导致数据的永久丢失或者更改，这对于整个交通系统的伤害往往是巨大的。应用区块链技术构建交通系统全领域共享账本可以防止交通数据被篡改，同时区块链技术中的加密技术可以进一步确保上链数据的安全可靠性。区块链采用去中心化分布式存储构架使每个参与节点都具备完整的共享账本，单一节点或者多个节点的账本修改、丢失都不会影响区块链上的数据存储，丢失或者遭到更改的数据只需通过对等网络向其他全节点调取完整账本即可恢复。

（2）连接各交通部门和业务主体。智慧交通借助物联网、云计算、大数据、移动互联网等新一代技术将交通数据进行智能化管理，其中最难解决的是各交通部门、业务主体信息流通与协同，需要将数据在跨部门系统中进行传输交互。目前，智慧交通系统中的各交通部门独立维护各自的信息数据库，彼此间数据库标准不对等、缺乏信任机制、形成数据孤岛，导致交通数据不能相互访问与共享。

区块链可以将链上各节点串联起来，实现各交通部门间数据的自由交互，打破各交通部门以及业务主体间的信息壁垒，建立交通系统各主体之间的协同业务处理系统。区块链通过去中心化分布式结构以及共识层、网络层、数据层把交通数据存储在每一个参与数据共享的部门节点上，且所有参与的部门节点对上链数据进行记录和验证，这样每个参与节点都能得到全网共识、全网监督的共享账本，所有参与方都能够实时访问网络上的交通数据。利用区块链天然的防篡改、分布式、去中心化的特点可以将错综复杂的交通数据转化为技术层面的数据流通问题，交通数据从采集到上链存储再到调用都可以清晰地被查询，有效地解决多部门信息交互的困难，使交通数据公开透明，降低沟通协作成本。

（3）使交通数据信息公开透明。现行的交通数据采用中心化数据系统无法被驾驶主体或者其他业务主体实时获取，存在严重的数据不透明的现象，交通部门内部数据篡改、造假，现有的交通数据系统无法自动确认责任主体和问题根源。传统的交通数据由交通管理部门保存，且无有效措施对信息的变更记录进行监督，对信息的调用往往也受到层层阻碍，民众对交通系统的信任难以建立。

为了实现这种数据来源可查、去向可追、责任可循的现代智慧交通系统，通过区块链的去中心化系统架构可以使民众及交通管理部门都能够随时监测各个节点数据的传输与流通，保证存储数据受多方监督，降低审计和合规性成本，使交通判罚、交通收费、交通监管有据而依、有据而信，建立警民的信任机制。

（4）通过数据加密保护个人隐私。相对传统网络的服务器加客户端访问的网络架构，区块链分布式数据库的架构有效地避免了服务器单点故障或者病毒侵入所带来的安全隐患，链上信息块和相关的交易记录都会被共享保存。区块链使用数字签名、非对称加密、对称加密、零知识证明等密码学技术助力交通数据信息的安全和隐私。区块链采用密码学技术实现交通数据在采集、上传、存储、处理全过程中的加密保护。通过加密算法授权访问节点权限，有效防止不受信任的出行平台、出租车等业务主体得到用户个人信息，实现数据高隐私性。

（三）智慧社区

1. 智慧社区现状

智慧社区是充分利用物联网、大数据、云计算、地理信息系统（GIS）地图等新一代信息技术，整合社区内人、地、物、情、事、组织和房屋等信息，统筹公共管理与服务等资源，以综合信息服务平台为支撑，依托领先的智能基础设施，提升社区治理能力现代化，促进社区管理与服务智能化发展的创新模式。其目标是将社区建设成为政务高效、服务便捷、生活智能、环境宜居的社区生活新业态，支撑智慧城市的建设。

我国智慧社区在智慧城市建设的带动下，从2012年作为智慧城市的典型应用，逐步发展到2014年作为智慧城市的必选项进行专项建设。2014年5月，住房城乡建设部发布的《智慧社区建设指南（试行）》提出，2020年，50%以上的社区实现智慧社区标准化建设，建立完善的社区服务体系、可持续发展的社区治理体系和智能化社会服务模式。近年来，随着智慧城市的积极推进，我国智慧社区进入了快速发展时期。各大城市根据国务院的指导意见，推出适合自身城市社区发展的指导建设方针，并推进智慧社区建设工作，智慧社区的发展渐成规模。从目前智慧社区的建设情况来看，主要还是以房地产企业、科技企业为主导，房地产企业在新建开发项目中植入智慧社区的元素，科技企业提供相关技术支持，打造了一系列的智慧社区。总体上来说，目前我国还处于智慧社区应用和发展的初级阶段，珠三角、长三角以及环渤海地区等沿海城市发展相对较快，对于智慧社区的应用接受能力相对较高。而在经济欠发达地区，由于受到建设成本以及消费水平的限制，智慧社区还没有得到广泛的应用共识。

2. 智慧社区存在的问题

（1）统筹规划不足。目前情况来看，政府部门在智慧社区建设方面的指导体系不健全，一定程度上延缓了社区建设的进程。一是在社会建设规划上缺乏统一的规划和部署；二是在社区规划的模式选择方面存在问题；三是来自政府方面的指导大多限于技术层面，缺乏实用性，很大程度上阻碍了智慧社区的整体推进态势；四是各社区系统的开放性不足，缺乏政府的统一规划和指导，造成信息资源不能够共享，导致各社区部门的建设割裂，缺乏横向协同和纵向合力。

（2）社会力量参与不足。目前我国智慧社区建设基本是政府独资或者政府主导的模式，在建设和维护方面政府投入了大量的人力和财力。无论是社区各项网络的建设维护还是参与社区服务的企业和组织，都需要经过政府的指导、协调、监督和评估，政府扮演着保姆式的角色，社区居民和社会力量在智慧社区的建设中主要处于参与和执行的层面，决策性的作用很少。在当前政府机构人员精简、经费精减的大背景下，依靠政府的力量对智慧社区的建设进行推进，则智慧社区的发展前景及可持续性不容乐观，一旦政府的投入减少，智慧社区的建设和发展就会停滞。

（3）数据资源整合不足。智慧社区是在智慧城市建设的大背景下提出的，建设运行的时间还比较短。由于历史的原因，很多专业性信息应用系统分属于不同的管理部门，其指标、技术和接口都不尽相同，网络信息资源基本处于点、线管理状态，不同系统在其内部的资源共享比较顺畅，但跨部门横向数据相互融合程度低，资源互通比较困难，比较普遍地存在信息孤岛。网络资源的点、线、面共享应用不畅对智慧社区的整体提升具有较大的阻力，不但影响居民的实际应用体验效果，也影响政府在社区治理中的投入和角色定位，增加了社区治理的各项成本。

（4）民众参与不够。社区居民是社区管理服务的对象，也应是社区建设的参与主体之一，对提高社区管理水平、社区建设、社区规划等负有相应

的责任和义务。在实际情况中，居民参与度较低，部分居民热情不高，特别
是对社区相关事务、社区管理建设等参与度更低。总体上居民参与的广度和
深度都有限，主要原因可能是社区居委会平时不会或者很少召集居民或居民
代表就社区管理中的规划、存在的问题与改进的方向举行相应的会议，居民
参与更多是局限于居委会组织成员的选举、文娱活动、社区治安等公共事务
的运作，对社区的整体建设及规划、管理政策制定等政治事务很少参与。在
社区管理中，居委会很少给居民参与社区管理建设提供多种渠道和平台，居
民也难以表达自身需求进而不会主动参与社区的事务管理。社会组织参与社
区管理，可以弥补政府力量的不足，也是贯彻落实科学发展观、构建公民社
会与建设和谐社区的基本要求。而更多时候社会组织是以服务出售方的角色
存在，较少参与社区管理和社区建设，积极性不高。

3. 区块链在智慧社区中的应用

（1）构建智慧社区管理平台。区块链技术具透明性、可追溯性，无须
第三方担保即可实现主体互信和自组织，基于可靠信息交换和合理利益分
配，实现主体分布式协同发展。围绕社区热点话题和居民需求等议题，多
元主体通过强化沟通的及时性，实现社区知识共享。区块链系统有效解决
了信息不对称问题，重塑社区食品药品信息追溯机制，完整记录和实时监
控产品流通全过程，并快速反馈，保证产品流通和系统运行的安全可靠，
并借力智能合约，强化交易公平性。区块链的分布式账本和共识机制等，
保证了数据不可篡改，助力构建科学化的记录认证平台和公平化的监管
机制。

（2）重塑社区主体互动机制。区块链技术将重塑社区治理的主体互动
机制，推动多元主体由分散多中心向协同分布式转变。基于资产管理区块链
系统，实时共享资产配备情况，如存量、需求等，助力资产生态化调度，并
通过区块链接关系，保障资产使用公平性。采用智能合约，实时挖掘和甄别
居民需求，并自动执行，以提供个性化、针对化、公平化的社区公共服务。

同时，引入市场机制，充分调动市场运行积极性，催生更加多样的产品形态和商业模式。

（3）实现物流、资金流和信息流的深度融合。社区治理区块链系统是集成理念、信息和价值的综合网络，实现物流、资金流和信息流的深度融合、多向流动，推动社区创新发展。在信息属性方面，区块链基于集体维护，通过治理数据的高效采集、传输、交换和反馈，保障信息的准确无误、可靠存储、不可篡改和隐私保护。在价值属性方面，通过社区虚拟货币结算、资金筹集及社区众筹等，实现无须第三方信任的价值流可靠准确计量，催生新型价值链。在理念属性方面，综合集成分布式系统、共识机制、认证体系和智能合约等，突破传统信任壁垒，推动社区命运共同体构建。

（四）智能安防

1. 智能安防现状

智慧安防是充分运用大数据、云计算、物联网、人工智能等新兴技术手段，根植于安防工作，打造基于"一张图""大数据"的水电气的安全预测、预警、预判和基于摄像监控的安全监测指挥平台。在安全防范方面实现小区自我管理、安全工作智能监督，业主共同参与的有机融合。在安全隐患应急处置方面实现人员配置上的合理化布局、指挥层级的上下贯通，使安全隐患防控水平得到整体提升。

目前，我国整体安防智能化水平还处在初级阶段，安防智能化还主要表现在前端的设备产品的某些智能功能，以及一些配备智能分析的网络视频录像机（NVR）、硬盘录像机（DVR）和后端的智能分析平台系统。2018年，我国安防行业总产值为7183亿元，我国智能安防渗透率约为5%，市场规模为359.2亿元。2012—2018年市场规模年复合增长率高达26.8%，2019年我国智能安防市场规模约为455亿元。

2．智能安防存在的问题

（1）终端设备安全问题。在智能安防系统中，各种接入的终端结构往往
比较松散，没有对终端进行统一管理和认证的机制和接口，在操作系统设计上
缺乏有效的安全策略，在终端存储空间、计算能力的限制下，运行过程中会存
在安全隐患，终端设备易成为攻击对象，包括物理攻击、伪造或假冒攻击、
信号泄露与干扰、资源耗尽攻击、隐私泄露威胁等，由单个终端节点导致的
安全风险损失不可估量。

（2）数据安全与共享问题。目前，很多智能家居设备的远程控制，
都是基于口令认证。伪造或者被恶意控制的设备使得上报数据真实性降
低，而设备接收远程指令很容易遭受攻击或伪造，安防机制非常脆弱。而
且，各个平台系统数据开放性低，彼此之间共享度低，所以很难开展多维
数据融合分析。海量视频数据与特征数据的安全性也是安防行业面临的
问题。

3．区块链技术在智能安防中的应用

（1）实现信息跨组织实时共享。目前公安系统非常重视设备基础信息
建档工作，设备联网前必须通过"一机一档"系统进行建档备案，各地严格
遵照"不备案不联网、要联网先备案"的建设原则推进视频图像监控联网共
享。社会资源接入平台、视频监控共享平台、视频监控联网平台、多维信息
接入平台、时空大数据平台、涉及视频调阅的各类应用系统等都要定期按需
同步设备建档信息，一般采用推拉的方式进行数据共享，由"一机一档"系
统进行信息发布和分发，彼此之间定时批量对账，对于有时效性要求的信息
难以达到实时共享。区块链分布式存储能够保持各个节点数据的一致性，实
现信息共享。每个区块写入设备建档信息、上个区块的哈希值和本区块数据
包的哈希值，构成链式结构。由于联盟链数据写入和同步更新比较快，能够
很快保障各节点的数据一致性，实时的问题可通过区块链的P2P技术实现，

利用区块链的不可篡改和共识机制可构建一条安全可靠的信息共享通道，实现各个系统平台间的设备建档信息数据的共享交换，同时采用联盟链的实现方式，设备建档信息的维护更新就更加容易可控。同理，运维管理系统也涉及设备厂商、运维单位、建设单位、使用单位等，同样也可以采用区块链技术来实现运维信息的共享。

（2）终端设备互联互认。区块链为去中心化数字身份提供了一种全新的技术路径。利用区块链为终端设备间形成统一、共识、可识别的协议，终端设备经由分布式管理完成多级互联互认，进而安全通信，实现不同安防的场景联动、状态联动。基于多节点共识机制，依据可变的智能合约进行通信，有助于保障智能终端的安全防护。

（3）解决视频监控的安全隐私问题。日常生活中，涉及隐私安全的事件时有发生，视频监控数据的安全隐私问题一直是智能安防面临的重要问题。区块链技术利用块链式数据结构来验证与存储数据，利用分布式节点共识算法来生成和更新数据，利用密码学的方式保证数据传输和访问的安全，利用由自动化脚本代码组成智能合约来编程和操作数据，确保了数据在中间过程不被人为拦截，保证了数据传输的安全性。应用区块链技术解决视频监控的安全隐私问题，系统遭受黑客袭击的概率下降，因此区块链系统要比传统系统更为安全稳妥。通过区块链技术，可以基于密码学以及签名机制对视频监控设备之间进行安全认证，方便物联网各个节点之间建立信任关系。通过智能合约的形式，可以规定监控设备访问权限。使用分布式区块变动的授权，保证授权的策略能够有效安全地执行，提高设备和联网的安全性。

（4）区块链技术解决安防数据孤岛与数据泄露。数据孤岛、信息泄露对于业界而言已经成为安防行业发展的重要障碍，而区块链等新技术的出现可以为安防行业解决这些问题。在传统安防体系中，各平台系统数据开放程度低，很难开展多维数据融合分析。以人脸识别为例，单纯依靠算法、算力来提高识别准确率是不够的，还需要利用包括定位、车辆在内的大规模多模态的数据整合才能实现追踪与分析目标的目的。而区块链的去中心化、数据不可篡改、永久可追溯等特性，可以通过全网的分布记账、自由公方和数据垄断方的共赢，让安防数据信息在短时间内发挥出更大作用。

（5）区块链技术实现监控数据防伪防篡改。随着人脸数据的应用越来越广泛，前端智能设备的种类和数量越来越多，对数据从前端产生到加工应用的全链条数据对账提出严峻的挑战。以某省人脸大数据应用为例，人脸数据从前端摄像机生产，经过县、区级接入网关送入市级视频专网平台，通过前、后置机摆渡进市级公安内网平台，再推送到省级公安网平台，省级平台将接收后的数据送入视频图像信息数据库进行存储、视频图像解析系统进行人脸建模、特征提取等智能化处理工作并同步到视频图像信息数据库。

各个环节都涉及数据对账，如何有效保障各环节数据的一致性和及时性，区块链技术就是一种有效的解决方式。在人脸数据路由的每个环节生成一个区块，区块中包括当前环境的接收数据和发送数据、本区块的哈希值和上一个区块的哈希值，形成链式关系。一旦任何一个区块数据发生了变动，后面相连的区块数据哈希值都会有变动，区块链能够及时发现数据被篡改，从而认定数据无效。同时区块数据对授权节点用户可视，能够实现全环节的数据质量监控。区块链技术能够实现对视图数据的有效范围控制。一般重大突发事件发生时，公安视频监控数据未经授权流入互联网的事件也时有发生，对公安执法公信力造成困扰，影响案件的推进效率，造成不良的社会影响。在现有的各级视频监控系统中，应用区块链技术能够有效避免此类事件的发生。将视频下载相关数据（包含点位经纬度信息、点位名称信息、时间戳信息、点位设备编码、下载人员名称等）打包进一个区块中，每个区块包含上一个区块数据包的哈希值和本区块数据包的哈希值，形成链接关系，将区块链数据同步给所有节点。由于视频下载的人员比较多，对区块数据确认效率提出了较高的要求，而公有链的数据写入效率无法满足行业的应用需求，联盟链的执行效率比较高，可以完全满足现有的全网范围区块数据的确认同步需要，成为必然之选。此外，依托区块链技术的防伪防篡改特性，还能够实现前端接入的准入控制。目前公安行业客户接入设备众多，针对非法接入联网（比如更改为设备IP、假冒设备接入网络）情况，缺少有效的监管手段，为有效规避第三方设备的接入风险，可对每台设备分派唯一的身份证明编码，将身份证明编码数据写入区块中，采用区块链的防篡改特性能够及时发现假冒非法接入情况。

（五）智慧园区

1. 智慧园区现状

智慧园区是园区信息化的2.0升级版本，是智慧城市的重要表现形态，其既反映了智慧城市的主要体系模式与发展特征，又具备了不同于智慧城市发展模式的独特性。

智慧园区逐渐成为地区招商引资、储备人才的重要途径。我国社会、经济还处于快速发展阶段，园区正向着智慧化、创新化、科技化的方向转变。智慧园区利用各种智能化、信息化应用帮助园区实现产业结构和管理模式的转变，提升园区的市场竞争力，促进以园区为核心的产业聚合，为园区及园区的企业打造经济与品牌双效益将成为应对新一代园区竞争的有力武器。

智慧园区是城市发展产业，是增强经济实力的重要平台，同时也是壮大地域经济、城市转型的有效载体。经过多年的发展，园区的传统发展模式也难以为继，迫切需要智慧化建设来实现转型升级。

2. 智慧园区存在的问题

目前国内各类园区虽然进行了相关的智慧园区规划和系统建设，但是主要满足的是招商引资需求，对于入驻企业的进一步发展、园区整体的长期可持续运营方面考虑不足，主要体现在以下几个方面。

（1）园区定位及发展方向不够明朗。以聚人气、完成招商目的的战略决策无法对园区的长期可持续发展负起责任。因此大部分智慧园区难以突出有特色的智慧化。大部分园区运营商仍然只提供基本的无线网络、宽带、数据中心等基础设施建设，入驻企业自行完成围绕新技术的自有信息系统，以确保自身数据和知识产权的安全，园区管理平台和入驻企业平台互动空间不够，沟通效率较低。

（2）信息资源完全公开和共享困难。智慧园区实现了统一信息化平台集中控制方式，但实际上业务系统都采用封闭运行的模式，软硬件各个系统相对独立，数据库也相对独立，不能实现信息资源完全公开和共享。

（3）管理方式和管理职能有待完善。智慧园区运营主要体现在园区安防、园区消费等几个基本方面，没有覆盖到园区节能管理、空间管理、建筑管理等有助于园区可持续化发展的领域。在管理方式上处于被动状态，管理职能不够透明高效。

（4）服务范围有待扩大。园区服务对象主要面向园区运营商，智慧园区平台由于无法从技术角度解决信息来源的可靠性、技术成果的归属性、信息发布方的公信力等问题，入驻的中小型企业缺乏企业信息资源共享、发布、招商引资、科技成果转化平台方面的服务。

3. 区块链技术在智慧园区中的应用

（1）区块链技术搭建去中心化平台。基于区块链技术运用云计算、物联网、自动化控制、现代通信、音视频、软硬件集成等技术，整合园区安防、消防、通信网络、一卡通、信息发布、管网设备能源监控、停车管理、自动化办公等十多个系统到区块链打造的统一去中心化平台，每个系统既可以独立运行，又可以通过区块链技术的应用保证数据和信息在权限范围内的互联互通；根据运营实际情况进行参数积累、习惯性分析报表、决策分析报表、多方信用核证等系列的智慧化应用，推动园区智慧化程度上一个新台阶。

（2）区块链预言机服务。区块链预言机是指利用区块链技术的智能合约特性，在公有链应用中建立一个数据逻辑判断机制，通过区块链内外的数据连接，将人们在链内生成的数据与逻辑判断关联，产生需要的结论。可以为智慧园区的运营管理、甚至更广阔的社会、民生应用提供更真实的数据服务，这个过程即为区块链预言机服务过程。

（3）平台管理自治化、透明化。区块链的信息记录对全网节点是透明的，更新操作对全网节点也是透明的，这是区块链系统值得信任的基础。由于区块链系统的开源、开放规则和高参与度，搭配以云计算平台、后台管理系统，采用基于协商一致的规范和协议，使整个系统中的所有节点能在去中心化的环境自由安全地完成整个管理平台对所有系统的管理功能，把对个人或机构对平台的维护依赖转变为对整个治理体系的信任，人为干预降到最低，可以从根本上杜绝"信息孤岛"。

（4）信息开放共享、不可篡改。区块链技术搭建的系统是开放的，除了数据直接相关各方的私有信息被加密以外，各个系统分控中心、领导管理终端、员工业务终端、客户登录终端、显示终端、报警前端等，根据不同的权限分配不同的管理模块和汇总查询结果，同时提供智能化分析报表等，实现在平台上进行工作和园区管理的信息交互、信息共享、参数关联、联动互动、独立共生。区块链系统的信息一旦经过验证并添加至区块链后，就会得到永久存储，无法更改，入驻企业的成果转化、知识引进等涉及IP的内容可以通过区块及上链的方式得到充分保障。

（5）服务功能合约化更智慧。智慧园区统一服务平台核心是为园区客户提供及时、多样、个性化的招商引资、物业管理、企业办公、人才服务等有助于园区经济提升、留住人次的全方位专业系统化的服务。由于采用了区块链技术的智能合约特性，企业注册、缴税、政策咨询、人力资源、教育培训等服务可以缩短2/3的时间，且服务流程可追踪、可回溯、可记忆，保证客户再次使用该服务时，提供更个性化和便利的智慧化服务。

第三节

区块链提升社会治理能力

一、公共安全管理

（一）公共安全管理发展现状

公共安全是人们正常的生活和生产的秩序状态，公共安全管理是对这种秩序状态的保持和维护，对打乱该秩序状态的各类事件的应对、对事件后果的消除以及对秩序状态的恢复的全过程。近年来，国内自然灾害、疫情、火灾等各类公共安全事故频发，不仅给民众造成巨大经济损失和精神损失，也引起了不同程度的公众不安，导致公共安全问题日益尖锐，受到社会的广泛关注。因此，加强公共安全管理，预防和减少各类公共安全事故发生，保障民众生命健康和财产安全，促进社会和谐健康发展成为当前亟须解决的任务。

1. 我国政府尚未明确公共安全职能定位

我国目前缺乏权威的公共安全管理机构，目前的公共安全管理体系是一种分行业、分部门的分散性管理体系，公共安全管理部门条块分割现象比较严重。随着公共安全事件的综合性和跨地域性日趋明显，危机处理中所涉及的部门越来越多，仅依赖于各级政府现有的行政设置，成立一个临时性的领导小组来协调相关部门的工作已不能满足现代化公共安全管理的要求。

2. 公共安全管理水平技术偏低

公共安全管理技术在管理实践中扮演着重要的角色。我国目前的公共安全管理技术还比较低。在决策上，经验决策占据了主导地位。公共安全管理的非专职化也使得决策和管理不能满足特殊要求，难以进行有效的管理。另外，我国绝大多数地方还没有建立公共安全信息管理系统，信息搜集、传送和处理机制不够健全，使得政府存在过分依赖行政系统内部信息搜集、传送、处理机制的问题，缺乏外部信息来源。在这种情况下，有些基层组织很可能从自身利益出发对公共安全信息进行"裁剪"，出现谎报、瞒报现象，信息被严重扭曲。在硬件设施上，绝大多数地方政府还没有建立公共安全管理信息网络，很大程度上影响了公共安全风险监测，政府难以及时获得有效信息、发布管理信息、采取及时的应对措施。

3. 政府主导，社会参与不足

政府主导一直是我国政治、经济、文化、社会等领域发展的典型特征，加上我国公民社会发展先天不足，社会参与公共事务管理的水平普遍较低。这在公共安全管理中主要表现在以下两个方面。

（1）社会参与公共安全管理的环节比较简单，参与规模较小，参与方式比较单一。主要采用捐款、捐物的方式来对事发地方的人民群众进行支援，与非政府组织的总数量相比，参与比例偏低。此外，几乎没有非政府组织和公民个人积极参与日常管理活动。

（2）社会参与比较被动，主动性不够，大部分的社会参与是政府通过政治动员和行政动员的方式组织起来的，行政命令占据主导地位。社会力量参与公共安全管理不足，不但加重了政府自身的负担，而且极大地影响了政府在公共安全管理中核心作用的发挥，降低了公共安全管理的效果。

（二）公共安全管理存在的痛点

随着信息化的飞速发展，政府作为维护国家和社会公共安全的主管职能部门，在不断推动公共安全管理持续创新发展。在信息化建设背景下，公共安全管理工作正在由人力模式迈向数据模式，利用信息化资源，加强公共安全数据采集，促进公共安全管理工作的有序健康发展。我国各级政府、社会组织和学术界对公共安全管理日益重视与关注，公共安全管理机制的建设有利于完善相关工作制度，推动公共安全管理工作向规范化、系统化、高效化和科学化方向发展。经过多年发展建设，我国如今的公共安全管理能力虽然已有显著提高，但对公共安全信息化的认识还不够充分，公共安全管理工作体系还面临着巨大的挑战，在公共安全管理信息化实践工作中，需要对其中存在的突出问题进一步研究，而当前国际形势以及自然形势不乐观的背景，也对公共安全管理的能力提出了更高的要求。

目前，我国公共安全管理中存在的痛点突出表现在三个方面：一是自然灾害预警机制及疫情预警机制缺乏灵敏度，容易造成灾情防控工作延误。二是灾情数据共享不足，各渠道数据不能及时整合，各部门难以统筹协同，影响灾情防控效率。三是灾后物资调配及发放体系不完善，物资缺乏统筹管理和跟踪，灾情物资出现挤占或挪用现象，影响灾区及时获取物资，影响社会公众共同抗击灾情的信心。

（三）区块链技术在公共安全管理中的应用

区块链技术与公共安全管理的结合，能够解决管理效率、救援物资调配、救援资金结算等难题。重大灾害的救援是一个"复杂巨系统"，灾害发生后的受灾人员、政府、企业、志愿者都参与救援，大量人员、物资如何有效调配是公共安全管理的关键。作为一种新应用模式，区块链具有分布式数据存储、点对点传输、共识机制、加密算法等计算机技术的优势，提供了一个可以让多方来参与维护的、一致的、可共享但不可篡改的分布式数据库，增强了透明度、安全性和效率。区块链技术要发挥作用的基础是统一的灾情指挥信息系统平台，其与指挥通信系统、视频会议和监控系统、大屏幕显示等集成在一起，构成了灾情指挥中心的核心功能。区块链技术是去中心化的技术，而灾害发生也是无中心的事件，去中心化的区块链技术结合无中心的灾害事件，应用于中心化的公共安全管理工作，可以大大提高效率。在灾害救援方面，区块链技术有利于解决物资、人员的调配等关键性难题。

由于公共安全管理本身的分散性、多方参与性和突发性等特点，传统的管理手段和工具显得力不从心，而区块链技术作为一种基于分布式账本管理、去中心化的数据可信任的技术，天然契合公共安全管理分散性、多方参与性和溯源的要求。因此，积极利用区块链的技术优势，将区块链技术应用在公共安全管理的各环节中，可成为进一步完善我国公共安全管理体系、提高公共安全管理效率的有效途径。

1. 区块链助力灾情监测及预警

灾情监测及预警是指在大规模自然灾害或疫情发生前，对数据进行日常采集上报、汇总整合及分析识别，并基于分析结果在存在爆发风险时提前预警并及时响应。因此，稳定的监测和及时的预警，在灾情发生初期对灾害防控及公共安全管理工作的决策及部署至关重要。"非典"疫情和汶川大地震之后，国家的公共安全管理能力大幅提高，自动化预警及防灾减灾能力也达到国际水平。但在公共安全事故开始前，部分信息仍未得到及时上报及关注，造成错失前期灾情防控的最佳时机，严重威胁民众生命健康。我国目前已建立灾害自动预警与响应机制，但在实际应用过程中仍存在上报审批流程长且存在人为干扰、数据不能公开共享及中心化决策机制时效性差等问题。

在灾情监测及预警环节，应用区块链技术，可构建多层级灾情数据上报及同步网络，提升数据共享和同步的速度，建立突发灾情大数据采集和实时预警自治能力，提高全国灾情监测及预警的及时性和有效性。

（1）基于区块链，建立分布式、点对点的多层级灾情报告数据共享网络。建立多层级国家防灾链，纵向上实现国家、省级、地级、县级、乡级行政区灾情数据共享，横向上实现跨区域的灾情数据同步及交换，为国家统筹监测、预警和控制灾情提供数据基础和决策依据。

（2）利用区块链，结合大数据和智能合约，实现基层灾情数据分析及预警能力。基于链上实时同步的灾情数据，建立大数据条件分析模型，在国家及各层级均实现灾情自动预警能力，结合智能合约，实现基层自动实时预警，不再单纯依赖国家级中心化决策，提高灾情应急管理决策时效性。

（3）借助区块链，建立透明开放且无法篡改的灾情上报机制及追责体系。灾区工作人员直接在链上提报灾情数据，为上级部门管理及社会透明化监督提供数据依据。当需要进行灾情追责时，可在区块链上进行数据溯源，形成完整的、防篡改的责任链条，极大增强政府的公信力，为灾情防控提供明确的追责依据、坚实的群众基础。

2. 区块链助力灾情信息协同与公开

灾情信息的协同与公开包括灾情信息的快速采集、整合共享及实时公开。面对灾情，有效的灾情追踪、多方数据整合及对整个社会的实时信息公开等都是灾情公共安全管理工作的重要组成部分。2020年的新冠肺炎疫情面临的一大难点是疫情在春节期间暴发，大量流动人口难以精准定位及隔离，造成病毒迅速蔓延，为后续的疫情控制工作造成巨大的困难。由于缺乏部门间的数据整合，对感染者密切接触人员的追踪，大量依靠在社交平台上发布寻人启事。当事人为自身安全故意瞒报接触史时无法定位，造成同行者感染风险增加。此外，由于信息碎片化及可信度不足，在共同抗疫的过程中，社会上谣言四起，引起民众恐慌。

在灾情信息协同与公开环节，应用区块链技术，可将政府各部门间的数据进行安全共享，打破系统间的信息孤岛，提升灾情公共安全管理工作的执行效率。

（1）利用区块链，结合"城市大脑"，进行多渠道数据整合，实现多部门协同推进灾后重建工作。基于已有城市数据，运用区块链汇总整合灾情重点关注人员、最新灾情数据、资源调度等各类灾情信息，打通各部门间的"数据"，建立统一的灾情防控指挥中心。

（2）借助区块链，进行灾情数据及信息的实时公开，及时破除谣言，稳定社会抗灾信心。

建立区块链灾情监测平台，实时追踪灾情进展情况，对相关灾情数据进行上链登记，实现数据不可篡改、可追溯。将各级政府和高校等公开灾情信息与应对措施信息、各地舆情信息上链存证，并构建灾情数据公开质量，客观完整地还原灾情发展现状，缓和群众恐慌的情绪。提供经官方验证的控灾手段，为科学控灾提供舆论支撑，防止谣言滋生。

3. 区块链助力灾区物资调拨、捐赠及发放

灾区物资的调拨、捐赠及发放包括对社会各界人士的物资及善款捐赠管理，以及进行及时的调拨和发放。面对突发灾情，应急物资调配的及时性直接影响灾区民众及救援人员的生命健康及防控工作的顺利展开。在灾情防控的过程中，灾区物资的慈善募捐管理及物资分配管理可能会出现问题。例如，新冠肺炎疫情暴发后，社会各界积极捐赠，然而物资却一再告急。慈善物资捐赠及发放过程不够公开透明，造成慈善机构公信力不断下降。此外，现有灾区救援物资管理体系尚不健全，面对大量、多点且弥散的物资捐赠及发放需求，各部门之间难以进行信息整合及统筹协调，造成资源浪费，管理效率低下。

在灾区物资捐赠及发放环节，应用区块链技术，在保证数据真实可信且不可篡改的前提下，实现全流程、多领域数据整合共享，提高救援物资调拨效率，提高慈善机构公信力。

（1）基于区块链，实现灾情救援物资全过程追溯，提升救援物资调拨效率。建立物资捐赠管理溯源区块链平台，通过多环节数据同时上链，实现救援物资从物流、仓储、分发到派送的全过程追溯，使需求方有方便快捷的需求发布平台，捐赠方得以顺利完成物资捐赠，确保物资及时到达灾区。

（2）利用区块链，进行灾情救援物资管理各部门间数据整合，实现物资调拨统筹协同。通过将包括慈善组织、政府部门及物流公司等机构在内的全部门相关信息上链，实现部门间的信息共享和相互协同，便于统筹协调，提高救援物资运送效率。

（3）借助区块链，提高慈善捐赠透明度和慈善机构公信力。利用区块链公开透明、不可篡改的特点，保证链上机构身份可信，责任主体清晰。捐赠物资的物流信息、总量信息、调配情况、分发情况全程记录上链，多点存储。如果出现捐献物资挪用等情况，全过程数据均可追溯，接受公众监督，促进相关机构自觉守信，提高自身管理能力。

二、基层社会治理

（一）基层社会治理现状

基层是社会治理的基础和重心。党的十九届四中全会《中共中央关于坚持和完善中国特色社会主义制度、推进国家治理体系和治理能力现代化若干重大问题的决定》中提出坚持和完善共建共治共享的社会治理制度，强调构建基层社会治理新格局。随着经济社会改革的深入推进，基层群众制度地位显著提高，基层治理在民主制度建设、基层保障条件以及基层民主协商等方面取得长足的进步，基层社会治理实践取得令人瞩目的成就。

1. 基层民主制度建设取得成效

基层民主制度建设在民主选举、民主决策、民主管理和民主监督等方面取得长足的进步。一是相关法规政策的制定和完善使民主选举正常有序进行以及实施方式的多样化。修改和完善的基层组织法律法规，促使基层民主选举的规范化；基层党组织"公推直选"的大力推行，推动基层组织选举的制度化和程序化。二是民主管理的内容不断拓宽。由传统单一的民主选举向民主选举、民主管理、民主决策转变；从办理基层组织内部的公共和公益事务、协调基本的民间纠纷扩展到发展多种经济合作，协助基层政府完成基本的公共事项；全国约98%的村制定各自的村规民约，村民加深对基本的民主管理的认识，实现新型农村社会生活共同体的建设。三是民主监督扎实稳步推进。基层组织普遍实现政务公开制度，定期及时公布基层事务；述职、问责机制逐步完善，基层干部廉政建设取得了很大的成效。

2. 基层保障条件显著改善

一是国家实施的大学生村干部政策，推动农村干部队伍呈现年轻化、专业化的趋势。大学生村干部政策的实施促使一大批优秀的高校毕业生到基层就职，改善农村两委班子的人员构成，为农村两委班子建设注入新的生机和活力，进一步提高基层干部队伍的素质。大学生村干部用自己的专业知识为基层发展提供新的增长点，丰富基层民众的物质文化生活。二是基层基础设施条件不断完善。随着农村经济社会改革的逐步推进，在实现基层民众物质需求的同时，民众的精神文化需求也得到了满足。

3. 基层民主协商本土特色凸显

基层协商民主在实践中凸显了传统优势和鲜明的本土色彩。在基层民主制度的基础上，基层各种政治力量大胆探索各具特色的协商形式，各地结合实际研究制定基层协商民主实施的具体办法，多元主体共同治理，让基层群众对民主选举、民主决策、民主管理、民主监督都充分酝酿、讨论协商，提升基层民主的质量，增强基层群众民主参与效能，有事共同商量已经在农村蔚然成风，基层协商民主特色不断发展。

（二）基层社会治理存在的问题

1. 社区事务参与度不够

社区是沟通党和政府与人民群众的桥梁和纽带，单靠社区组织和政府的力量是不能长久的，需要社会组织和社区居民等多方力量共同参与。社区居民是社区管理服务的对象，也应是社区建设的参与主体之一，对提高社区管理水平、社区建设、社区规划等担负相应的责任和义务。在实际情况中，居民参与度较低，部分居民热情不高，特别是对社区相关事务、社区管理建设等参与度更低。总体上居民参与的广度和深度都有限，主要原因可能是社区居委会平时不会，或者很少召集居民或居民代表就社区管理中的规划及存在问题与改进的方向举行相应的会议，居民参与的活动，更多是局限于居委会组织成员的选举、文娱活动、社区治安等公共事务的运作，对社区的整体建设及规划、管理政策制定等政治事务很少有人参加。在社区管理中，社区很少给居民提供参与社区管理建设提供多种渠道和平台，居民也难以去表达自身需求进而主动参与社区的事务管理。

2. 基层干部监督力度不够

对基层干部进行监督是群众的基本权利，但长期以来，基层社会中存在同级监督、上级监督落实不到位的情况。同级监督方面存在的问题主要是村民自治制度落不到实处、村民会议走过场等，基层的民主生活往往流于形式，开展真正意义的批评很少，干部之间很少触及实质性和深层次的问题。上级监督落实不到位，很大程度上是由于对基层干部权力监督的认识不到位或者对于上级监督的意识比较薄弱，部分基层机关干部反映的问题，包括检举揭发性意见，往往难以从正常渠道听到，即使是信息来自正常渠道，往往是一些匿名信或只言片语的反映，一时难以辨明是非，或澄清事实。由于基层干部监督工作不到位，群众合法权益得不到保证，所以有些群众为了解决问题就会选择一些比较极端的手段，如诉讼、信访、向媒体曝光、举报等，这不仅会在全社会形成非常不好的影响，甚至在发生群体性事件以后给国家和人民带来损失。

3. 基层民主选举程序不规范

基层民主选举是基层群众自治的重要内容，对于民主决策、民主管理和民主监督以及整个基层民主自治都产生基础性影响。然而，在基层民主选举过程中也存在问题。一是选举结果的统计过程不受大众监督，选举结果容易被恶意篡改；二是投票人隐私无法得到全面保护，投票人投票存在风险，不能公平公正合理地投票；三是投票的过程不可追溯，如果出现恶意刷票、数据安全、隐私泄露等现象，只能重新进行投票，增加时间等成本。这些问题导致基础民主选举的公信力缺失，群众利益难以得到有效的表达，程序趋于形式化。

（三）区块链在基层社会治理中的应用

1. 搭建共享社区与身份链

在运用区块链技术实现基层社会治理创新的过程中，可以充分发挥区块链技术的优势，建立共享社区，引导广大基层群众积极参与社区建设、基层社会治理工作，以自治的方式获得更优的基层社会治理成效。例如，为解决基层社会治理中的身份认证问题，可以通过应用区块链技术搭建智能多功能身份认证（IMI）平台，在政府现场实名认证的基础上，依托区块链技术安全可靠、不允许随意篡改和抵赖、可溯源等技术特点，居民个人可直接掌握控制自身数字身份的权利。如居民可通过直接在其移动智能端中下载共享社区应用软件，利用连接共享社区应用软件的智能多功能身份认证（IMI）平台，正确键入自身身份证号和姓名，并利用平台的人脸识别功能在线进行人脸识别，在人脸信息与其输入的身份信息完全对应下即可快速、精准完成身份认证。居民可进入到共享社区应用软件功能页面中，根据其自身实际需要，获取所需服务与资源。另外，基层社会治理将居民诚信作为其根本核心，在运用区块链技术建立共享社区的过程中，每一位居民都有且仅有一个身份链身份证明与之相对应，居民在各项生产生活行为中产生的诚信痕迹、诚信积分等信息均与该身份链身份证明相对应。

2. 创新基层监督模式

依托区块链建立跨地区、跨层级、跨部门的监管机制，有助于降低监管成本，打通不同行业、地域监管机构间的信息壁垒。当审计部门、税务部门金融机构与会计机构之间通过区块链技术实现审计数据、报税数据、资金数据、账务数据的共享时，数据造假、逃避监管等问题将得到有效解决。例如，江苏省率先开展"三资"监管领域"链上治廉"。"三资"监管链利用分布式账本，按加盖时间戳的方式进行有序"记账"，将原来散落在各个系统的数据统一进行链上存证，所有数据一经上链不可篡改、全程留痕，由"三资"集中经营管理部门、村（社区）共建共享。每个乡镇的"三资"管理情况全区可见，一旦填报数据不真实或是对已有数据进行篡改，便会触发警报，保证"三资"监管所有数据的真实性、完整性，实现对资产资源全生命周期的监督，进而形成完整的监督闭环。

同时，在区块链技术的作用下，各基层社会治理参与主体与政府间，可以形成畅通的信息实时共享、交互传输渠道，解决目前在基层社会治理中存在的信息不对称问题。而在依托区块链技术对基层民众个人基本信息以及包括纳税金额、银行违约次数等在内的各项信息数据进行同步记录的过程中，通过采用区块链技术的多签名权限管理功能，可有效避免民众信息被窃取或是恶意篡改。在切实保障公民各项数据信息安全可靠、落实好信息数据高效共享的情况下，利用基于区块链技术的共享社区与身份链，有助于实现精准基层社会治理。

3. 建立智能化基层民主投票机制

区块链技术的防篡改、去中心化和透明公开的特性，能够保证投票、决策、调查、评测等场景中的公平、公开、公正，避免投票等结果被外界干扰，让投票更可信。在公开透明的前提下，减少人为操控，保证投票的公平，让每一位拥有投票权的人都能自主行使投票权。在进行民主投票的过程中，所有投票的信息数据均会记录上链并同步到各节点，链上的智能合约写有投票时间、最低投票率和投票通过率等执行条件。投票任务触发后，智能合约根据链上数据，自动运行投票规则，判断投票结果，并生成投票文件，进行信息公示。整个过程无须人工干涉，任何一方也无法篡改投票数据、影响投票结果，从根本上杜绝了"暗箱操作"的可能性，增强了民主投票公信力。同时，区块链的可追溯性使参与投票的用户可以在线验证自己的投票结果，查看完整投票结果。

三、生态环境治理

（一）生态环境治理发展现状

随着经济社会的发展，人们对生态环境治理的关注度越来越高，对身边水、大气和土壤等环境监测越来越重视。根据国务院办公厅发布的《流域水污染物排放标准制订技术导则》《环境空气质量数值预报技术规范》《生态环境档案管理规范生态环境监测》《排污许可证申请与核发技术规范煤炭加工——合成气和液体燃料生产》等文件精神，积极推进生态环境治理领域改革，提供更好、更优质的生态环境治理服务，进一步规范社会环境监测机构行为，促进生态环境治理服务社会化良性发展。

在我国可持续发展的基本原则下，成立了专门生态环境治理的政府部门，也实施了一系列政策措施来最大限度地保护国内环境，全国持危险品废物经营许可证单位处置废物超过900万吨；深入开展整治违法排污企业保障群众健康环保专项行动，全国共出动人员270万余人次，检查企业107万余家，查处环境违法企业1万余家，挂牌督办环境违法案件2000余件，共排查重点行业重金属排放企业12137家，采取最严厉的措施整治铅蓄电池企业，80%以上铅蓄电池企业被关闭或处于停产状态，整治力度前所未有。环境保护部联合有关部门印发《生态环境保护人才发展中长期规划（2010—2020年）》，积极协调财政部支持，对面积50平方千米以上的优质生态湖泊进行重点保护。

在一系列政策实施下，部分地区的生态环境治理措施做得比较到位，局部环境有所改善，但在当下，我国的生态环境仍然不太乐观，总体还在进一步恶化，治理的脚步赶不上环境污染的速度。生态环境问题已成为阻碍我国经济发展的绊脚石，仍需加大对生态环境的力度。环境污染和生态破坏日益成为我国经济和社会发展的重要制约因素，我国生态环境治理工作虽然取得多项进展，但形势仍然非常严峻，主要分为以下两个方面。

1. 大气污染十分严重

我国大气污染属于煤烟型污染，以尘和酸雨（二氧化硫）污染危害最大，并呈恶化趋势。由于我国迄今尚未对燃煤产生的二氧化硫采取有效措施，而煤炭消耗量不断增加，造成区域性大面积酸雨污染严重。广东、广西、四川和贵州大部分地区形成了我国西南、华南酸雨区，已成为与欧洲、北美并列的世界三大酸雨区之一。

2. 水环境污染日益突出

我国的水环境污染以有机物污染为主，重金属等有害物质的污染在近年来得到较好控制，但依然不可放松治理力度。我国湖泊普遍遭到污染，重金属污染和富营养化问题十分突出。例如，2010年7月3日，福建紫金矿业的紫金山铜矿湿法厂发生铜酸水泄漏事故，事故造成部分水域严重的重金属污染，紫金矿业直至7月12日才发布公告，瞒报事故9天，致使当地居民无人敢用自来水。

（二）生态环境治理存在的问题

近几年信息化建设的提速和升级，从生态环境监测、生态环境执法、污水处理、垃圾处理、废气处理等工程建设，再到废弃物分类回收、绿色金融等带来了工作效率和监管治理双方面的提升，但传统的信息化建设存在系统功能单一的缺陷。目前随着全球经济的发展，全球气候发生了一定变化，土壤和水体都遭受到严重的污染，进而使得整体的环境处于失衡的状态，严重影响了自然环境的发展，威胁到人类的生存与健康，生态环境治理迫在眉睫，生态环境治理存在的痛点主要体现在以下4个方面。

1. 环境污染治理主体"单一化"

传统的环境污染治理模式主体较为单一，对环境治理的有效性产生了不利影响。在以政府为中心的传统环境污染治理体系中，政府部门掌握着大量信息，企业、社会公众资源较少，因此，信息和价值的流通受限于政府的权威机构，无法实现直接的互通，而单一的环境污染治理主体已经不能满足环境污染治理体系，无法形成环境补偿长效机制，加大构建生态文明制度体系的难度。

2．生态环境数据存在共享难、采集难等问题

随着生态环境治理工作更加细致化、全面化，环保数据呈现爆炸式增长的态势，在政府生态环境治理过程中，各部门之间缺乏沟通和整合，信息传递缓慢、失真，而应用系统不同、储存方式不同、处理要求不同造成数据之间存在差异，而由于数据标准和传输格式的不同，严重阻碍了环保数据信息互通和共享，形成"信息孤岛"。

现阶段政府管理人员较少，难以对企业进行实时有效地监管，在目前的环保监管中，无法保障生态环境数据源头是否可靠，政府难以了解到企业生产排污数据的真实情况。凭借互联网技术，环保行业存在着中心化、数据易篡改、企业间缺乏信任等问题，从而导致在处理繁杂的环境问题过程中出现漏洞，很难解决生态环境治理的问题。

3．环境污染数据存证难

环境污染所产生的数据具有实时性强、依赖电子介质、易篡改、易丢失等特性，在存证中面临一些问题。传统的存证方式有公证存证、第三方存证、本地存证等，这些方式本质上都是由一方控制存证内容，是中心化的存证方式。中心化存证下，一旦中心遭受攻击，容易造成存证数据丢失或被篡改。环境污染数据依赖电子介质存储，为了存储安全，经常需要使用多备份等方式，加之电子介质有使用寿命，因此存储成本较高。

4．企业排污权交易难

我国实行排污权交易制度，使污染物排放得到刚性约束，优化环境资源配置，目前已基本实现排污权需有偿取得。但目前排污权交易由政府主导，企业被动参与积极性不足，还存在初始排污权分配和出让定价方法差异大无法达成有效共识等问题。市场的参与度很低，导致部分企业有剩余量闲置，而部分企业急需得到排污权却无从交易。现阶段的企业排污权交易从指标测

算、许可证申请、额度出让、交易确权等业务流程上，有诸多需要跨部门、逐级上报的内容，其中人工操作和线下纸质化传递又是主要手段。业务环节可能会存在基础设施重复建设，数据资源使用效率不高，信息产业发展水平底等问题。

（三）区块链助力生态环境治理

从生态环境监测执法到水资源处理、垃圾处理等环境工程建设，再到绿色金融、废物回收、有机食品可追溯等相关数据上链存证后，账目不会丢失、数据无从更改，可信度显著提升、可追溯性大大增强、企业很难篡改数据，有助于消除虚报环境治理成果和监测数据造假等行为，有效赋能国家治理体系和治理能力现代化建设，推动供应链上企业开展污染治理，实现绿色转型。

1. 区块链助力环境污染治理主体多元化

利用区块链技术构建政府、市场、非政府组织乃至个人的透明开放的多元环境污染治理体系。政府在生态环境治理体系中不再占据唯一的中心地位，系统内各主体能够跨越传统信息中介的阻碍，实现直接的交互连通，生态环境治理权利、义务由政府、市场、非政府组织等多主体共同享有和承担，在明确生态环境治理目标和最大限度平衡各要素的情况下建立适当的合作机制，构建生态环境治理综合施策体系。

通过P2P技术和共识机制，在各主体之间形成一个去中心化的"自组织"，使不同的节点达成信任，有助于各主体之间形成良好合作秩序，进行有效沟通、对话，共同参与到环境污染治理过程中，形成共治格局，提高生态环境治理的有效性，促进生态环境治理主体从单一化向多元化转变。

2. 区块链助力生态环境数据收集，实现信息价值共享

利用区块链的防篡改、可追溯等特性，可以对生态环境状况进行完整的记录。在对以往环境污染问题总结的基础上，进行数据的关联融合、分析，可以找出环境潜在污染；将预警规则以合约条款的形式写入计算机程序当中，可以实现生态环境污染预警的智能化；建立污染记录数据库，把握污染发生的规律和缘由。利用去中心化、开放透明的特性，打破信任壁垒，促进生态环境治理的高效开展。

通过区块链"去中心化"特性可以改变当前环保数据壁垒和数据孤岛现象，综合林业、交通、水利等多部门的信息数据，信息加速流通，从而在政府内部建立起一种更加紧凑、扁平化的组织结构，上下级间距离缩短且关系更为密切，打破信任壁垒，提升政府生态环境治理能力。

3. 区块链助力生态环境污染数据存证

在生态环境环境污染证据生成时就可以将关键要素信息固定下来，通过区块链分布式、中心化无法修改的特性，可以保证在未来任意时间验证电子证据的原始性、完整性。区块链技术具有容错率高、难篡改、难抵赖、可追溯、系统稳定等特征，使用对等网络技术，每个节点都无差别储存一份数据，具有良好的崩溃容错；使用哈希嵌套的链式存储结构，保证每个区块的内容的更改都需要更改其所有后续区块，使系统数据安全，难以篡改；使用数字签名技术，记录每条数据的出处，不可抵赖；使用合理的数据模型，使每条数据的流转都可以追溯到起源；使用时间戳技术，对于每条数据的生成时间有明确认定；使用内置智能合约，对于每类电子数据自动识别和处理，减少人为干预。

4. 区块链助力企业排污权交易

依托区块链分布式账本、去中心化、不可篡改、可追溯、智能合约等技

术，为排污权交易与监管建设一个公开、公平、公正的可信平台，支撑并最终实现环境质量随经济增长而不断改善的目标。企业节点构建统一排污权交易层，以排污权交易为数字资产形态，实现排污权变为点对点交易，促进排污权交易更加市场化，从而使企业以提高排污技术来降低排污成本；环保监管节点以排污交易为基础，打造排污权的全流程追溯能力和全生命周期监控能力，实现对各企业的排污量进行实时监控与预测；结合市场化对排污治理、交易、监管等进行机制管理，促使企业更加积极地投入对排污技术进行完善，实现市场机制对排污进行管理，最终促使生态环境质量随经济增长而不断改善。

第七章

区块链
加快数字资产
发展

第一节

数字资产概述

一、数字资产的定义

1. 资产的定义和特征

国际上资产的概念先后经历了"未逝成本观""借方余额观""经济资源观"与"未来利益观"阶段。随着我国经济的高速发展，我国会计准则与国际准则实现趋同。2014年，我国新修订的《企业会计准则——基本准则》对资产的定义为"资产是指企业过去的交易或者事项形成的、由企业拥有或者控制的，预期会给企业带来经济利益的资源"，具有以下3个特征。

（1）由过去的交易或者事项形成的资源。资产必须是现实的资产，而不能是预期的资产。这里所指的过去的交易或者事项包括购买、生产、建造行为或其他交易或者事项。资产作为一项资源，其成本或价值需要能够可靠地计量。

（2）由企业拥有或控制。拥有或者控制，是指企业享有某项资产的所有权，或者虽然不享有某项资产的所有权，但能控制该资源。

（3）预期会带来经济利益。预期带来经济利益是指直接或间接导致现金和现金等价物流入的潜力。资产必须具有交换价值和使用价值。没有交换价值和使用价值、不能带来未来经济利益的资源不能确认为资产。

2. 数字资产的定义及特征

数字资产是指在网络空间中由企业或个人等主体拥有或者控制的、以数字形式存在的、预期能带来经济利益的数字资源。数字资产具有以下特征。

（1）数字资产由明确的主体拥有或控制。数字资产由个人、企业或者国家等主体拥有或者控制，主体拥有数字资产的所有权、使用权、管理权等相关权利，并且其权利能由数字技术提供保障。

（2）数字资产以数字形式在网络空间流转。数字资产与传统资产最大区别于是传统资产存在于实际物理空间，而数字资产存在于网络空间，因此数字资产都是以数字形式进行存储及流转。

（3）数字资产是能带来经济利益的数字资源。数字资产本质是能为主体带来经济利益的财富或者资源，没有交换价值和使用价值、不能带来经济利益的数字资源不能确认为数字资产。

（4）数字资产是主体在社会经济活动中创造的。数字资产不是凭空产生的，而是通过主体在社会经济活动中付出相应劳动、资本、技术，通过生产、购买等行为获得的。

（5）数字资产的价值是可计量、可拆分、可组合的。数字资产可以通过资产定价、计量等会计规则，并且其价值可进行拆分和组合。

二、数字资产的分类

按照资产金额是否是固定的或可确定的，数字资产可以分为货币性数字资产和非货币性数字资产。货币性数字资产，指在网络空间中可以固定或可确定金额的货币收取的资产，能立即投入流通，用以购买商品或劳务，或用以偿还债务的资产，包括法定数字货币、虚拟数字货币等数字货币。非货币性数字资产，指货币性数字资产以外的数字资产，在未来带来的经济利益，即货币金额是不固定的或不可确定的，如数据类资产、数字权益类资产等。

1. 数字货币

数字货币（Digital Currency）是在网络空间中以数字化的方式发行、转移、流通的货币，具有支付能力的货币，可用于真实或虚拟的商品和服务交易。随着信息技术在金融领域的拓展应用，数字货币在全球的接受程度不断提高、交易范围日益扩大，并引起了社会各界对其发展前景和运行模式的广泛关注。根据支付属性的不同，数字货币可分为法定数字货币和虚拟数字货币。

（1）法定数字货币。法定数字货币（Central Bank Digital Currency，CBDC）是由中央银行基于国家信用发行和调控，具有法定支付能力的货币，是纸钞的数字化替代。

法定数字货币的本质仍是中央银行对公众发行的债务，以国家信用为价值支撑。发行法定数字货币是传统银行制度创新发展，也是中央银行等监管机构执行金融政策及实施有效监管的现实需求。一是法定数字货币通过应用分布式记账技术，可以进行金融机构之间的支付结算，降低金融机构间支付和结算的成本，提升国家金融系统的运行效率。二是数字货币面向所有企业和个人，是对纸钞的替代或补充，能部分或全部代替现金的流通职能，可以降低货币贮藏、流通以及运输等方面的成本，有助于保持现行货币发行流通体系的连续性。三是法定数字货币可以对货币的发行、流通、存储等环节进全流程的追溯，从而深入跟踪分析货币需求变化及其驱动因素，通过货币流信息探知经济个体行为，从微观把握宏观，提高货币调控的预见性、精准性和有效性。

法定数字货币的发行流通体系是一国金融体系的关键组成部分，理论上有两种模式。一是中央银行面向公众的一元发行模式，即单层运营体系。央行跳过商业银行这个环节直接面向公众发行数字货币，并直接负责全社会法定数字货币的流通、维护等服务，市场交易主体可以直接在央行开立账户。在一元发行模式中，中央银行根据宏观经济形势及货币政策调控的需要确定数字货币的最优发行量，直接向公众发行法定数字货币。公众作为中央银行的直接债权人在中央银行开户，并通过个人数字钱包保管数字货币。二是中央银行通过商业银行发行货币的二元发行模式，即双层运营体系。中央银行面向商业银行进行货币发行和回笼，商业银行受央行委托向公众提供法定数字货币存取等服务，并与中央银行一起维护法定数字货币的发行及数字货币流通体系的正常运转。在该模式下，中央银行先将法定数字货币统一存放到发行库，在央行同意商业银行数字货币申请后，数字货币从发行库调入商业银行库，最终用户向商业银行申请提取数字货币，得到允许后进入用户的数字钱包。

（2）虚拟数字货币。虚拟数字货币是非中央银行发行的，在自有账户体系中计价、可作为支付手段，能以数字形式转移、存储或交易的货币，如Libra、比特币、以太坊等。

虚拟数字货币大多采用区块链和加密技术，实现了货币交易的去中心化、点对点支付、匿名交易、跨境交易等。虚拟数字货币可以分为算法类数字货币和资产锚定类数字货币。采用哈希算法的比特币、采用Scrypt加密算法的莱特币都属于算法类数字货，而Libra的发行机制是锚定主权货币，属于资产锚定类数字货币。

虚拟数字货币虽然有助于解决电子支付的信任问题，但非法定数字货币背后缺乏稳定的资产支撑，导致其价值不稳定、公信力较弱。在技术上也存在可扩展性差，无法承载大容量、高速率的货币交易等问题，不利于大规模的流通和应用。此外，去中心化的货币发行体系不受中央银行控制，金融监管机构难以对其进行有效监管，引发的自身投资风险或是非法交易会影响到国家金融的稳定发展。

因此，目前主要国家均对私人数字货币采取了相对严格或相当谨慎的态度，纷纷否定其法定数字货币地位，甚至采取一定的限制措施。在中国人民银行等五部委发布的《关于防范比特币风险的通知》中，明确指出比特币是一种特定的虚拟商品，在我国境内不具有与货币等同的法律地位。

2. 数据类资产

物联网、云计算、移动互联、智慧城市等新技术的不断涌现及其应用场景的丰富，加速了信息时代海量数据的产生。进入"大数据时代"，数据体量呈现爆炸式增长态势，全球开始关注并承认数据的重要经济价值。数据作为最有潜力的价值资产，必将给社会带来新的变革。

（1）数据资产。数据资产是指在网络空间中以数字形式存储、由个人或企业等主体拥有数据权属（所有权、使用权、收益权等）、经信息技术加工后能带来经济利益的可计量、可读取的数据资源，包含文本、音频、视频和图像等格式的数据。

在网络空间内以数字形式存储。借助互联网、物联网、人工智能、区块链、云计算、大数据等数字技术能够实现信息资源存储的数字化。数据需要一定的存储介质，占据网络的存储空间，这是数据资产的物理属性，数据的存储、交换、共享、流通等都需要物理属性的保障。

由企业或个人等主体拥有数据权属。根据不同的数据来源，数据资产的权属也有所不同。一是由企业或个人等主体在生产经营活动中产生的数据，数据的提供者具有数据的所有权。二是主体间接生成的交易数据信息，如网络交易平台、社交平台、自媒体平台等都收集了海量用户数据和市场数据，从中能挖掘出巨大的市场决策价值。三是主体通过大数据交易中心等平台外购的数据资产，企业拥有一定使用权或收益权，可以通过外购的数据产生利益。

能带来经济利益的数据资源。数据作为资产，要能够给主体带来经济利益。在不经过任何处理的情况下，现实中的数据常常是分散的、碎片化的，没法直接利用、产生价值。对这些"原料"状态的数据进行初步加工，最后形成可采、可见、互通、可信的高质量数据，就是数据资源化过程，本质是提升数据质量的过程，也主要体现为技术产业过程。类比于土地，就是土地整理的过程；类比于劳动力，就是提升人力资本的过程；类比于资本，就是改善资本结构的过程。从技术产业维度看，数据的资源化过程要经历数据采集、标注、集成、汇聚和标准化等过程。没有经过资源化提升数据质量的过程，后续的一切都无法实现。企业中拥有很多过去已发生的经济业务的历史数据，如果对企业决策的作用小，很难为企业带来经济利益，那这些数据就只能称为历史数据，而非数据资产。数据资产的价值体现在两方面。一是数据资产的内部循环，主要包括从收集之后开始的整合、分析、提炼、挖掘、保存等一系列活动，基于回归、分类、相关性、聚类分析等统计分析方法，发现数据中的规律和模式，创造有利于生产力发展的数据。二是数据资产的外部流通。数据资产就像其他一切有价值物一样，在组织或者个人之间产生流动，也可以被称为数据交易（流转）行为。外部流通是通过数据的共享、开放、交易、聚合等方式让渡、分享其数据资产的价值，其中共享和开放常发生在社会组织、政府部门的数据流转行为中，而交易、聚合则更多发生在以实现商业利益为目的的企业之间。

数据资产价值可读取、可计量。可读取是指数据是可机器读写的格式，如CSV、JSON、XML、XLS等。可计量是在数据交易过程中，制定或形成数据资产定价、计量的会计规则。由于数据来源场景化、数据内容动态化、数据主体复合化，不同数据的加工程序与用途也会截然不同，带来的经济利益很难确定一个统一的量化标准进行计量。所以，要对特定场景下数据资产产生的经济利益进行具体衡量，对不同相关主体的权属利益进行公平安排，对数据资产进行合理定价。

（2）数字作品。数字作品是由企业或个人等主体拥有的、在网络空间中以数字形态存储的作品，如文字作品、音乐作品、视频作品等。数字作品通常被以二进制数字的形式固化在硬盘、光盘等物理介质或载体中，通过网络以数字信号的方式传播。通常而言，数字作品包括两类。一类是传统作品的数字化，将传统作品以数字代码形式固定在磁盘或光盘等有形载体上，虽然改变了作品的表现和固定形式，但是对作品的独创性和可复制性不产生任何影响。例如，报纸、期刊、图书等传统出版物的数字化，电影胶片数字化等。另一类是天然以数字代码存在的作品，直接在计算机程序中由符号化指令或语句序列生成的作品。例如，计算机软件、手机游戏等由数字化产业内各个行业所产生的成果。数字作品其覆盖领域见表7-1。

表7-1　数字作品覆盖领域

文件类型	作品类型	类型细分
文字	小说	
	专业书籍	
	音乐	词、曲
	专业文件	合同、商业计划书、文案
	剧本	电影、电视、曲艺（相声、小品等）、游戏、动漫、舞台演出（音乐剧、舞剧、舞蹈、杂技）、音乐（MV剧本）、广告文案（广告剧本）
	软件	计算机软件等
图片	摄影图片	艺术摄影、商业摄影
	设计	工程设计、产品设计、模型设计
	美术作品	绘画、书法、雕塑、动漫（人物原型、手稿）
视频	电影、电视、动画、音乐（MV）、曲艺、舞台演出、广告、游戏视频	
音频	音乐、曲艺、录音文件	

（3）数字版权。数字版权是个人或企业等主体作为文学、艺术、科学等数字作品的作者，对其作品享有的权利，包括发行、修改、复制、传播、收回、获得经济报酬等权利，是版权进入数字化时代的丰富和补充。

在我国，按照著作权法规定，作品完成就自动有版权，只要创作的对象已经满足法定的作品构成条件，即可作为作品受到《中华人民共和国著作权法》（以下简称《著作权法》）保护。互联网技术改变了传统媒体的存储形式与使用方式。将传统媒体数字化、网络化后，书籍、音乐、照片更有利于复制、保存和分享，公众能够通过网络更直接、更迅速地获取免费数字作品。

数字版权保护逐渐得到重视。每一个作品都是创作者智慧的结晶，受法律的保护，用户使用前应该经过版权人同意或支付相应的费用才合法。但现在用户可以十分容易地在网络上获得各种数字作品并任意复制、修改和传播，这给创作者造成了极大的经济损失，同时也让他们失去了再次创新的动力。数字版权管理是随着电子音频视频节目在互联网上的广泛传播而发展起来的一种新技术，其目的是保护数字媒体的版权，从技术上防止数字媒体的非法复制，或者在一定程度上使复制很困难，最终用户必须得到授权后才能使用数字媒体。数字版权管理主要采用的技术有数字水印、版权保护、数字签名、数据加密。

对于数字技术革命对版权保护的冲击，我国立法层面积极应对。虽然没有专门立法，但通过修订和完善已有法律加强对数字版权保护。例如，2001年《著作权法》增加信息传播权；2005年颁布《互联网著作权行政保护办法》规范了网络服务运营商关于版权的行政责任；2006年颁布《信息网络传播权保护条例》对信息网络传播权的范围、侵权形态、权利限制等内容做了规定；2011年最高人民法院等多部门联合印发了《关于办理侵权知识产权刑事案件适用法律若干问题的意见》，规定了通过信息网络传播侵害他人作品权利的行为的定罪标准。此外，《互联网出版管理暂行规定》《互联网著作权行政保护办法》《最高人民法院关于审理涉及计算机网络著作权纠纷案件使用法律若干问题的解释》等文件均涉及数字版权保护，为我国数字作品的创作、传播、保护和运用提供有力的法律保障。

3. 数字权益类资产

（1）数字权益类资产的定义。数字权益类资产是资产数字化后在网络空间中以数字形式存在的权益凭证。数字权益凭证可以大范围的流通，能用来消费、交易、兑换。从货币到票据，现实中已经存在的金融资产或权益，如公司股权、债权、知识产权、信托份额或黄金珠宝等实物资产，都可以转变为网络空间中可流通的数字权益凭证。

数字权益类资产的价值表现在以下两个方面，一是解决实体等流动资产本身存在的难流通问题。实体资产存在难以合理定义价值、难以确定资产权利和资产流通效率低下等问题。数字权益凭证能实现资产的唯一性、防伪性和流通性，基于加密、编程等要素，从而配合监管部门实现数字权益的可追溯、防伪和审计。二是促进资产交易，给资产价值流通及社会关系都将带来全新的改变。数字权益凭证作为中下层价值媒介，连接了底层物理世界和数字世界，将实物资产在两个世界中实现有效的互联互通和资产流转，从而真正赋能实体经济。

（2）资产数字化的定义。资产数字化是指把物理空间的各种实物或非实物资产通过数字技术映射到网络空间中，将资产的使用权和所有权转化为可确定归属的数据。数字化后的资产在网络空间也同样具备物理空间中资产的各种属性，使得经济活动中关键的交易环节不再局限于现实世界的时空，可以在互联网上自由传递和流通，从而提高了价值的流转速度并降低了交易成本。数字权益类资产与物理空间中资产的一一对应，一旦发生价值变动，无论是发生在现实世界还是数字世界，其价值也进行同步变动，在节省时间成本的同时，也让市场经济活动中的交易更加频繁。数字化后的权益类资产可以直接在互联网上对资产进行确权、交易和流转等操作。

资产映射。资产映射是指将物理世界的资产映射到区块链中的数据，通过数字孪生技术采用信息技术对物理实体的组成、特征、功能和性能进行数字化定义和建模，提取现实世界中资产的相关数据。数字孪生映射如图7-1所示。

资产确权。资产确权包括资产登记、资产审核、权属认定、资产审计认定等过程。资产登记是将资产的完整信息和特征在机构进行注册、登记。资产审核是通过对实体资产出让方、权属以及财务法律的审核，确认资产的真

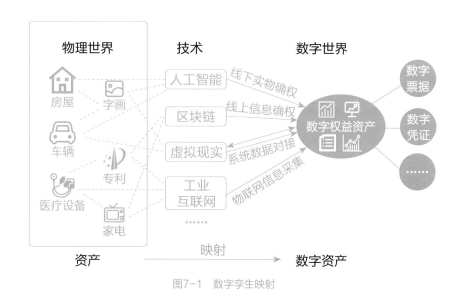

图7-1　数字孪生映射

实性、唯一性和是否含有瑕疵。资产权属是指将资产的所有权及使用权进行
确认；资产审计认定是指资产需要符合法律合规，必要时还需要有各行各业
的监管部门的背书，或者需要由专业评估机构完成认定。

　　资产交易流转。数字化后的权益类资产可以在资产评估后，直接在互联
网上对资产进行资产的交易和流转。挂牌公示是当资产的基本信息、权属关
系和定价都明确以后，有价值的资产为了交易可以线上进行挂牌展示；交易
签约是购买方和所有方在线上完成签约交易的过程；结算是指根据合约的条
款完成资金结算；权益流转是指数字权益类凭证资产在完成交易结算后，在
线上变换资产的所有人，确认购买方享有资产特定的权益，并可以进行自由
流转；交割是指多数权益类资产需要在物理世界中继续完成交割。例如，房
屋使用权，需根据网络的契约在线下行使居住的权力。

　　资产数字化交易流程如图7-2所示。

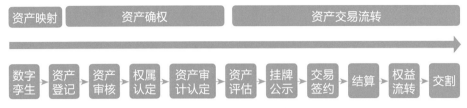

图7-2　资产数字化交易流程

三、数字资产的变革作用

1. 数字资产将释放数据要素价值

数字资产的发展将进一步完善数据要素定义定价和交易市场。数字资产市场定价标准是确保数据要素交易具有符合市场的定价依据。随着数据交易规则和数据交易标准更加健全，制定数据交易格式、交易管理方法等标准体系，为数据要素的市场化提供支撑。未来通过建立数据资产评估机制、数据资产会计入账目等制度，确保企业数据在企业资产中得到其应有的价值体现，最大限度地利用数据价值。

2. 有助于实现数字经济普惠共享

坚持普惠共享，提升民生福祉，是数字经济发展的根本目的。2005年，联合国提出了"普惠金融体系"，以有效的方式使金融服务惠及每一个人，尤其是惠及那些通过传统金融体系难以获得金融服务的弱势群体。普惠经济需要普惠金融的支撑，法定数字货币研发是普惠金融发展的重要内容。2016年，我国央行发布的《G20数字普惠金融高级原则》提倡"与金融行业合作，探索发行法定数字货币对普惠金融的益处"。文件把推广数字普惠金融上升到了国家和政府的战略层面，将法定数字货币作为推动普惠金融发展的重要措施之一，这也是各国央行积极研究法定数字货币的一个重要原因。法定数字货币可以充分利用先进数字技术，加大金融服务对农村、偏远地区、弱势群体的覆盖，为这些受限人群提供一系列适宜的、负责任的金融服务，包括支付、转账、储蓄、信贷、保险、证券、金融规划和账户报表等，从而为他们融入现代数字经济创造有利条件，让新时代的经济发展更加均衡、更加充分、更加普惠。

3. 为数字经济发展提供新动能

数字资产的增长与金融科技有效结合，为数字资产提供便利的交易场所、资产管理工具和产品、金融服务等。发挥数字资产的创新性和灵活性，对数字资产进行深入的研究和实践，对数字资产与现代资产体系的融合及管理具有创新性的变革作用和重要的现实意义。数字资产是数字经济发展的必然趋势，其将带动数字经济和实体经济深度融合，继续产生新的经济增长形态。

4. 推动全球数字贸易新格局

随着我国数字产业蓬勃发展，数字贸易将是数字时代的象征，是科技赋能的标志，是未来贸易发展的方向。新冠肺炎疫情蔓延使国际贸易面临严峻挑战，数字化成为降低疫情影响、对冲经济下行的关键希望所在。全球信任与合作是数字贸易的基石，全球数字资产的发展将有助于建立全球数字治理体系，推动多边、区域等层面数字贸易规则协调，针对隐私保护、数据确权与安全、数字税收、数据法治等内容，在组织与制度创新方面不断发展。通过共享数字贸易成果，努力弥合数字鸿沟，共促数据开源开放，共建信任网络，以数字技术、数字贸易增进人类福祉。

数字资产发展现状

一、法定数字货币的研发稳步推进

依托区块链技术和加密技术的发展，虚拟数字货币可以实现去中心化、交易匿名，但是虚拟数字货币并不是法定数字货币，虚拟数字货币的发行可能带来洗钱、逃税等非法交易的市场监管风险、超发风险和泄露隐私的风险。以比特币、Libra为代表的各类虚拟数字货币快速发展，越来越多的主体参与到虚拟数字货币中，首次币发行（Initial Coin offering，ICO）融资项目快速增长，ICO市场无序快速发展不利于我国金融秩序和社会稳定。基于此，各国政府中央银行开始进行法定数字货币的研究，法定数字货币具有法偿性，可以降低虚拟数字货币对本国法定数字货币主权地位的冲击，同时法定数字货币可以实现无纸化，降低成本，提高交易效率。

我国法定数字货币的发展最早可以追溯到2014年央行行长周小川提出进行法定数字货币研发，在过去几年中，中国人民银行以数字货币研究院为核心，联合数家商业银行，从数字货币方案原型、数字票据等多维度研究了央行数字货币的可能性。

（1）对法定数字货币进行初级技术储备、知识积累以及交易平台的研发等相关研究。中国人民银行从2014年开始成立专门研究小组研究央行数字货币。2015年发布中国人民银行发行数字货币的系列研究办法，央行发行数字货币的原型方案完成两轮修订。2016年1月，央行首次提出对外公开

发行数字货币的目标。2016年7月，央行启动基于区块链和数字货币的数字
票据交易平台原型研发工作。2016年12月，央行完成了对区块链的首个试
验，几家主要的商业银行参与了此次试验。

（2）稳步推进法定数字货币的发展，成立相关研究机构，并正式提出
"DC/EP"（DC，digital currency，数字货币；EP，Electronic Payment，电
子支付）的概念。2017年1月，我国央行正式成立中国人民银行数字货币研
究所。2017年2月，央行推动的基于区块链数字票据交易平台测试成功。
2017年5月，央行数字货币研究所正式挂牌，研究方向包括数字货币、金融
科技等。2017年6月，央行发布关于冒用中国人民银行名义发行或推广数
字货币的风险提示。2018年3月，在十三届全国人大一次会议上首次提出
"DC/EP"的概念，我国央行研发的法定数字货币的名字是"DC/EP"。央行
召开2018年全国货币金银工作电视电话会议，会议指出"稳步推进央行数
字货币研发"。2018年9月，央行下属数字货币研究所在深圳成立"深圳金
融科技有限公司"，并参与贸易金融区块链等项目的开发。

（3）明确完成设计研发等基础工作，目前已进入方案试点和信息技术基
础建设阶段。从Libra白皮书发布后，央行对DC/EP的研发速度加快。2019年5
月，在贵阳举办的 2019 中国国际大数据产业博览会上，央行数字货币研究所
开发的"湾区贸易金融区块链平台"（PBCTFP）贸易融资的区块链平台亮相。
2019年8月2日，央行召开2019年下半年工作电视会议，指出下半年要加快推
进我国法定数字货币研发步伐，跟踪研究国内外虚拟货币发展。2019年8月10
日，中国人民银行支付结算司副司长穆长春在第三届中国金融四十人论坛上
表示，央行数字货币已经"呼之欲出"，将采用双层运营体系。2019年11月
28日，央行副行长在"第八届中国支付清算论坛"上表示，央行法定数字货
币基本完成了顶层设计、标准制定、功能研发、联调测试等工作，下一步将
合理选择试点验证地区、场景和服务范围，优化和丰富DC/EP功能，推进数
字化形态法定货币出台应用。2019年12月9日，据媒体报道，由中国人民银
行牵头，中国工商银行、中国农业银行、中国银行、中国建设银行四大国有

商业银行，中国移动、中国电信、中国联通三大电信运营商共同参与的央行法定数字货币试点项目有望在深圳、苏州等地落地。2020年1月，央行数字货币基本研发完成且即将推出，并迅速搭建基于DC/EP的区块链跨境结算体系，在部分城市全球首次示范运营法定数字货币。2020年央行工作会议召开，强调继续稳步推进法定数字货币研发。2020年4月，启动了内部封闭测试，央行数字货币试点地区是"4+1"，即先行在深圳、苏州、雄安新区、成都及2022年北京冬奥会场景进行内部封闭试点测试，主要应用于小额零售交易的场景。2020年7月，央行数字货币研究所与滴滴出行达成战略合作协议，为未来DC/EP场景落地提供了更大的想象空间。2020年8月，商务部印发《全面深化服务贸易创新发展试点总体方案》，指出在京津冀、长三角、粤港澳大湾区及中西部具备条件的试点地区开展央行数字货币试点。2020年9月，央行数字货币研究所与京东术科正式达成战略合作，双方以数字人民币项目为基础，共同推动移动基础技术平台、区块链技术平台等研发建设。2020年10月，深圳市人民政府联合中国人民银行开展数字人民币红包试点，DC/EP落地进程加速推进，试点范围进一步扩大。

二、我国高度重视数据资产发展

（1）国务院高度重视数据要素的市场化配置。2014年3月，"大数据"首次出现在《政府工作报告》中，2015年国务院常务会议6次提及大数据应用。2020年4月，中共中央、国务院《关于构建更加完善的要素市场化配置体制机制的意见》首次提出"加快培育数据要素市场"，明确"引导培育大数据交易市场，依法合规开展数据交易"。

（2）在国家政策的推动下，数据资产交易平台蓬勃发展。自2015年4月贵阳大数据交易所正式挂牌运营以来，全国陆续出现了48个大数据交易中心。目前国内大数据交易平台主要分布在西南、华东和华北地区，集中于贵州、重庆、上海、江苏和北京，平台的分布与地区的经济发展水平相关，发展较快、经济水平较高城市，大数据交易平台的发展也要比其他地区发展要快，同时政府的战略规划和支持也发挥着重要作用。

（3）我国加强个人信息保护、数据安全领域立法。2020年5月，十三届全国人大三次会议第二次全体会议召开。全国人大常委会工作报告在下一步主要工作安排中指出，围绕国家安全和社会治理，制定个人信息保护法、数据安全法等相关法律，进一步体现了我国对个人隐私保护、数据信息安全的重视。

（4）我国数据资产保护标准体系逐步制定。我国数据保护相关标准主要是关于数据安全、个人信息保护。

全国信息安全标准化技术委员会（TC260）的大数据安全标准特别工作组（SWG-BDS）自2016年成立以来，在数据安全和个人信息保护方面已发布6项国家标准。

在个人信息保护方面，主要聚焦于个人信息保护要求、去标识技术、应用程序收集个人信息、隐私工程、影响评估、告知同意、云服务等内容，已发布GB/T 35273《信息安全技术个人信息安全规范》和GB/T 37964《信息安全技术个人信息去标识化指南》两项标准。

在数据安全方面，主要围绕数据安全能力、数据交易服务、政务数据共享、健康医疗数据安全、电信数据安全等内容，我国已发布的数据安全相关标准见表7-2。

表7-2 我国已发布的数据安全相关标准

标准号	标准名称	标准内容
GB/T 35274	《信息安全技术大数据服务安全能力要求》	针对我国大数据产品发展需求和大数据服务面临的安全问题，结合国内主要互联网企业和测评机构在大数据服务安全方面的实践基础，提出了有组织、有数据和有大数据系统的大数据服务提供商的大数据服务安全能力要求，落实了《网络安全法》中关于大数据安全保护的相关要求，为其落地实施提供了标准化支撑

（续表）

标准号	标准名称	标准内容
GB/T 37932	《信息安全技术数据交易服务安全要求》	提出了数据交易服务的参考框架和安全原则，将交易参与方分为数据供方、数据需方及数据交易服务机构，从禁止交易数据、数据质量要求、个人信息安全保护及重要数据安全保护四个方面提出了交易对象的安全要求；将交易过程定义为交易申请、交易磋商、交易实施、交易结束4个阶段，并规定了数据交易过程各阶段的安全要求
GB/T 37973	《信息安全技术大数据安全管理指南》	提出了大数据安全管理基本概念，明确了大数据安全管理的基本原则（包括职责明确、合规、质量保障、数据最小化、责任不随数据转移、最小授权、确保安全和可审计），提出了大数据安全需求（包括保密性、完整性、可用性及其他需求）；其次介绍了数据分类分级的原则、流程及方法，从组织开展大数据安全管理活动的角度定义了数据采集、数据存储、数据处理、数据分发、数据删除等活动，描述了每个活动的基本概念以及常见的子活动，并针对每个子活动提出了安全要求；最后给出了指导组织评估大数据安全风险的方法
GB/T 37988	《信息安全技术数据安全能力成熟度模型》	涉及数据的组织机构，分别从数据生命周期的安全控制措施、通用控制措施、能力成熟度评估模型方面进行介绍

中国通信标准化协会（CCSA）成立了大数据技术标准推进委员会（CCSA TC601），其中的数据资产管理工作组专门从事数据资产管理方面的标准化研究工作，已发布了《数据资产管理实践白皮书（2.0）》，目前正在编写3.0版本。未来，该委员会将继续进行主数据、数据标准和数据质量等标准制订，并研究数据资产管理评估的模型。

2019年7月1日，工业和信息化部发布了《电信和互联网行业提升网络数据安全保护能力专项行动方案》。该方案提到了要出台《网络数据安全标准体系建设指南》，加快完善行业网络数据安全标准体系。该项工作由中国通信标准化协会的网络与信息安全技术工作委员会承担，目前规划的数据安全标准体系包括基础共性、关键技术、安全管理、重点领域四大类标准。

除了上述个人信息安全和数据安全标准以外，人工智能安全标准的研究和

制定也取得了一些进展。在人工智能基础共性标准、生物特征识别安全标准、
自动驾驶安全标准、智慧家居安全标准方面不断取得成效,新技术的数据安
全相关标准见表7-3。

表7-3　新技术的数据安全相关标准

标准状态	标准名称	标准内容
研究	《人工智能安全标准研究》	本项目通过调研国内外人工智能安全相关的政策、标准和产业现状,分析人工智能面临的安全威胁和风险挑战,梳理人工智能各应用领域安全案例,提炼人工智能安全标准化需求,研究人工智能安全标准体系
研究	《人工智能应用安全指南》	该项目旨在以人工智能应用为切入点,分析人工智能应用安全,为提出人工智能安全应用相关标准奠定基础。
修订	《信息安全技术虹膜识别系统技术要求》	由全国信息安全标准化技术委员会提出。该标准规定了用虹膜识别技术为身份鉴别提供支持的虹膜识别系统的技术要求
制定	《信息安全技术基于可信环境的生物特征识别身份鉴别协议框架》	规定了可信环境的生物识别身份鉴别协议框架,包括协议框架、协议流程、协议规则以及协议接口等内容
制定	《信息安全技术指纹识别系统技术要求》	该标准对指纹识别系统的安全威胁、安全目的进行了分析,规避指纹识别系统的潜在安全风险,提出指纹识别系统的安全技术要求,规范指纹识别技术在信息安全领域的应用
制定	《信息安全技术汽车电子系统网络安全指南》	该指南通过吸收采纳工业界、学术界的实践经验,为电子汽车系统的网络安全活动提供实践指导
制定	《信息安全技术车载网络设备信息安全技术要求》	该要求旨在提出解决智能网联汽车行业中关于车载网络设备信息安全技术标准问题,建立科学、统一的车载网络设备信息安全技术要求标准
制定	《信息安全技术智能家居安全通用技术要求和测试评价方法》	该标准规定了智能家居通用安全技术要求,包括智能家居整体框架、智能家居安全模型以及智能家居终端安全要求、智能家居网关安全要求、网络安全要求和应用服务平台安全要求,适应于智能家居产品的安全设计和实现,智能家居的安全测试和管理也可参照使用
制定	《信息安全技术智能门锁安全技术要求和测试评价方法》	针对智能门锁的信息安全技术要求和测试评价方法予以规定,解决特斯拉线圈攻击、生物识别信息仿冒、远程控制风险等智能门锁安全的新问题

三、数字版权保护体系逐渐完善

1. 互联网法院推动完善司法组织体系

网络侵权案件虚拟性、公民维权意识提高、司法资源供求失衡、传统诉讼成本高等现状和问题，推动司法组织体系变革。2017年至2018年，杭州互联网法院、北京互联网法院、广州互联网法院相继成立，实现网上立案、在线调解、在线审理，在提高审判质量效率、节省诉讼成本、减少当事人诉累等方面实现了跨越式发展。其中，互联网著作权权属、侵权纠纷案件均为三大互联网法院重点受理和审理的案件类型。以北京互联网法院为例，2018年9月至2019年9月，北京互联网法院负责受理的11类互联网案件中，"著作权权属、侵权纠纷"类案件收案26607件，占所有类型案例全部收案数量的77%。我国互联网法院概况见表7-4。

表7-4　我国互联网法院概况

成立时间	单位名称	受理案件类型	新技术及应用情况
2017年8月18日	杭州互联网法院	互联网购物纠纷、小额借贷、网络著作权权属、侵权纠纷、人格权侵权等6类	1. 人工智能助理法官； 2. 基于人工智能的语音助手系统； 3. 司法区块链
2018年9月9日	北京互联网法院	网络购物合同纠纷、金融借款合同纠纷、著作权或邻接权权属纠纷、互联网域名权属及侵权纠纷等11类	1. 人工智能虚拟法官； 2. 移动微法院小程序； 3. 基于大数据的法律知识图谱及类案智能推送； 4. 天平链（区块链电子证据平台）
2018年9月28日	广州互联网法院	网络购物合同纠纷、网络服务合同纠纷、金融借款合同纠纷、著作权或者邻接权权属纠纷等11类	1. 广州微法院微信小程序； 2. 网通法链（区块链存证系统）； 3. 5G智慧司法便民终端"E法亭"

2. 行政部门专项整治强化监管力度

在行政保护方面,国家版权局是中华人民共和国最高的著作权行政管理部门,是最高的著作权行政执法机关。在数字版权保护方面,国家版权局采用专项整治与重点监管相结合手段进行管理。针对网络侵权盗版的热点难点,国家版权局联合国家网信办多部门持续开展打击网络侵权盗版"剑网行动"。先后开展了网络视频、网络音乐、网络文学、网络新闻转载、网络云存储空间、应用程序商店、网络广告联盟等领域的专项整治,集中强化对网络侵权盗版行为的打击力度。"剑网2019"专项行动,将开展网络视频、网络音乐、网络文学、网络新闻转载、网络云存储空间、应用程序商店、网络广告联盟重点领域版权专项整治。2016—2019"剑网行动"概况见表7-5。

表7-5 2016—2019"剑网行动"概况

行动名称	工作重点	工作成果
"剑网2016"	1. 开展网络文学、私人影院、应用程序及网络广告联盟整治。 2. 加强对大型视频、音乐、文学网站和网盘企业的版权重点监管	查处行政案件514件,行政罚款467万元,移送司法机关33件,涉案金额2亿元
"剑网2017"	聚焦影视、新闻、移动互联网应用程序、电商平台等重点领域	检查网站6.3万个,关闭侵权盗版网站2554个,删除侵权盗版链接71万条,收缴侵权盗版制品276万件,立案调查网络侵权盗版案件543件,会同公安部门查办刑事案件57件、涉案金额1.07亿元
"剑网2018"	1. 加强对视频、音乐、文学网站的版权重点监管。 2. 聚焦网络转载、短视频、动漫、知识分享、有声读物等重点领域	删除侵权盗版链接185万条,收缴侵权盗版制品123万件,查处网络侵权盗版案件544件,其中查办刑事案件74件、涉案金额1.5亿元

（续表）

行动名称	工作重点	工作成果
"剑网2019"	针对网络盗版版权的热点问题，聚焦网络视频、网络音乐、网络文学、网络新闻转载、网络云存储空间、应用程序商店、网络广告联盟等领域整治专项	各级版权行政执法部门共查办网络侵权盗版案件6647起，依法关闭侵权盗版网站6626个，删除侵权盗版链接256万条，移动司法机关追究刑事责任案件609件，相继查处快播播放器侵权案等一批侵权盗版大案要案

3. 行业协会和联盟加强行业自律

在社会保护方面，中国音乐著作权协会、中国摄影著作权协会、中国电影著作权协会、中国文字著作权协会等著作权集体管理组织共同推动社会共治，改进管理方法，开展多维度合作，利用新技术保护合法权益。针对短视频领域开展行业自律活动，发布《中国网络短视频版权自律公约》《网络短视频平台管理规范》。此外，数字版权保护技术应用产业联盟、数字版权维权联盟、媒体版权保护联盟国家版权交易中心联盟等组织对于宣传推广版权保护研发成果及其他相关技术成果，维护数字版权作者权益，对促进数字版权保护技术发展与应用发挥了积极作用。

区块链推动数字资产发展

一、区块链有助于降低中介成本

传统资产的发行、登记、交易、确认、记账对账和清算，涉及流通渠道在内的各个上下游机构，包括资产发行方、资产交易方、交易所等，在资产流通的过程中，如实体的资产由于流动性差，无法被很好地交易，购买的阻碍和成本会非常高。除此之外，传统的资产服务中，资产所有者证明、真实性公证等均需要第三方的介入才可以完成整个流通过程。上述三方合作模式存在一些难以解决的问题：①资产进入流通后，必须依赖资产发行方系统才能完成使用、转移，这就将资产流通范围限制在发行方系统用户群；②传统的资产流通渠道有限，几乎都依赖于大渠道，导致流程成本显著提高。行业大渠道由于垄断地位大幅增加费用，而小渠道、个人难以在流通环节发挥作用。

为了避免上述痛点问题，当前的做法是由一个可信任的技术来掌握资产、确权资产，构建强信用背书替代第三方平台，拓宽资产流通渠道。区块链利用"分布式"和"去中心"的优点，全面赋能数字资产，降低中介成本。首先，去中心化实现了数字资产点对点的交易，分布式账本保证了交易能够快速反应在每个交易参与者的账本中，可以实现数字资产交易与清算的同步，因此，区块链消除了中心化的清算组织等交易中介存在的必要性，降低了数字资产交易成本。以数字资产涉及的金融科技行业为例，区块链技术

将对金融行业基础设施产生极大冲击。如银行支付清算系统、证券清算登记
系统、跨国的汇兑结算系统等中心化的系统的交易费高昂且效率低下，区块
链去中心化和交易清算同步能够极大提高支付清算效率，有助于经济活动的
开展。其次，区块链保证了数字资产的数据记录全网公开透明和不可篡改，
从技术上解决了信任问题，成为人与人之间在不需要互信的前提下进行大规
模协作的有效信任工具，在一定程度上替代了信任中介，从而有助于减少信
任中介的成本消耗，帮助社会削减中介成本。

二、区块链催生多种加密数字货币

　　传统金融业进行的交易都需要依赖第三方机构来进行处理，如银行、保
险、交易所等中心化的可信机构作为业务开展的担保。这种以第三方作为中
介的交易模式尽管在绝大多数情形下表现良好，但也存在着一些问题，一是
中心化机构内部的操作不透明，存在着内部人员进行暗箱操作的金融风险；
二是中心化机构的建设及维护成本高，人工管理及资金花费成本较高；三是
中心化机构容易成为网络黑客的攻击目标，需要时刻防范黑客可能发起的网
络攻击，以免造成财产的丢失。

　　区块链技术的提出创新了去中心化架构的金融业务模式，实现每个节点
之间的交互，直接提高了交易的工作效率，还有效降低了成本，使得业务交
易能力得到巨大的提升，解决了中心化机构存在的问题。比特币是首个基于
区块链技术并成功运行的数字货币，比特币市值已达到了上千亿美金，但在
9年多的运行过程中，比特币在交易速度、交易确认时间、能源消耗、应用
可扩展性和存储安全等方面的不完善之处也逐渐显现。通过对比特币的不
完善之处进行改进，以区块链为基础的加密数字货币也不断发展，如以太
坊、稳定币等都对比特币进行了一定程度的改进和演化，推动了数字货币

在使用便捷性、应用的多样化性和数字货币的安全存储性等方面的进一步发展。

三、区块链有助于数字资产确权

随着数字经济发展过程中，数据资产确权是数据资产流通交易、实现市场化配置的基础，只有明确产权、保护产权是数字资产参与流通环节并获得收入，形成清晰界定所有、使用、收益、处置等不同权利的机制，才能充分释放数字资产价值，实现数字资产的安全交易。传统形式的资产登记存储于中心化数据库中，中心数据库易受到攻击而使得资产安全性难以得到保障，并且网络中的数据易被复制和传播，资产难确权，不能让其所有者获得合理的经济利益。

区块链的逻辑能够为数字资产权属确定形成支撑。利用区块链的数字签名、共识机制、智能合约等技术可以对数据进行确权，将数据要素的所有者、生产者和使用者都能够作为重要的节点加入区块链网络中实现数据的授权访问和使用，建立安全可信的身份体系和责任划分体系，再根据不同的身份赋予相应的访问权限，并对数字资产的传输、使用、交易与收益进行全周期的记录与监控，为数字资产的流通提供了坚实的技术基础。

四、区块链有助于提高数字票据真实性和可信度

票据作为一种便捷的支付结算、融资和货币政策工具，满足企业和银行短期资金的需求，并以其利率市场化先行的角色，深受金融机构和监管机构

的重视。随着数字技术的发展，传统的纸质票据逐渐发展数字票据市场。然而，由于数字票据不良案件频频发生，让各市场主体风声鹤唳，当前票据的主要缺陷有3点，一是票据的真实性，目前市场中仍然存在票据造假，克隆票、变造票等伪造票据的现象；二是票据违规交易，当前票据市场中存在为了谋取私利进行一票多卖、清单交易、过桥销规模、带行带票、出租账户等违规行为，难以有效管控和进行风险防范，票据市场演变成融资套利和规避监管行为的温床。三是票据信用风险较高，商业汇票到期承兑人不及时兑付等现象。

区块链技术以其不可篡改性、可追溯性、高安全性等技术特性，有效解决传统票据交易市场存在的诸多痛点，为优化现行数字票据市场提供了更好的选择。一是区块链能重塑票据价值传递模式，提升运作效率。采用区块链去中心化的分布式结构后，改变了现有的系统存储和传输结构，使多方节点间建立全新的连续"背书"机制，真实反映了票据权利的转移过程。直接提高整个票据市场的运作效率。二是区块链能够规避违规操作，降低监管成本。在区块链中，数据一旦经过多方共识达成使其上链后，区块链中的全节点都共同维护同一个账本，所有节点都可作为备份节点，使得单点违规操作无法进行，同时在共识机制中具有对不良节点的惩罚措施，如PoA（Proof of Authority，权威证明）共识机制中会将作恶节点踢出授权节点列表。利用智能可编程的特点在票据流转的过程中，通过智能合约控制进一步控制节点操作和票据流转过程，有助于建立更好的市场秩序。三是区块链能确保数字票据真实有效，赋能数字票据信任属性以达到信任传递。区块链利用多方共识机制实现了数字票据经过多方交叉验证后才可上链，加密机制的引入实现了对节点的身份验证问题，数字签名、加密机制等多种加密算法实现区块链中数据真实有效、不被篡改。在数字票据流通过程中，区块链中数据不可篡改、可追溯性使得数字票据可以灵活便捷的拆分和重组，满足现在的金融、物流、贸易等大体系商业场景的需求。

五、区块链有助于保障数字资产流通安全

在互联网大数据时代中，大量数字资产存储在中心化的服务器中。在进行数据资产交易过程中，存储在中心化服务器中的数据往往会出现很多问题，导致当下的数据资产交易可靠性不足、真实性不够的问题。一是中心数据存储问题严重。大型中心化平台对流量的垄断与控制、数据分散，形成数据孤岛，不能进行跨平台提取交易，导致数据流通不畅，数据缺乏真实性和完整性。二是隐私数据难保护。由于数字资产的流通过程全部基于网络，包含组织机构的关键数据和公民的个人隐私信息，随着数字资产的交易使得这些数据面临了泄露和被盗的风险。交易平台可能在交易过程中缺少关键数据和隐私信息的加密保护和追溯管理。三是数据交易市场缺少有效的仲裁手段，数据交易纠纷难以取证。

区块链是一种去中心化分布式账本，通过加密算法可以将多源异构的数据进行上链存储，能够打破数据孤岛，使链上数据可以自由交易。一是保障数字资产存储安全。数据经过区块链共识机制达成共识后，会保存在全网节点的数据账本中，单点数据的丢失不会影响数据的完整性，而通过区块链哈希算法提取数据指纹，建立数据和指纹的对应关系，对数据任何形式的造假都会导致数据指纹发生变化，从而保障了数字资产的真实性和完整性。二是有助于保护用户隐私数据保护。区块链的数字签名和非对称加密等加密算法会对数据进行加密处理，链上节点只能看到加密后的数据摘要，只有通过节点授权才能查看数据内容，从而保护数据隐私。三是有助于保障数字资产交易安全。区块链以链式结构对数据进行存储，并对数据添加时间戳，这种顺序排列的数据结构使得数据操作和活动都可被查询和追踪，为数据全生命周期审计、溯源提供了有效手段；智能合约的引入能够在不需要第三方的情况下自动执行合约条款，有助于多方参与者根据事先约定规则处理交易、结算的事务，从而完成数据资产的安全流转。

六、区块链有助于提高数字资产管理能力

数字资产管理包括数字资产分布式存储、监管、数字资产交易谈判、参与主体收益分配、数字资产价值开发激励机制等方面。目前，关于数字资产管理的理论和实践并不多，主要有加密数字货币管理、数据资产管理、数字版权管理、资产证券化管理等。目前，社会对数字资产管理的认识不足，并且数字资产管理存在一系列问题，如数字资产被侵权，现有监管技术不能解决，数字资产集中管理占用大量资源，无法实现共享，数字资源价值开发激励机制不足、数字资产流通效率低等。

区块链技术的去中心化、不可篡改、可追溯特性及智能合约解决了上述的问题。一是区块链不可篡改、去中心化的管理实现数字资产的监管。区块链可以实现数字资产创作者、拥有者、传播者、消费者、广告商、投资人和监管者这些主体共同构成数字资产区块链上的节点。监管者作为区块链的一个节点，可以追溯每一笔交易的历史痕迹，并实时监控其他用户节点的交易信息，看清底层资产，防范风险事件的发生，且无须等到事后申报，构成了所谓的穿透式监管，大大降低了监管难度。二是区块链采用分布式存储机制，实现全网可查。区块链采用分布式记账的方式，账本信息存储在各个分散的分布式节点中，这无疑最大化地利用了资源，减少了浪费。三是区块链上分布式节点贡献存贮资源，进行记账，可以得到激励。基于区块链的分布式存贮会根据用户对分布式存储的贡献程度的大小奖励相应的数字资产或者代币，鼓励更多的节点参与。另外，数字资产的内容提供方及需求方在链上签订智能合约，实现利益分配。四是区块链各主链之间相互独立，但是可以通过跨链技术，实现各链之间相互连通的状态，各链用户和流通资产相互共享，从而促进了整体的资产流通效率。

第四节

区块链在数字资产中的
应用场景

一、基于区块链资产数字化确权

随着数字化经济的发展，实体资产的运行也越来越靠向数字经济，通过资产数字化进行以便资产能在线上交易和流通。资产数字化需要对实体资产进行数字化映射、确权、交易，并且能够进行切分和重组，以保证数字资产的安全交易需求。但在数资产字化确权的过程中，若代表实体资产的数字资产被损毁，将导致实体资产的价值流失；若数字资产被攻击后进行替换、修改等违规操作，将导致实体资产的真实性问题；若数字资产被恶意复制，致使多个一个实体资产被多次数字化，实体资产价值的不再唯一确定，无法在线上进行交易。如何建立起实体资产与数字资产牢固、可信、难以伪造与打断的一一对应关系成为实体资产转化为数字资产需要急切解决的问题。

区块链可以从技术层面上保护数据的安全可靠，所有数据一经上链即可保证数据的唯一性、不可篡改性等特性。区块链以去中心化的分布式网络架构使全网节点共同维护同一个账本，即便单点或者一些节点受到攻击，也可保障账本中数据的完整性。区块链采用数字签名、非对称加密算法等加密技术将保证上链数据的安全性，外界攻击没有密钥而无法进入到区块链中对数据进行修改。这些技术将为资产转换数字资产保驾护航。

　　数字资产确权过程，如图7-3所示。用户实名先在身份认证模块注册并
获得账号，完成身份认证；用户提交需要确权的资产资料，如文字、图片、
音视频等数字内容，资产处理模块将内容资料上传至数据库，再返回资产资
料的数据库地址；资产处理模块再将上传的资产资料通过加密技术生成资产
摘要；资产处理模块转发用户请求和资产摘要后，区块链网络接收并广播消
息，在各个区块链节点达成共识后写入数据库，完成资产存证并返回存证地
址，再向资产处理模块返回请求结果；最后，身份认证模块将资产返回结果
进行存储编号并与用户注册的电子身份证书捆绑，同时颁发数字资产存证证
书。用户可以从区块链数字资产平台查询数字资产的权属、存证时间、数字
资产编号等信息。

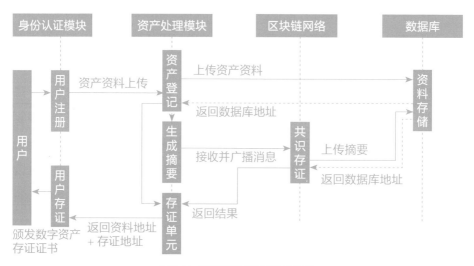

图7-3　区块链数字资产确权流程

　　区块链可为资产数字化过程中提供唯一标记，通过对资产特征的提取计
算哈希值并作为该资产的唯一指纹，建立资产数字化数据与其指纹（哈希
值）一一映射的关系，通过区块链数字资产平台颁发的电子身份证书及非
对称加密技术提供的公、私钥对确定资产数字化数据的所有权归属。在上链

过程中，在用户完成注册并通过身份验证后，区块链数字资产平台会颁发给用户一对公、私钥对，在资产数字化的过程中，用户要使用持有的私钥对资产数字化数据指纹（资产摘要）进行数字签名，使指纹与资产所有者进行捆绑，从而达到资产确权的目的。同时，区块链以其去中心化分布式存储的架构使区块链中的全节点共享同样的账本，可以抵抗传统的中心化系统中心数据库被攻击，导致数据有丢失或被篡改的风险，保证数据对象的真实性、完整性和唯一性。通过区块链共识机制所有节点对数字资产摘要达成共识，同时将该摘要打包进数据块中，该数字资产的指纹信息（资产摘要）被全节点记录，确保了指纹信息的安全性、不可篡改。在区块链数字资产平台中，通过由平台颁发给用户的电子身份证书可以对数字资产进行后续的操作。

二、区块链与数字资产化

区块链将传统的实体资产转换为区块链上的标准化数字资产后，可以将基于互联网产生的数字资产，包括数字票据、数据资产、数字知识版权等基于区块链开展线下交易线上化，对交易的每个步骤进行上链存证，参与机构共享交易账本，在清、结算时无须进行二次对账，降低交易与清、结算成本。

1. 数字票据交易

在数字票据交易过程中，数字票据交易平台包含用户模块、票据服务模块、票据交易模块及区块链网络。区块链技术将助力数字票据交易平台建立技术信任体系，促进线上数字票据的流转。

数字票据交易的买卖双方要在数字票据交易平台的用户模块中上传开户

材料进行开户申请、用户注册申请等操作，完成身份认证后，用户模块会分发用户密钥。在进行交易时，首先，卖方在用户模块进行票据登记，模块审核通过后，进行票据操作，如挂牌、支付、提货等。买方在用户模块中充值，并进行摘牌操作等，票据操作记录将上传到票据服务模块；其次，票据服务模块会将用户操作上传到票据交易模块，在票据交易模块中，买卖双方根据需求达成买卖合同，在合同中各自进行数字签名，合同在票据交易模块中生效，生成合同摘要上传至区块链中，区块链各节点进行共识后将该合同摘要记录在区块链中；再次，票据交易模块将区块链返回结果传至票据服务模块，票据服务模块收到后，发出卖方开票指令，卖方向发票模块提供增值税发票，模块验证发票合格后，向买方账户发送增值税发票，同时将该发票上传至区块链中进行存证；最后，根据区块链返回发票存证结果，票据服务模块进行出入金操作，并将操作结果传至区块链中进行记录。数字票据交易平台的操作流程如图7-4所示。

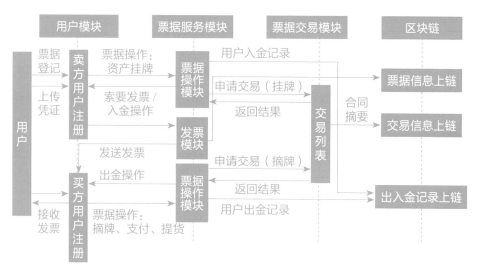

图7-4　数字票据交易平台的操作流程

2．数据资产交易

在互联网大数据时代中，全球数十亿人每天在各类场景中产生自身的行为数据。这些数据资产在产生之初就被各类互联网巨头采集，并存储在中心化的服务器中。虽然人们自己产生数据，但是数据的支配权却被中心化的数据寡头所把持，不利于个人隐私保护及数据要素流通。传统的数据资产交易中，中心化的网络架构往往会出现数据来源、从属关系不明确，数据血缘和关联性不清晰，数据隐私保障不完善，数据交易和流通模式不成熟，纠纷处理难以取证等问题。

区块链以链式结构对数据进行存储，并对数据添加时间戳，其数据结构使得数据操作和活动都可被查询和追踪，为数据全生命周期审计、溯源提供了有效手段。智能合约的引入能够在不需要第三方的情况下自动执行合约条款，有助于多方参与者根据事先约定规则处理交易、结算的事务，从而完成数据资产的安全流转。

基于区块链搭建的数据资产交易平台通过智能合约完成数据交易。首先，买卖双方要在用户模块中实名注册，进行身份验证；其次，卖方上传需要出售的数据资产至数据服务模块中的打包模块中，打包完成发送申请交易指令至数据交易模块。买方先进行充值，然后发送申请交易指令至数据交易模块。数据交易模块进行根据买卖双方需求进行智能配对或者买方自行在模块中查找所需数据，达成买卖意向后，进入数据服务模块中的数据权限表及数据交易表中，该单元主要就数据使用权限和交易模式进行选择，如数据只可使用不可转售、仅可查看等使用权和出租数据、出售部分收益权、出售全部收益权等交易模式；再次，双方协商数据资产使用权限和交易模式后，双方进行数字签名，启动智能合约；最后，卖方通过用户模块接收出售所得，买方通过用户模块得到规定的数据资产使用权限。数据资产交易平台的操作流程如图7-5所示。

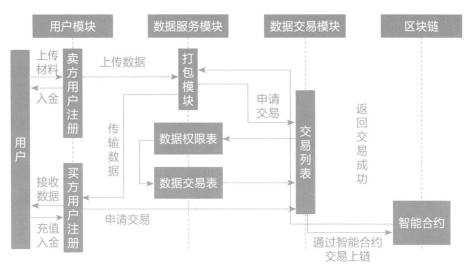

图7-5　数据资产交易平台的操作流程

3. 数字版权保护

数字版权是数字资产的一种价值体现方式，无论是现实世界中的实物版权还是数字世界中的虚拟物品版权都应该进行价值创造的确权并且进行保护。在资产数字化的大环境下，数字版权保护是数字版权行业发展的重要保障，对于激发数字版权原创者创造热情，并对数字版权行业健康快速发展和促进我国文化繁荣，具有重要意义。然而，由于数字作品形态不断演进、传播渠道日益多样、覆盖空间和影响范围巨大以及侵权成本低、侵权手段隐蔽、司法维权成本高等诸多原因，导致数字版权保护面临困难。

区块链技术以其数据不可篡改、防伪可追溯等特点和数字版权保护具有天然的契合，为数字版权保护提供契机。区块链通过哈希算法提取数据指纹，建立数据对象与其指纹一一映射关系，并且通过非对称加密技术确定数据本身的所有权归属，可以保障数据对象的真实、完整和唯一，同时通过建立数据私钥所有者与数据对象的链接，从而实现数据确权；区块链以其分布式存储及共识机制可保障数据的不可篡改，通过区块链的链式存储及时间戳可对数据进行查询和追踪，实现对区块链上数据全生命周期的审计与溯源；

图灵完备的智能合约可以自动执行事先约定的合约条款，有助于多方参与者按照规定进行交易处理及结算，从而完成数字资产的交割和转移。

基于区块链的版权保护平台涉及版权存证、监测预警、侵权取证、司法维权4个部分。

在版权存证中，首先，用户实名在版权保护平台注册并获得账号，完成身份认证；其次，用户向版权保护模块提交需要存证的文字、图片、音视频等数字内容作品；再次，版权保护平台根据作品版权信息、时间戳等数据进行指纹提取（计算哈希值），经过共识进行存证，同时通过跨链操作将该指纹备份到司法区块链中；司法区块链向版权区块链返回司法存证地址，版权区块链向用户返回司法区块链存证地址及版权区块链存证地址；最后，用户可以从区块链版权保护平台查询下载数字版权证书。数字版权保护存证、监测、取证的操作流程如图7-6所示。

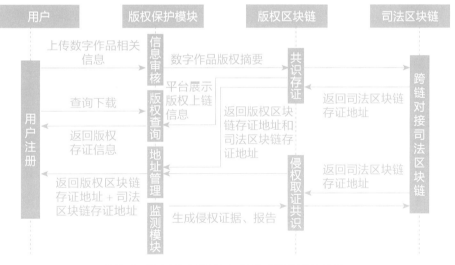

图7-6 数字版权保护存证、监测、取证的操作流程

在监测预警与侵权取证中，通过版权保护系统中的监测模块实时收集互联网中涉及侵权的数据，并通过技术手段进行对比和分析，同时生成侵权

证据和报告；生成后的侵权证据和报告在版权区块链中进行指纹提取及广播，在版权区块链中存证后进一步在司法区块链中存证；司法区块链及版权区块链会将侵权存证地址返回给用户，用于司法维权。用户可持确权证明、侵权证明、确权区块链地址、侵权区块链地址通过电子法官系统进行立案。数字版权保护司法维权的操作流程如图7-7所示。

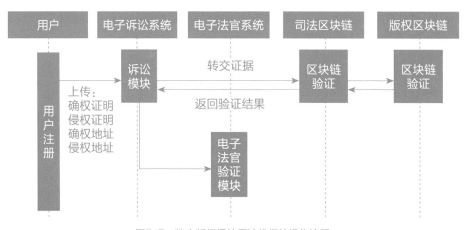

图7-7　数字版权保护司法维权的操作流程

三、区块链与数字支付

1. 数字钱包

随着区块链技术的快速发展，数字资产的市场参与者和交易者数量急剧攀升，数字钱包作为进入区块链世界的窗口也同步发展。区块链数字钱包是管理区块链节点的密钥和地址的工具，能够高效安全地对用户数字资产进行管理。

目前，基于各类加密数字货币的区块链数字钱包种类繁多。根据用户是否掌握私钥可分为中心化钱包和去中心化钱包。中心化钱包中用户不持有钱包私钥，私钥由第三方或者服务商代为保管；去中心化钱包是用户自行持有钱包私钥，第三方或者服务商无法得知用户私钥。根据钱包是否连接网络可分为冷钱包和热钱包。冷钱包又称离线钱包，其采用和网络物理隔离的方式来使用，一般使用一个不介入网络的手机或者不用的计算机来进行操作。常见的冷钱包密钥存储方式有纸张、大脑、U盘、硬件钱包等；热钱包是通过联网存储的钱包，又称在线钱包。其通常以应用程序或者网页的形式出现，一般由第三方或服务商开发完成。根据钱包的去中心化程度分为全节点钱包和轻节点钱包。全节点钱包是将区块链上的所有数据同步到钱包，占用存储空间较大、使用起来麻烦，大部分全节点钱包是桌面钱包；轻节点是依赖区块链网络中的其他全节点钱包，一般轻钱包会运行一个全节点，同步所有数据，根据不同钱包地址划分数据，按需传输数据。根据钱包存在形式分为软钱包和硬钱包。软钱包类似应用程序或者钱包计算机软件，用户需要安装钱包软件客户端到计算机或者在手机上安装钱包应用程序，不需要购买额外的专用硬件设备；硬钱包即硬件钱包，通常以冷钱包的形式出现，也有冷热配套的硬钱包品牌，用户需要购买专用的外设硬件来配合使用钱包。根据是否支持多币种分为单币种钱包、多币种钱包和全币种钱包。三种类型的钱包主要根据支持区块链数字资产和代币资产的数量来划分。

区块链中比较常见的钱包是比特币钱包和以太坊钱包，区块链钱包从广义上讲是一个应用程序，可以控制用户访问权限，管理私钥和钱包地址，同时可以查询余额以及创建交易；从狭义上讲，区块链钱包是指用于存储和管理用户私钥的一种数据结构。数字钱包为满足更多应用场景应该设计出更加通用的设计，既可以通过API（应用程序接口）接入区块链，又可以应用到DC/EP等数字货币中。

数字货币钱包的申请与开通分为两种方式，由账户行数字货币系统创建的数字货币钱包和由钱包服务商创建的数字货币钱包。在由账户行数字货币系统中，用户可以通过银行账户申请数字货币钱包。在开通过程中，用户指定银行账户与数字货币钱包进行捆绑，用户通过银行账户即可完成对数字货币钱包的访问。由钱包服务商创建的数字货币钱包，需要数字货币发行登记机构根据公钥和钱包标识生成数字证书，并将数字证书发送给钱包服务商，进而生成第三方数字钱包。账户行数字货币钱包创建流程如图7-8所示，钱包服务商数字货币钱包创建流程如图7-9所示。

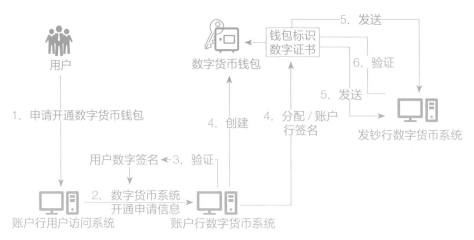

图7-8 账户行数字货币钱包创建流程

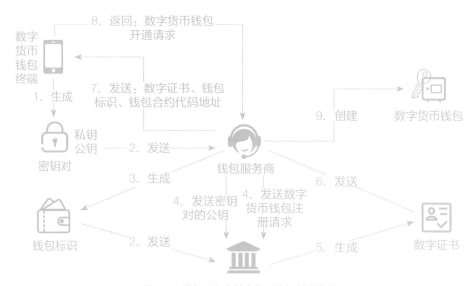

图7-9 钱包服务商数字货币钱包创建流程

数字货币系统支持用户登录数字货币钱包的具体实施步骤为，响应用户的登录请求，获取并验证用户的认证信息；认证信息验证通过后，获取并验证待登录的数字货币钱包的合约包；合约包验证通过后，向用户展示数字货币钱包的功能界面。而如果用户属于首次登录数字货币钱包或者钱包相关信息有变化，则需要做信息和数据的同步，具体实施方法为，获取并验证用户的认证信息；验证通过后，向用户展示待登录的数字货币钱包的可识别信息；对用户从可识别信息中选择的信息项进行签名得到同步指令；同步指令验证通过后获取与同步指令对应的待登录的数字货币钱包的有效数字货币信息和关联账户信息。数字货币钱包的登录与同步的具体实施方法如图7-10所示。

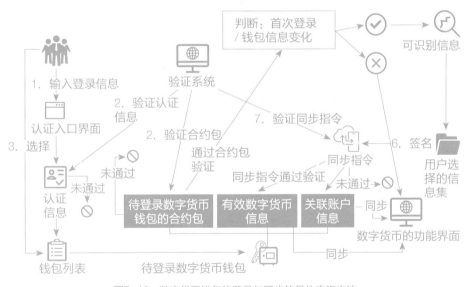

图7-10　数字货币钱包的登录与同步的具体实施方法

2. 数字货币支付

近年来，我国的支付方式发生着快速的变化，支付方式由传统的现金、票据和信用卡逐渐演变成电子支付、网络支付、移动支付等非现金支付方式。随着移动互联网、大数据、云计算、人工智能等新一代高新信息技术的发展，引起了新一轮的支付方式变革。

传统支付方式无论是线下支付或者是线上支付都是一个中心化的网络架构。传统交易的资金转移都是通过银行进行清算完成，在银行间资金转移的过程中，如果发送银行和接收银行之间互相没有设立银行账户，其必须依赖一个中心化的清算机构或者相关银行。同时，这样的支付业务存在支付工作花费时间长、中介转折交易流程多、手续费高等问题。随着现代商业场景的不断进化，越来越多的支付数据不断产生，人们对支付效率、支付安全、支付隐私等个性化的需求不断增多，中心化的资金流转已不能满足现在人们的支付需求，由中本聪开发的比特币数字货币以其完全去中心化、高安全性、强隐私性引起人们的重视，数字货币相对于其他电子支付方式的优势在于支持远程的点对点支付，不需要任何可信的第三方作为中介，交易双方在完全陌生的情况下完成交易而无须彼此信任，基于区块链的数字货币的数字支付应运而生。

区块链技术的初衷就是为了构建数字货币而诞生的，因此区块链技术对于数字支付的契合度极高。区块链以其去中心化网络架构实现没有第三方中心，不受组织、个人控制的自由交易，并节省第三方费用。同时，分布式账本使所有节点的数据可以同步，单独节点失效并不影响整个系统，可以随时从系统中恢复全部数据，确保了交易的完整性和安全性。在区块链中通过数字签名、加密算法等技术手段可以对所有交易进行加密处理，没有密钥无法发起交易，已经签名的交易无法进行修改，没有对应公钥无法对交易进行查看，确保了交易的安全性和隐私性。区块链采用点对点传输，省去了整个支付中的时间环节，完全实现快速支付，双方可以快速地进行交易，节约时间成本。基于区块链的数字支付可以通过区块链的链式数据结构及时间戳机制对交易进行追溯，并且全网节点共同维护同一账本，每个节点都有保存全账本的权利，实现数字货币交易的查询和公开透明。

现有的数字货币主要分为3类，一是以比特币、莱特币及以太坊等公有链通过激励机制产生的普通加密数字货币。二是法定数字货币支持、加密货币支持及算法支持的稳定币，如泰达币（USDT）、Libra。三是由各国央行发行的锚定地区法定货币的法定数字货币，如中国人民银行正在试点的DC/EP。基于钱包的数字货币移动主要包括用户的支付、账户的存入和账户的转账3种行为。

在支付的情境下，账户行数字货币系统在接收数字货币钱包的支付请求后获取用户输入的数字货币钱包的证书颁发机构（CA）签发的证书数字签名，以生成数字货币转移请求。接着账户行数字货币系统将数字货币转移请求发送至数字货币发钞行并接收带有发钞行数字签名的支付成功结果。数字货币钱包的支付操作如图7-11所示。

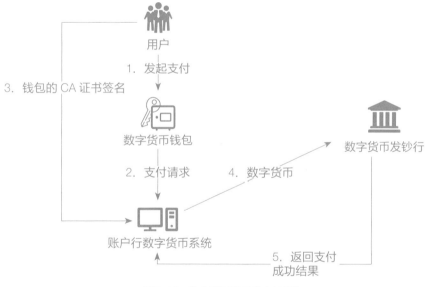

图7-11　数字货币钱包的支付操作

用户可以在需要的时候将数字货币存入数字货币钱包，具体实施方法为，数字货币钱包终端将存币指令发送给数字货币钱包，数字货币钱包为存币指令添加数字货币保管箱标识生成存币转移请求，将存币转移请求发送给数字货币发行登记端；数字货币发行登记端将来源币串列表作废，生成存入去向币串列表，将转移结果信息发送给数字货币钱包；数字货币钱包将去向币串列表存

入并对用户的账户入账，生成存币结果信息发送给数字货币钱包终端；数字
货币钱包终端展示存币结果信息。数字货币钱包的存币操作如图7-12所示。

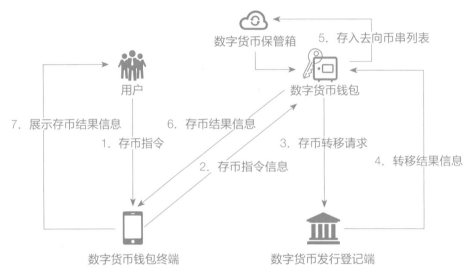

图7-12　数字货币钱包的存币操作

　　用户之间也可以相互转账，具体实施方法为，转币请求发起方根据数字
货币接收方的收款钱包地址信息生成转币请求；根据转币请求生成转币指令
以及根据转币指令向接收方钱包执行转币操作。数字货币钱包的转币操作如
图7-13所示。

图7-13　数字货币钱包的转币操作

区块链在数字资产中的
应用现状

一、区块链为数字货币提供技术支撑

数字货币是存储在网络数据库中、以数字方式发行、具有支付能力的货币，可用于真实和虚拟的商品和服务交易。数字货币使用密码学原理确保交易安全及控制交易单位创造的交易媒介，分为法定数字货币、虚拟数字货币。数字货币使用的技术包括移动支付、可信可控云计算、密码算法等，但区块链是数字货币的最底层，也是最重要的技术手段。比特币的火爆使人们了解到区块链的技术框架及广阔的应用前景。区块链技术可以应用于很多方面，而数字货币是区块链技术最成功的应用。

虚拟数字货币的初始发展解决了当时不稳定的经济情况。从全球视角来看，虚拟数字货币从2008年发展至2019年10月，全球大大小小的加密数字货币已接近3000种，其中知名的有比特币、以太坊、瑞波币、比特现金、EOS币、莱特币、Libra币等。比特币、以太坊等加密数字货币都是采用区块链技术。随着比特币、以太坊等数字货币的影响愈发深远，其背后的区块链技术也受到了广泛关注，各类研究和宣传区块链的机构越来越多，比如由42家银行参与的R3联盟[①]、德勤加密货币社区（DC3）、全球区块链峰会等，还有许多机构成立区块链实验室。

---

① 世界上最大的分布式账本联盟组织，成立于 2019 年 9 月 15 日。

从我国视角来看，政府对虚拟数字货币监管一直保持高压态势，但是对区块链技术逐渐认可。自2008年比特币问世以来，以比特币为代表的各类虚拟货币迅速发展壮大，国内一些企业或个人也开始进入虚拟货币领域，类似ICO项目的融资也频繁出现。随着各类以ICO名义进行筹资的项目在国内迅速增多，扰乱了社会经济秩序并形成了较大风险隐患。为了稳固我国金融经济的健康发展，国家及各部委出台多项监管政策，严厉打击非法集资等活动。根据赛迪区块链研究院统计，截至2019年年底，我国区块链监管政策共出台13项，政策的主要特点是持续高压监管假借"加密数字货币"名义的非法集资行为。人们逐渐看到区块链"去中心化"背后的更大潜力，发现区块链的"去中心化"可以为包括金融行业的各行各业提出解决方法，实现"可编程的商业经济"，与实际资产和真实价值相关联，推动实体经济发展。区块链赋能实体经济，实现实体资产通过区块链技术进行资产确权、资产交易流转和资产交割、满足各行业针对区块链技术应用的实际需要，改变社会生产关系。

在虚拟数字货币的助推下，各国相继开始研究属于自己国家的数字货币体系。在法定数字货币方面，全球对法定数字货币研究的进展分为3类国家，一是已发行法定数字货币的国家，如厄瓜多尔、突尼斯、塞内加尔等；二是目前正在推进法定数字货币发行的国家，如中国、新加坡、泰国等国家；三是尚在对法定数字货币研究中的国家，如菲律宾、英国、俄罗斯等。我国法定数字货币的研发早在几年前起步，自2014年成立数字货币研究小组，旨在探讨所需的监管框架或国家数字货币，到2019年8月，中国人民银行支付结算司副司长穆长春在第三届中国金融四十人论坛上表示，央行数字货币（DC/EP）的研究已经进行了5年，现在已经"呼之欲出"。法定数字货币的安全运行必须依靠强大的技术支持，主要包括数字货币整体架构，以及由协议、数据格式、数字签名机制、数字钱包等要素共同构建的数字账本技术。从目前的发展前景来看，区块链技术是可选项之一，可能通过多种技术的混合架构保障高效的交易性能。央行不预设DC/EP的技术路线，区块链

是目前较为成熟的技术，只要采用的技术能够满足市场的高并发需求，如在
商业机构向人民提供数字货币交易实现达到"每秒至少300000笔交易"交
易性能的目标，央行都表示接受，预计DC/EP也将对区块链技术产生巨大的
需求。截至目前，并无任何区块链达到和目标要求一样高的性能。但是，这
一交易速度有可能会通过"链下撮合、链上清算"的机制或者其他升级改进
措施，如分片或者侧链得到实现。

二、区块链在数字版权保护领域应用突出

区块链通过技术手段将数字版权所有者和用户紧密联系起来，能有效提
升版权作者创作动力、媒体付费率、媒体版权保护能力。技术的进一步发
展，对数字版权保护领域产生强大的驱动能力。

社会各类主体积极推动区块链数字版权保护应用落地。中国版权保护中
心作为国家版权局直属事业单位，联合新浪微博、迅雷、京东等12家成员
单位发布基于区块链技术的中国数字版权唯一标识符DCI（Digital Copyright
Identifier）标准联盟链。司法系统方面，北京互联网法院、杭州互联网法
院、广州互联网法院正积极推动区块链技术在数字版权保护领域的应用。企
业组织团体方面，根据赛迪区块链研究院统计数据和测算，全国有投入产出
的1006家区块链企业中，有近15%的区块链企业提供数字版权服务。在地
域分布方面，北京作为全国文化中心，数字版权产业发展较成熟，区块链数
字版权应用先试先行。区块链数字版权企业在北京占55%，在杭州占20%，
在广州占10%，在其余地区占15%。国内纸贵科技、数秦科技、原本、亿
书、广州科创等区块链初创企业以数字版权保护为主攻方向积极推动区块链
数字版权应用落地。区块链版权应用概述见表7-6。

表7-6　区块链版权应用概述

主体	平台	功能
百度	百度图腾	覆盖图片生产、权属存证、图片分发、交易变现、侵权监测、维权服务的全链路版权服务平台
阿里云	阿里云BaaS	版权存证和交易的标准化与一体化，实时透明结算收益
安妮股份	版权家	版权保护服务、版权大数据、版权授权交易、IP孵化开发等业务
太一云	中国版权链	提供版权登记、确权、评估、公正等服务
纸贵版权	数字版权平台	提供版权登记、存证、侵权取证服务
原本区块链	原本区块链	区块链原创保护和自助交易平台
亿生生科技	亿书	提供解决版权存证、版权交易、内容分发服务
数秦科技	保全链	提供"一站式"维权服务功能，主要包含了原创确权、侵权监测、证据固定、司法维权一体化等功能
重庆小犀	小犀版权链	提供数字版权登记等服务
湖南天河国云	优版权	为文创产业提供作品发行、版权技术保护、深度开发服务、文创孵化、衍生品开发等综合服务
广州科创	飞豹链	联盟成员之间的IP资源共享平台
汇桔网	汇桔数字版权应用平台	提供版权监测、版权存证、专家维权等服务
北京邮电大学区块链实验室	区块链版权平台	提供版权登记、存证、侵权监测等服务
中国版权保护中心	基于区块链技术的DCI体系	提供数字作品版权登记、版权费结算认证和侵权监测快速维权3大核心功能
爱奇艺	区块链平台	提供区块链版权存证等服务
中国版权保护中心、华夏微影文化传媒中心等	微电影微视频区块链版权（交易）服务平台	提供微电影微视频版权交易等服务
视觉中国	区块链平台	提供数字版权确权等服务
北京互联网法院、杭州互联网法院、广州互联网法院	司法区块链	提供版权司法维权等服务

区块链在图片、音乐、视频等领域持续推进应用。图片、音乐和视频等作为最常见的数字媒体，侵权盗用现象严重，导致版权确权、分发、交易等版权服务需求旺盛，区块链在上述领域的应用正持续推进。图片领域，百度图腾运用区块链实现图片版权保护，并与视觉中国、瑞景创意、高品图像、景象、拍信、计易、比目鱼等图片版权合作方及区块链认证厂商共同构建图片版权保护生态。此外，包括版权家、纸贵科技、保全链等众多区块链数字版权服务平台均提供版权存证等功能。音乐领域，腾讯旗下"酷我音乐"推出基于区块链技术的"酷链钱包"，用户进行页面浏览、听歌和下载音乐可以获取奖励。网易星球与网易云音乐展开合作，用户在网易云音乐听歌、签到、点赞获得网易星球区块链平台"原力"奖励。2018年3月，阿里音乐与独立音乐数字版权代理机构梅林网络（Merlin Network）达成战略合作协议，并提出将通过人工智能和区块链技术，为独立音乐公司、音乐人及音乐作品的合法权益提供全方位保护。视频领域，爱奇艺上线区块链版权凭证功能，可实现用于对作品的作者、内容、创作时间等关键版权信息进行电子存证。2017年1月，中国版权保护中心、华夏微电影等共同打造微视频区块链版权（交易）服务平台，实现实名上传、审查确权优先、自行定价分销、自动结算分配等多项功能。人人影视内容价值网络（Content Value Network，CVN）等项目基于区块链构建数字内容分发价值激励体系，实现内容创作者、消费者、发行方利益共享。此外，文字作品领域纷纷引入区块链技术。新浪微博和中国版权保护中心推出中国数字版权唯一标识（DCI）标准联盟链，利用区块链技术为微博作者提供"发布即确权"的版权登记服务。简书与区块链化内容生态系统 Fountain 展开合作，探索构建基于区块链的内容生态社区。

区块链数字版权存证数据规模快速增长。区块链存证是区块链技术最基础最易实现的功能，这也导致企业区块链数字版权存证平台快速落地，业务迅速拓展，版权存证数据持续增长。截至2019年10月，百度区块链平台存证数据破亿，其中，数字版权存证数据1328万条，占比近15%；此外，维权监测数216万条，监测到疑似侵权数据31万条。杭州互联网法院司法存证数据2900万条；北京互联网法院天平链在线采集证据640多万条，跨链存证数据量已达上千万条。此外，区块链数字版权初创企业数秦科技保全网存证数据6480万条；纸贵科技在文字、音频、图片、视频、网页等类型数字版权登记数量90万条。随着区块链数字版权基础设施日益完善，民众数字版权保护意识日益提升，区块链版权服务应用将进一步发展，版权存证数据量将持续增长。

区块链数字版权结合应用模式持续探索。当前，区块链与数字内容版权结合主要有两种思路。一是围绕数字版权保护，基于区块链技术构建音乐版权保护服务生态，实现版权确权、版权存证、版权侵权监测、版权维权等功能。例如，百度、版权家、纸贵科技、中国版权保护中心DCI体系等。二是以数字内容价值最大化为目的，围绕内容创作、内容分发、传播共享、交易变现，基于区块链激励机制，构建数字内容激励生态，实现版权链条参与者利益共享。此类思路又分为两种模式，一是无通证模式。主要利用智能合约方式对版权收入实现公平透明的费用结算，鼓励内容生产者和传播者。例如，华夏微影文化传媒中心的微电影微视频区块链版权（交易）服务平台。二是通证模式。以通证为主要激励方式，激励数字内容的创作、点赞、分享，并通过智能合约按着一定规则分配给版权创作者、消费者、传播者，实现利益共享。例如，链闻（NewsChain）、MyTVchain、Ulord、Swag、Fountain等项目。

区块链数字版权"一站式"服务成为版权服务重要商业模式。区块链数字版权"一站式"服务平台面向覆盖数字版权生成、流通和消费的全生命周期各个环节，为用户提供版权登记确权、分发交易、版权费结算、侵权监测、取证维权等一揽子服务，实现一站式版权保护和版权价值变现，极大简化版权保护流程，降低用户信息搜寻、跨平台学习、沟通议价、侵权取证维权等成本，让创作者安心创作，受到内容创作者欢迎。例如，百度图腾、安妮股份版权家、数秦科技保全网、纸贵科技版权链均提供"一站式"版权服务。其中，百度图腾、版权家、保全网均已打通司法渠道，接入北京或杭州互联网法院司法区块链，并支持在线出具公证书、司法鉴定意见书及法律咨询等服务，保证内容创作者实现足不出户在线维权。其中，百度图腾不仅为百度内容合作方提供版权存证、侵权监测及维权等区块链保护，还提供内容分发、品牌曝光、流量导入及价值变现等一系列服务，推动百度搜索生态与内容版权方实现共赢。区块链数字版权服务平台对比见表7-7。

表7-7 区块链数字版权服务平台对比

	百度图腾	版权家	保全网	纸贵科技版权链
版权存证	支持	支持	支持	支持
版权登记	支持	支持	支持	支持
版权监测	支持	支持	支持	
版权取证	支持	支持	支持	支持
版权公证		支持	支持	支持
司法出证	支持	支持	支持	
版权交易	支持	支持		
维权服务	支持	支持		

区块链数字版权分发、交易与结算逐步展开。数字版权保护的最终目的不仅是打击盗版侵权以及版权保护本身，还要实现版权价值更安全流动以及版权价值变现。根据中国网络视听节目服务协会《2019中国网络视听发展研究报告》，目前短视频用户规模达到6.48亿，市场规模同比增长744.1%。短视频巨大市场潜力推动短视频版权交易发展。2017年1月，中国版权保护中心、华夏微影文化传媒中心等共同打造的微电影微视频区块链版权（交易）服务平台，支持自行定价分销、自动结算分配。根据原作品定价、渠道分销、用户付费、用户点击和用户分享等情况，智能合约自动将费用结算给版权所有人、版权消费者和版权传播者，实现利益共享。此外，链闻、MyTVchain、Ulord、Swag等区块链项目试图通过通证经济模型、激励机制

推动数字内容版权分发、共享和传播，通过智能合约实现创作者、消费者、传播者实现合理的价值分配和回报。

三、区块链助力数据资产确权初步探索

　　我国在进行数据确权方面也开展了部分实践。数据要成为数字资产，首先需要完善数据确权，数据确权包括数据的所有权、使用权、经营权、知情权、遗忘权、修改权、删除权、拒绝与限制处理权等一系列权利。2015年7月，我国首家开展数据资产登记确权赋值的服务机构中关村数海数据资产评估中心在北京成立。中关村数海数据资产评估中心构建数据资产产权制度，以产权效益最优化为原则，结合知识产权、虚拟财产权（资本利得权）和财产权（物权）进行登记和确权，并对数据资产实行分类管理，推动数据资产实行市场化运作；新建数据资产赋值体系，将数据资产价格分为产权价格、社会生产价格、补偿价格3部分，实现数据资产的价格结构和价格体系；将开展新型数据资产保险、数据资产贷款、数据资产证券、数据资产信托等新型互联网金融业务，企业可以通过评估中心服务体系探索发行基于自己增值数据的有价证券。2019年9月，《人民日报》、人民网旗下的大数据平台"人民数据资产服务平台"正式启动，这是我国首个全国家级综合数据资产服务平台。人民数据资产服务平台由数据源认证平台、数据流通登记平台、数据交易服务平台、数据流通监管平台组成。平台将通过与数据提供方、加工方、交易平台、使用者、监管机构的联系与合作，建立统一的数据赋权标准、数据类目管理、数据加密规范、数据流通交易安全体系，并且将利用新一代信息技术，有效实现合法数据流通和非法数据流通的辨识，建立行业规范和黑名单机制。该平台利用区块链技术进行数据确权，也是行业内首个集数据合规性审核、数据确权出版、数据流通登记、数据资产服务为一体的平台。

第八章

区块链
在数字经济中的
挑战和建议

区块链在数字经济发展
中面临的挑战

一、监管方面存在风险

　　区块链技术具有去中心化、难篡改和自激励的特点，为当前的监管制度带来新的挑战。一是去中心化的分布式共享账本会产生监管主体分散的问题，在分布式网络结构中，没有中央存储数据库，网络中的节点可以通过多条路径来相互通信。由于没有中心化的参与者，网络节点本身就难以直接管控。二是自动执行的智能合约会带来其法律有效性的问题。区块链难篡改的特点会产生数据隐私和内容监管问题，激励机制与数字资产特性会带来金融监管的问题。

　　比特币是区块链的第一个成熟的、大规模的应用，但是在我国金融监管机构发布的部门规范中，以比特币为代表的虚拟货币，其内涵或外延并无明文规定或者解释说明，立法上存在漏洞与空白。首次币发行（Initial Coin Offering，ICO）是区块链技术在众筹融资领域的重要应用，从2017年9月来，我国境内全面禁止ICO融资，但是由于很难得到全面有效的监管，存在很多暗箱操作甚至借此传销的违法犯罪行为，需要进一步规范和监管。区块链在司法、溯源、存证、保险、金融领域的应用需要细分的监管制度，统一的监管制度难以适应不同应用场景，而不同的应用场景也需要制定监管条例来约束节点行为、保证链上数据的真实合法性。此外，不良信息上链监管有待深入研究，区块链链上数据有着不可篡改的特点，现阶段大量的公链体系采用匿名制节点接入原则，且节点接入也没有任何审核流程，导致恶意节点利用区块链技术大肆传播不良信息。

二、技术方面存在不足

我国区块链科研机构研究范围主要集中在应用、平台建设和标准制定领域，缺乏底层核心技术的研究和理论创新。在性能方面，区块链的可扩展性有限。在区块链中，交易只能排队按序处理，所有的交易结果和支付记录都要同步到全网节点，严重影响了系统处理性能。随着参与节点数量的增加，数据同步、验证的开销增多，系统的性能会进一步降低，从而影响区块链的可扩展性。现有的共识机制在大规模网络节点下难以满足高吞吐、低延迟的需求。在安全和隐私保护方面，区块链采用的是国际通用的密码算法、虚拟机和智能合约等核心构建，核心构建并非完全自主可控，会增加受攻击的风险。区块链存在内生的安全缺陷，同时区块链处于发展阶段，在安全方面可能仍存在漏洞。大量采用诸如零知识证明、群签名等复杂密码算法大大降低区块链数据读写能力，为原本处理效率较低的区块链系统"雪上加霜"。在存储方面，全量备份的存储机制容易遇到存储瓶颈，区块链的每个节点都需要存储完整的历史交易信息，当区块链在多节点系统或平台应用时，节点的存储量将剧增。在智能合约方面，仅对智能合约编写语言进行了一定的扩展，以提高智能合约的易用性，缺乏自主研发的合约语言和虚拟机。在共识机制方面，国内主要以混合共识机制创新为主，缺乏对拜占庭类共识核心算法的创新。在数据结构方面，在数据可用性组（Database Availability Group，DAG）还没有完全成熟的情况下，大多数系统仍沿用比特币或以太坊阶段的数据存储结构和数据库。在链上链下数据协同方面，超负荷存储将导致区块链各节点数据向链下扩容，如何建立链下数据存储与链上信息检索的关联性成为现阶段重要问题。区块链作为跨系统和跨领域间的数据共享桥梁，需要打通原有各信息化系统与区块链各节点间的数据传输通路，其中统一的数据接口、数据结构、数据链接和传输协议成为链上链下数据系统的发展瓶颈。现阶段的创新只能停留在应用层面和平台建设层面，核心竞争力不足，难以争夺国际区块链主导权和话语权。

三、测评认证仍需完善

区块链的评级、评测机构主要专注于区块链领域和通证市场，为区块链项目、区块链企业、数字资产交易所和去中心化应用（DAPP）等提供评级/评测服务。区块链评测机构去区块链项目或区块链企业进行的评级导向兼顾价值导向性和风险导向性。因为区块链项目一定存在风险的，因此对于项目价值的判断具有重要性。即使是具有极大价值的项目，在价值实现的路径上也可能存在各种风险，包括宏观经济风险、政策监管风险、产业周期风险、团队跑路风险、技术开发风险和产品落地风险等。

2016年9月，国际标准化组织（ISO）成立了区块链和分布式记账技术委员会（ISO/TC307），负责制定区块链和分布式记账技术领域的国际标准。2017年3月，中国电子技术标准化研究院担任ISO／TC307国内技术对口单位。2019年12月，工业和信息化部组织筹建全国区块链和分布式记账技术标准化技术委员会，秘书处承担单位为中国电子技术标准化研究院。完整的区块链测评认证工作的开展，不仅需要国际、国家标准，还需要专业的第三方测评机构的参与。从行业层面甚至国家层面推动区块链第三方评估制度和专业机构的建设，有助于推动区块链应用高质量、安全和长效发展。但目前，我国区块链评测认证体系尚未形成，缺乏权威的第三方评估机构，缺乏统一的技术测试标准、测试环境和测试工具，无法保证产品技术在性能、安全和功能上是否符合标准，隐私信息和关键数据的安全测试与监管仍不到位。同时，由于缺少企业第三方评估认证，各省市在区块链企业引进时也暴露出"伪区块链"企业过多、企业实力参差不齐及企业管理难度大等问题。

四、应用效果亟须提高

应用规模方面。2019年我国区块链行业应用快速增长，但"杀手级"应用还未出现，区块链技术的普及和推广程度也远低于大数据、物联网、云计算等新一代信息技术，应用效果普遍没有达到预期。一是主管部门无法理解区块链技术和创新应用模式对经济发展的积极意义，对新技术应用缺乏信任，认为区块链技术在短期内无法形成有效成果。二是区块链系统建设涉及多方数据互联互通，受制于各部门间信息化建设程度参差不齐，建设和协调成本较高，兼容性和互操作性较差，需打破部门间职能屏障和数据孤岛，面对新挑战，有关部门主观上不愿意推动。三是当前区块链部署力度不足，只有少数企业会采取区块链技术，金融服务行业应用区块链技术的积极性相对更高，交通、政府与公共事业部门的参与度正逐渐提升。四是一些已落地运行的区块链应用，大多还在小范围的试点运行中，也未能够引起预期的社会反响。

社会影响方面。社会各界对区块链的看法不一，多数人对区块链的认识不足，有待提高。一是大量民众对区块链的应用价值往往是一知半解，将真正的区块链技术与比特币混淆，认为国家禁止了ICO、关闭了加密数字货币交易平台就是否定了区块链技术，短时期内难以深刻理解和接受。二是国内的信息技术巨头企业、金融机构虽然纷纷布局区块链，但投入资源有限且主要应用于非核心业务领域，对区块链技术的应用仍处于初级阶段，未进行有效推广。三是部分地区政府对区块链的认知仍存在偏见，对区块链技术的安全问题、监管问题、合规问题仍没有清楚的认识，经济较发达地区对区块链发展仍处于观望态度，相关扶持政策和发展力度较为保守。

五、区块链专业人才稀缺

人才供给方面。我国区块链人才需求缺口较大。根据赛迪区块链研究院统计，北京区块链招聘企业数量、招聘职位、招聘人才需求持续增加，尤其中小企业对区块链人才需求最为迫切，截至2019年年底，区块链人才市场招聘人数与求职人数比值一直保持在9倍左右。核心技术人才严重不足，全国核心技术开发人才初步估计仅约400人，占从事区块链技术研发相关工作人员的6%，且区块链核心岗位基本上都要求有2～5年区块链开发经验。专业从事区块链技术、产品、应用的培训机构较少，培训的人才数量、质量不能满足当前市场需求，24所开设区块链课程的高校均没有形成完备的教学体系，复合型高校人才供给能力不足。

高校层面。我国目前有15所高校开设区块链相关课程或成立区块链技术实验室，但总体而言课程设计以本科阶段的通识课为主，课程内容偏向于知识科普与产业应用指导，并未开设具有专业性和延展性的区块链专业课程。

社会层面。区块链培训机构数量极少，课程质量良莠不齐，很难系统性、针对性开展区块链技术应用培训。

进一步提升区块链在数字经济领域应用效果的对策建议

一、加快顶层设计制定

　　区块链作为具有巨大发展潜力的数字技术，受到各国的关注与研究，全球主要国家已经将区块链上升到国家战略高度，力图通过区块链抢占新兴技术制高点。2019年全球共有82个国家、地区及国际组织的共发布了超过600项区块链相关政策，其中区块链监管政策317项，占政策总数的51%，我国发布的关于区块链的政策共有267则，主要以扶持为主。区块链作为还在不断发展和完善中的技术，随着应用范围的拓宽，会出现新的问题，需要不断关注并不断完善相关的政策法规。

　　以此从顶层设计的角度，首先，将区块链发展上升至国家战略层面，做好区块链发展的顶层设计和总体规划，明确提出区块链发展的总体方案、路线图、时间表，将区块链作为我国数字经济发展的重要核心技术全面统筹推进。其次，建议政府相关主管部门建立区块链产业发展协调机制，形成合力，统筹规划。结合各地实际发展情况，适时出台发展扶持政策，重点支持关键技术攻关、重大示范工程、系统解决方案和公共服务平台建设等。最后，组织编制区块链产业发展规划和指导目录，加强对各地发展区块链产业的引导，优化资源配置，避免盲目发展。

二、建立健全监管体系

经济的健康发展，市场的正常运行都需要监管机制的保障，区块链技术的应用会对很多行业造成影响，需要重新对法律和监管规则的设定、实施和执行进行定义。尽管区块链技术在不断地成熟，但是在实际使用中仍然会涉及诸多的技术问题和法律风险，法律问题的解决是区块链发展的核心问题。从历史经验和现行的监管政策来看，监管者往往会将既有的监管规则强制适用于新涌现的科技，如果对区块链技术的监管也使用传统的监管路径，会存在监管的混乱和不确定的风险。因此应该在法治的框架下，针对区块链的政府监管方式和监管路径进行创新。

面对区块链这样一项会对人类生活产生影响的新技术，应该从制度层面对可能带来的风险给予保障。从国际经验来看，世界上多数国家都对于区块链技术的各类应用，尤其是其中具备金融属性的应用进行了监管。因此我国也应该制定相应的监管措施，同时基于自身的法律体系和国情采取不同的具体措施。应该围绕公有链和联盟链两大架构加快探索区块链监管科技，重点围绕区块链节点的追踪与可视化、联盟链穿透式监管技术、公链主动发现与探测技术及以链治链的体系结构及标准等四大方面全面发力。同时要进一步明确区块链中的法律主体，并制定相关的法律规定来确认区块链网络中各节点应履行的责任。针对假借区块链的非法融资活动要从舆情跟踪、群众举报、信息获取、网络监管等方面进行监管。兼顾不良信息上链和链上隐私保护协同监管，加快布局公链系统实名制身份核验机制，制定完善的法律法规，规范区块链不良信息上链的行为，加快密码学技术在隐私保护领域的高效应用。

三、加快核心技术创新研发

在区块链技术相关基础理论研究方面，应加强区块链底层技术学科基础建设，发挥高校、科研院所和骨干企业的智力资源优势，建立区块链技术学科，构建联合实验室，鼓励高校开设区块链课程。紧跟国际区块链理论发展前沿，通过重大科学计划、国际科技合作计划等方式开展区块链基础理论研究，探讨区块链技术中涉及数学、信息学、密码学、经济学的基础理论和基本方法，为区块链技术研发提供理论支持。同时建立区块链科学理论体系。加快研究分布式计算、博弈论、加解密算法等理论问题，探索区块链性能、隐私、安全之间的平衡规律和链上链下协同治理机制，加快区块链技术理论、方法与其他领域融合研究，形成跨专业、多领域交叉的区块链技术科学。还要加强区块链安全与隐私保护研究，重点研究零知识证明、同态加密、多方安全计算等密码学前沿问题，研究缺乏可信第三方的情形下安全计算约定函数的方法，探索保护隐私的安全数据统计和安全模型训练及预测的规律。

在核心技术层面，一是持续跟踪全球公有链、联盟链技术创新进展，学习借鉴如Libra、Fabric等优秀区块链架构，重点研究可拔插、可切换的区块链底层架构，提高安全性、扩展性和易用性。二是深化共识机制研究，重点围绕PoX系列和BFT系列两大类算法展开技术攻坚，研究混合共识、新型共识协议、共识算法运行效率等技术方案。三是研究"图灵完备"安全脚本语言，探索支持可证明正确的简单智能合约的创建的技术方案，突破智能合约语言形式化验证、安全性分析等技术。四是加快对区块链存储数据结构的突破，重点研究基于数据可用性组（DAG）的区块链数据结构，打破传统数据结构对性能的束缚。五是突破去中心化情况下区块链平台间连接及解决跨链操作原子性等问题，重点改进和完善公证机制、侧链或中继网络、哈希时间锁合约和分布式私钥控制等技术。六是加快突破链上链下数据流通瓶颈，建立统一传输标准规范数据上链，加快研究链上数据链下存储中涉及的加密算法，提高密码算法运行效率。七是深入研究区块链安全风险监测和应对技术。针对区块链核心技术与机制、平台架构、应用部署等不同类型的潜在安全问题，研究覆盖区块链编码、运行、部署和管理各个环节的应对解决方案。

四、加深区块链的正确认识

名为中本聪（Satoshi Nakamoto）的技术极客于2008年发表了《比特币：一种点对点电子现金系统》一文，区块链思想由此诞生。狭义上来说，区块链是一种按照时间顺序将数据区块以链条的方式组合成特定数据结构，并通过密码学方式保证数据难以篡改和伪造的、去中心化的互联网公开账本。广义上来说，区块链是利用链式数据区块结构验证和存储数据，利用分布式的共识机制和数学算法集体生成和更新数据，利用密码学保证数据的传输和使用安全，利用自动化脚本代码（智能合约）来编程和操作数据的一种全新的去中心化的基础架构与分布式计算范式。现在区块链技术已经从以"比特币应用"为标志的1.0阶段，再到"共识机制"为标志的2.0阶段，现在已经迈入以"智能合约"为标志的3.0阶段。在技术上还在不断提出新的架构体系，已经被广泛应用在政府治理、金融科技、农业物流、企业协作、数据共享、教育等领域。各国也出台了相关政策在支持区块链技术的发展和应用。在这样的一种"区块链热"的背景下，对于区块链技术的正确认识更应该确立起来。

首先要引导社会公众理性看待区块链技术价值与作用，充分发挥区块链技术在建立信任关系、提高协作效率、促进数据共享、提升政府穿透式监管能力等方面不可替代的作用。在区块链的应用方面，可优先选择政务数据共享、医药品溯源、普惠金融、司法存证等国计民生重点领域，组织开展区块链应用的先导示范，培育行业龙头、领军企业和产业生态。结合良好应用案例示范，面向全国推广应用落地经验，加快区块链应用真实落地。推动区块链技术与实体经济深度融合的同时，避免出现"一哄而上"的现象，注意防范因为区块链应用可能引发的对传统机构管理、商业运营等模式的冲击，以及操作陷阱、技术垄断等潜在风险。

五、推动第三方评测认证

资产市场都需要进行评级，第三方评级/评测机构的存在具有重要的意义。首先，可以为整个区块链行业提供可信的，来源于第三方的信息沟通机制。并可以解决行业痛点，即虚假信批、严重投机、挑战底线、欺诈融资、恶意操纵等一系列可能存在于区块链行业发展初期的不公正的问题。其次，可以为投资方提供全方位的项目尽调信息和专业化的分析观点。重视价值项目，对空气项目进行一定的分辨，可以有效地避免"劣币驱逐良币"的现象，用专业知识和经验为辨识能力较弱的投资人提供价值判断。最后，可以对各项目进行风险的判断，帮助辨别项目风险，识别各项风险并划级。

推动第三方评测认证健康快速的发展，首先，加快布局区块链企业第三方评估认证，针对各地区扶持政策制定完善的企业入驻评估指标，第三方对企业技术实力、人才实力、应用能力和服务能力进行全方位评估，提升产业发展质量。其次，建立区块链产品及应用第三方认证体系，依据行业规模和应用能力，探索定制化区块链评测指标，依托第三方机构开展认证服务，提升产品服务质量。最后，加快探索区块链安全等级保护评价体系，加快信息系统安全等级保护要求与区块链的融合与创新，探索分布式系统的等级评价要求和监管制度。

六、加速推动各领域应用落地

要实现区块链加速推动各领域应用的落地，首先要落实重点领域的应用创新。要加大各地区块链扶持政策，促进区块链技术成果转化和应用推广。应用场景应优先考虑需求突出、痛点明显、增量显著、发展快速的精品业务，试点成功后再逐步扩大应用范畴。在金融领域、政务服务、民生服务等区块链发展相对成熟的领域，支持基础条件好、示范效应强的行业，组织开展区块链技术应用试点示范工作，形成一批可复制、可推广的典型案例和样板工程。大胆探索区块链在信息基础设施、智慧交通、能源电力等领域的推广应用，提升城市管理的智能化、精准化水平。围绕农业、医疗、教育、文化、智能制造领域，为行业各主体搭建合作交流和资源对接平台，组织开展区块链技术应用试点示范工作，积极拓展区块链应用场景。鼓励行业龙头企业重点区块链应用解决方案示范，加强区块链技术与既有产品与服务的融合创新，构建资源丰富、多方参与、合作共赢的跨行业区块链应用产品体系及行业解决方案。

除重点领域外，其他领域要加快各地区政府相关部门的区块链知识普及。加强区块链学习和探索，了解区块链的技术原理、应用价值和商业价值，清楚认识到区块链在我国数字经济发展过程中的重要作用，加快区块链与人工智能、大数据、云计算、5G等新一代信息技术的集成创新与融合应用，加快综合服务平台的建设。还要加强统筹协调推进，组织编制区块链应用发展规划和指导目录，建立应用项目库，加强对区块链在民生、金融、城市管理、营商环境、司法、医疗、物流等重点领域创新应用引导，优化资源配置，避免盲目发展。然后围绕健康医疗、食品安全、商品防伪、社会公益和教育就业等民生领域，组织开展面向上述领域的区块链技术应用试点示范工作，形成一批可复制、可推广的典型案例和样板工程，推动区块链在民生领域应用的广度和深度。最后加快符合各行业领域特点的区块链底层架构的研发，探索轻量级区块链系统的研究，探索基于"自共识"的共识机制。

七、加强区块链专业人才培养

在人类社会发展的进程中，人才是社会文明进步、人民富裕幸福、国家繁荣昌盛的重要推动力量。在当今世界处于大发展、大变革和大调整时期，科技进步日新月异，数字经济快速发展，加快区块链方向的人才培养是在激烈的国际竞争中赢得主动权的重大战略选择。人才强国战略一直是我国经济社会发展的一项基本战略。根据国际权威咨询机构高德纳咨询公司（Gartner Group）预测，伴随着区块链技术的发展，未来5年中国区块链人才缺口将达到75万人以上。因此需要加大区块链人才培养的力度，解决未来区块链产业发展可能面临的人才不足的困境。

首先，要构建深层次、多渠道的区块链人才立体培养体系，支持高校和职业院校设置区块链技术应用相关专业，联合主管部门加快区块链学科体系建设和师资队伍培养，依托区块链实验室、人才实训基地，加快培育区块链技术应用专业人才。同美国等发达国家相比，我国高校在开展区块链教育方面起步较晚，在开课高校数量、课程质量等方面都有较大的进步空间，可考虑借鉴美国高校的成熟发展经验。高校要注意加大区块链教学资源的建设力度，加大经费投入，在教材编写、实验室建设等层面发力，加强区块链师资队伍的建设。

其次，注重高端技术人才培养，与国外著名高校、科研机构、知名企业等联合培养区块链硕士、博士等高层次人才，推进中外合作人才培养和引进项目。并注重发挥区域特色，区块链发展的地域性特征可以融入高校人才培养中，结合当地的产业特征打造特色专业和优势学科，从供给端解决当地企业的人才需求，促进产业集群的内循环。

最后，鼓励实力雄厚的区块链企业、互联网企业和金融企业创办"企业大学"，加快培养区块链系统架构师、开发工程师、测试工程师等实用型区块链技术人才。

参考文献

［1］ 张礼卿，吴桐. 区块链在金融领域的应用：理论依据、现实困境与破解策略［J］. 改革，2019（12）：65-75.

［2］ 程啸. 区块链技术视野下的数据权属问题［J］. 现代法学，2020，42（02）：121-132.

［3］ 丁晓东. 数据到底属于谁？——从网络爬虫看平台数据权属与数据保护［J］. 华东政法大学学报，2019，22（05）：69-83.

［4］ 姚前. 区块链高质量发展与数据治理［J］. 清华金融评论，2020（01）：88-90.

［5］ 刘明达，陈左宁，拾以娟，等. 区块链在数据安全领域的研究进展［J］. 计算机学报，2021，44（01）：1-27.

［6］ 马琳琳. 论区块链背景下数据跨境流动的规制路径及中国应对［J］. 对外经贸，2020（05）：35-39.

［7］ 茶洪旺，付伟，郑婷婷. 数据跨境流动政策的国际比较与反思［J］. 电子政务，2019（05）：123-129.

［8］ 耿晨. 个人数据跨境流动的国际监管与合作制度研究［D］. 上海：华东政法大学，2014.

［9］ 渠慎宁. 区块链助推实体经济高质量发展：模式、载体与路径［J］. 改革，2020（01）：39-47.

［10］ 贺建清. 金融科技：发展、影响与监管［J］. 金融发展研究，2017（06）：54-61.

［11］ 崔志伟. 区块链金融：创新、风险及其法律规制［J］. 东方法学，2019（03）：87-98.

［12］ 张礼卿，吴桐. 区块链在金融领域的应用：理论依据、现实困境与破解策略［J］. 改革，2019（12）：65-75.

［13］ 付豪，赵翠萍，程传兴. 区块链嵌入、约束打破与农业产业链治理［J］. 农业经济问题，2019（12）：108-117.

［14］ 汪传雷，万一荻，秦琴，等. 基于区块链的供应链物流信息生态圈模型［J］. 情报理论与实践，2017，40（07）：115-121.

［15］ 田琛. 基于区块链的制造业产能共享模式创新研究［J］. 科技管理研究，2020，40（11）：9-14.

［16］ 尚舵. 区块链技术在能源行业的应用前景［J］. 电力信息与通信技术，2019，17（02）：1-8.

［17］ 曾诗钦，霍如，黄韬，等. 区块链技术研究综述：原理、进展与应用［J］. 通信学报，2020，41（01）：134-151.

［18］ 袁勇，王飞跃. 区块链技术发展现状与展望［J］. 自动化学报，2016，42（04）：481-494.

［19］ 张亮，刘百祥，张如意，等. 区块链技术综述［J］. 计算机工程，2019，45（05）：1-12.

［20］ 林宏伟，邵培基. 区块链对数字经济高质量发展的影响因素研究［J］. 贵州社会科学，2019（12）：112-121.

［21］ 郭晗，廉玉妍. 数字经济与中国未来经济新动能培育［J］. 西北大学学报（哲学社会科学版），2020，50（01）：65-72.

［22］ 罗以洪. 大数据人工智能区块链等ICT促进数字经济高质量发展机理探析［J］. 贵州社会科学，2019（12）：122-132.